U0379934

维修电工上岗技能实物图解

张振春　何应俊　主编

机 械 工 业 出 版 社

本书包含维修电工初、中级工和部分高级工的知识和技能。全书共分9章，具体包括掌握安全用电的方法和技巧、掌握常用电工仪表的使用方法和技巧、掌握导线的基本操作技能、异步电动机和变压器的维护及常见故障维修、直流电动机和部分特种电动机的使用和维护、常用低压电器的原理和选用方法、三相异步电动机控制线路制作与检修（基础篇）、三相异步电动机控制线路制作与检修（提高篇）以及低压配电设备装配、三相异步电动机在机电设备中的应用。另外，还提供了5个附录，具体包括导线截面积与载电量的关系估算、常用电（线）缆类型、电气设备检修的基本方法、异步电动机变频调速简介、互感器的基本知识。

本书适合维修电工的初学者自学，也适合作为职业院校电工电子类专业维修电工课程的教材使用。

图书在版编目（CIP）数据

维修电工上岗技能实物图解/张振春，何应俊主编. —北京：机械工业出版社，2018.6（2024.7 重印）
ISBN 978-7-111-59781-0

Ⅰ. ①维… Ⅱ. ①张…②何… Ⅲ. ①电工 – 维修 – 图解
Ⅳ. ①TM07 – 64

中国版本图书馆 CIP 数据核字（2018）第 087359 号

机械工业出版社（北京市百万庄大街 22 号 邮政编码 100037）
策划编辑：刘星宁 责任编辑：闫洪庆
责任校对：樊钟英 封面设计：马精明
责任印制：单爱军
北京虎彩文化传播有限公司印刷
2024 年 7 月第 1 版第 6 次印刷
184mm×260mm·16.25 印张·399 千字
标准书号：ISBN 978-7-111-59781-0
定价：49.00 元

前 言

　　人们的工作和生活中已离不开电，为了安全、高效地配送和使用电能以及维护维修电气设施，社会对维修电工的需求量越来越大。部分用户自身也需要具备一定的电工知识和技能。本书能满足读者的这一需求。

　　本书包含维修电工初、中级工和部分高级工的知识和技能。内容密切联系工农业生产和生活实际，实用性、可操作性较强。

　　本书具有以下特点：

　　1）充分考虑维修电工初学者的学习特点，在内容编排上循序渐进，先易后难。

　　2）在表现方式上，采用大量的图示配以简洁、通俗易懂的文字说明，降低了学习难度。

　　3）每章开头都有本章导读、学习目标和学习方法建议，对初学者有一定的指导作用。

　　4）部分章节可以采用"按图索骥"的方式进行操作练习。

　　本书作者长期从事电工的教学、企业实践和职业技能鉴定，积累了大量的学习资料（文本、图片和视频），读者可发邮件至 948832374@qq.com 免费获取。

　　本书由湖北长阳职教中心张振春、何应俊担任主编，参编人员有孙峰、覃宏杰、王功胜、覃建平、董玉芳、王文晶、汪小林等。

目　录

第 1 章

掌握安全用电的方法和技巧

📖 本章导读

人们的生活和工农业生产离开不用电。用电不当，会导致人们生命和财产遭受不可估量的损失。所以安全用电方面的知识和技能，不仅电工必须掌握，而且也应该全民普及。

触电的方式有单线触电、两线触电、漏电触电、跨步电压触电等。每种触电方式都有相应的特点和防护措施。通过本章的学习，我们应能理解导致触电的原因，掌握防止触电以及触电急救的方法。

📖 学习目标

1）熟悉使触电者脱离电源的方法和注意事项。

2）熟悉触电者脱离电源后的急救措施。

3）了解单线触电、两线触电、电气设备漏电触电的发生原因和防止措施。

4）了解跨步电压触电、高压电弧触电的发生原因和防止措施。

5）建立安全用电的意识。

6）理解并掌握保护性接地、接零的应用条件和实施方法。

7）知道不同情况下的安全距离。

8）知道不同情况下的安全标志。

9）了解常用的电气防护措施。

📖 学习方法建议

本章的难度较小。可图文结合进行理解和记忆，并应用于实践。

1.1 掌握触电防护及急救的方法和技巧

发现人员触电后，应坚持"迅速，就地，准确，坚持"的原则。触电后 1min 内抢救，能救活的比例为 90%，1～4min 内抢救，能救活的比例为 60%，超过 10min，能救活的比例

1

就很小了。

1. 脱离电源

触电急救，首先要使触电者尽快脱离电源。因为电流作用的时间越长，伤害越重。

1）低压触电后脱离电源的措施。根据现场的不同，通常采用"拉""切""挑""拽""垫"等5种方法，详见表1-1。

表1-1　低压触电后脱离电源的措施

操作内容	图示	操作说明	注意事项
拉	  刀开关的手柄向下扳动 将断路器的手柄向下拉	就近、迅速将刀开关、断路器拉下，或者拔出电源插头、瓷插式熔断器，或者断开其他断路器，使触电的人迅速脱离电源	如果离电源开关较近，适合采用"拉"这种方法
切	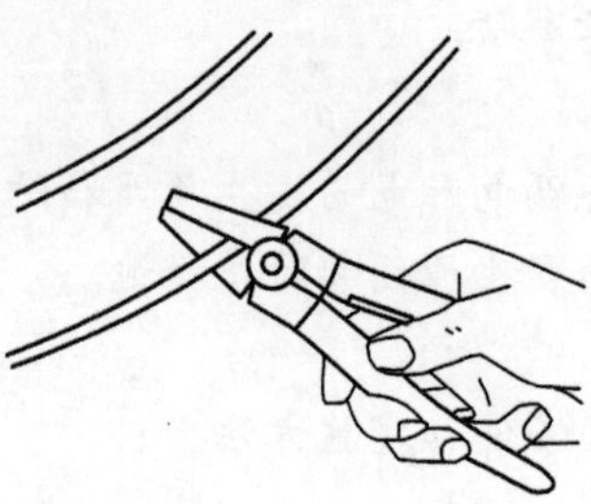	如果离电源开关较远，可用带绝缘护套的工具（如钢丝钳等）切断电源线，注意一次只能剪断一根导线，以免造成短路	如果离电源开关较远，来不及去断开电源开关，则适合采用"切""挑""拽""垫"的方法，使触电者迅速脱离电源
挑	 绝缘棒	也可以用绝缘棒挑开导致触电的导线	

（续）

操作内容	图示	操作说明	注意事项
拽	绝缘手套 木板	救护人员可戴绝缘手套或将手用干燥衣物等包裹绝缘后，站在干燥的木板上将触电者从电源处拽开	如果离电源开关较远，来不及去断开电源开关，则适合采用"切""挑""拽""垫"的方法，使触电者迅速脱离电源
垫	木板	如果电流通过触电者入地，并且触电者紧握电线，可设法用干木板塞到身下，与地隔离，再设法断开电源	

2）高压触电后脱离电源的措施。如果触电者触及高压带电设备，救护人员应迅速切断电源，或用适合该电压等级的绝缘工具（戴绝缘手套、穿绝缘靴并用绝缘棒）解脱触电者，详见表1-2。

表1-2　高压触电后脱离电源的措施

类别	措施	备注
落在地上的高压线导致的触电	如果尚未确认线路无电，救护人员在未做好安全措施（如穿绝缘靴）前，不能接近断线点8～10m范围内，防止跨步电压伤人（注：可以临时双脚并紧跳跃式地接近触电者）。触电者脱离带电导线后也应迅速带至8～10m以外并立即开始触电急救。只有在确认线路已经无电，才可在触电者离开触电导线后，立即就地进行急救	救护触电伤员切除电源时，有时会同时使照明失电，因此应采用应急灯等临时照明
高压带电线路导致的触电	首先应立即切断电源开关；如果电源开关较远，可采用抛挂足够截面积的适当长度的金属短路线方法，使电源开关跳闸。抛挂前，将短路线一端固定在铁塔或接地引下线上，另一端系重物。但抛掷短路线时，应注意防止电弧伤人或断线危及人员安全	不论是什么等级的电压线路上的触电，救护人员在使触电者脱离电源时要注意防止发生高处坠落的可能和再次触及其他有电线路的可能

2. 触电者脱离电源后的处理

（1）了解触电者的情况，对症处理

触电者脱离电源后，应根据触电者的具体情况而采取相应的措施。具体如下：

1）触电者神智清醒，但感觉头晕、心悸、出冷汗、恶心、呕吐等，应让其静卧休息，减轻心脏负担。

2）触电者神智有时清醒，有时昏迷，应让其静卧休息，并请医生救治。

3）触电伤员如神志不清，应让其就地仰面躺平，且确保气道通畅，如图1-1所示。并在5s内呼叫伤员或轻拍其肩部，以判定伤员是否意识丧失。禁止摇动伤员头部呼叫伤员。

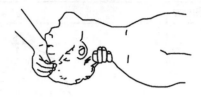

图1-1　让触电者平躺、保持气道畅通

如果意识仍然不清，应立即进行呼吸、心跳情况的判定：在10s内，用看、听、试的方法，判定伤员呼吸心跳情况。看——看伤员的胸部、腹部有无起伏动作；听——用耳贴近伤员的口鼻处，听有无呼气声音，如图1-2所示；试——试测口鼻有无呼气的气流，再用手指轻试一侧（左或右）喉结旁凹陷处的颈动脉有无搏动，如图1-3所示。若有颈动脉搏动，则说明心跳尚存。

图1-2　判断有无呼吸

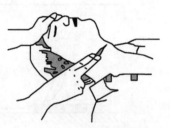

图1-3　判断有无颈动脉搏动

若经看、听、试，发现触电者无知觉但有呼吸、心跳，或者无知觉、心跳尚存、无呼吸，在请医生的同时，应施行人工呼吸。

如果既无呼吸又无颈动脉搏动，可判定呼吸、心跳均停止，则须同时采用人工呼吸法和胸外心脏按压法进行抢救。

（2）人工呼吸法和胸外心脏按压法

触电伤员呼吸和心跳均停止时，应立即按心肺复苏法，正确进行就地抢救。具体措施详见表1-3。

表1-3　对触电者进行心肺复苏法

项目	图示	说明
采用仰头抬颏法通畅气道		通畅气道可采用仰头抬颏法。用一只手放在触电者前额，另一只手的手指将其下颌骨向上抬起，两手协同将头部推向后仰，舌根随之抬起，气道即可通畅 严禁用枕头或其他物品垫在伤员头下，头部抬高前倾，会加重气道阻塞，且使胸外按压时流向脑部的血流减少，甚至消失 如发现伤员口内有异物，可将其身体及头部同时侧转，迅速用一个手指或用两个手指交叉从口角处插入，取出异物；操作中要注意防止将异物推到咽喉深部

（续）

项目	图示	说明
口对口（鼻）人工呼吸	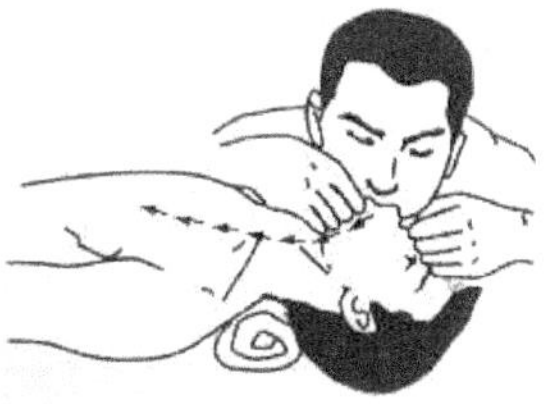 a) 捏鼻掰嘴贴紧吹气 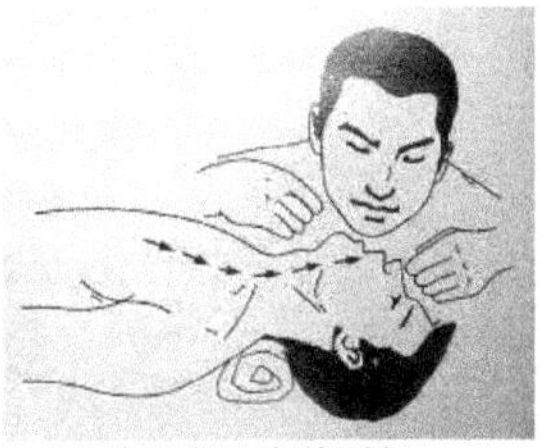 b) 放松鼻子自然呼气	在保持伤员气道通畅的同时，救护人员用放在伤员额上的手的手指捏住伤员鼻翼，救护人员深吸气后，与伤员口对口紧合，在不漏气的情况下，先连续大口吹气两次，每次 1～1.5s。除开始时大口吹气两次外，正常口对口（鼻）呼吸的吹气量不需过大，以免引起胃膨胀。吹气和放松时要注意伤员胸部应有起伏的呼吸动作。吹气时如有较大阻力，可能是头部后仰不够，应及时纠正。触电伤员如牙关紧闭，可口对鼻人工呼吸。口对鼻人工呼吸吹气时，要将伤员嘴唇紧闭，防止漏气 如两次吹气后试测颈动脉仍无搏动，可判断心跳已经停止，要同时进行口对口人工呼吸和胸外按压
胸外按压（人工循环）	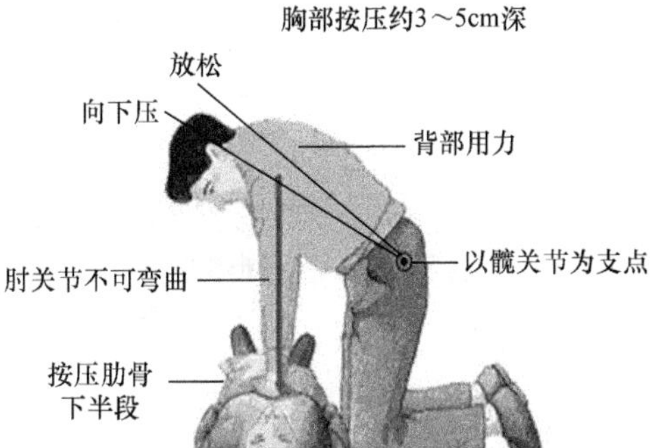 a) 胸外按压姿势 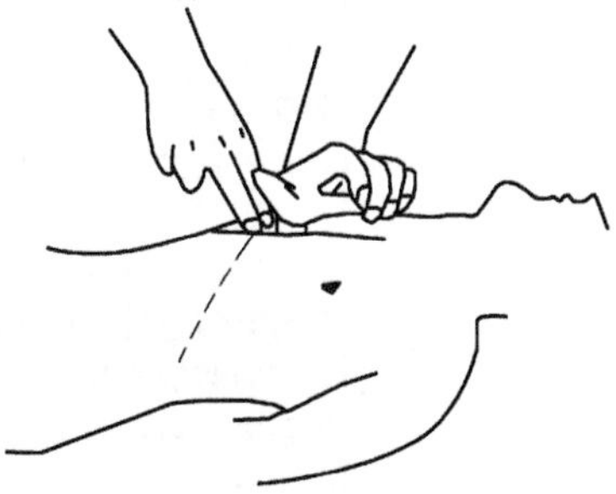 b) 按压过程手掌根不得离开胸膛	确定按压位置：①右手的食指和中指沿触电者的右侧肋弓下缘向上，找到肋骨和胸骨接合处的中点；②两手指并齐，中指放在切迹中点（剑突底部），食指平放在胸骨下部；③另一只手的掌根紧挨食指上缘，置于胸骨上 按压姿势：①使触电伤员仰面躺在平硬的地方，救护人员立或跪在伤员一侧肩旁，救护人员的两肩位于伤员胸骨正上方，两臂伸直，肘关节固定不屈，两手掌根相叠，手指翘起，不接触伤员胸壁；②以髋关节为支点，利用上身的重力，垂直将正常成人胸骨压陷 3～5cm（儿童和瘦弱者酌减）；③压至要求程度后，立即全部放松，但放松时救护人员的掌根不得离开胸壁。按压必须有效，有效的标志是按压过程中可以触及颈动脉搏动 操作频率：匀速进行，每分钟 80 次左右，每次按压和放松的时间基本相等 胸外按压与口对口（鼻）人工呼吸可同时进行，其节奏为：单人抢救时，每按压 15 次后吹气 2 次（15∶2），反复进行；双人抢救时，每按压 5 次后由另一人吹气 1 次（5∶1），反复进行

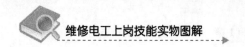

1.2 了解触电的可能方式和防范措施

生产和生活中可能导致触电的原因和触电方式有单线触电、双线触电、漏电触电、跨步电压触电等。我们知道了触电的原因和触电的方式，就能防患于未然。

1. 人与带电体直接接触

人与带电体直接接触产生的触电方式详见表1-4。

表1-4　常见的触电方式

触电方式	图示	说明	防范措施
单线触电	380/220V　L₁ N　L₂ L₃ U_d R_b R_i R_0 a) 三相供电中的单线触电　　相线 零线 b) 单相供电中的单线触电	单线触电是最常发生的一种触电方式 触电者的身体的某一处与电气设备中任何一相相线接触，身体的另一处与大地接触。这样，相线、人体和大地构成了电流的通路。通过人身体电流的大小与触电者和地面之间的绝缘程度有很大关系	在地面绝缘性能好的工作场所，穿干燥的胶底或塑料底鞋操作，会有效防止单线触电
两线触电	380/220V　L₁ L₂ L₃ i a)三相供电中的两线触电　　相线 零线 b)单相供电中的两线触电	由于任意两根相线之间有 380V 的电压，任意一根相线与零线之间有 220V 的电压，所以当人体同时触及两根相线或者同时触及一根相线和一根零线时，电流就会经过人体形成通路而发生触电事故 这种触电方式对人体的危害比单线触电更大	要避免人体直接接触三相供电中的两根相线，以及单相供电中的一根相线和一根零线
接触电气设备的外壳（因电气设备漏电使外壳带电）而触电	380/220V　L₁ N　L₂ L₃ U_d C_0 碰壳 M 3～	若电气设备的接地装置不良或没有接地时，一旦发生绝缘击穿，则其外壳、机座与所带动的机械设备和与其相连的架构等都将带有电压。当接触电压超过人体的安全电压时，就会造成触电事故	电气设备接地装置（金属外壳）必须良好接地 定期检查设备的绝缘性能，确保绝缘性能达标

（续）

触电方式	图示	说明	防范措施
悬浮电路触电	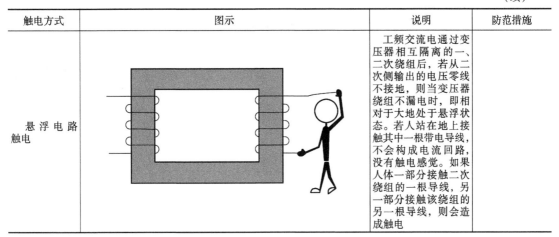	工频交流电通过变压器相互隔离的一、二次绕组后，若从二次侧输出的电压零线不接地，则当变压器绕组不漏电时，即相对于大地处于悬浮状态。若人站在地上接触其中一根带电导线，不会构成电流回路，没有触电感觉。如果人体一部分接触二次绕组的一根导线，另一部分接触该绕组的另一根导线，则会造成触电	

注：选用绝缘材料必须与电气设备的工作电压、工作环境和运行条件相适应。不同的设备或电路对绝缘电阻的要求不同。例如，新装或大修后的低压设备和线路，绝缘电阻不应低于 $0.5\mathrm{M}\Omega$；运行中的线路和设备，绝缘电阻要求每伏工作电压 $1\mathrm{k}\Omega$ 以上；高压线路和设备的绝缘电阻因设备和电压等级的不同而不同，一般不低于 $1000\mathrm{M}\Omega$。具体可查有关资料。

2. 高压触电

高压触电的发生情形及防止措施详见表1-5。

表1-5　高压触电的情形及防止措施

名称	图示	发生情形	防止措施
跨步电压触电	注：U 为跨步电压	当电气设备发生接地故障（如高压线落在地上），接地电流通过接地体向大地流散，从接地点起由近及远地形成一系列电位（等势线），若人在接地短路点周围行走，其两脚之间有电位差即跨步电压，该跨步电压引起的人体触电，称为跨步电压触电	从根源上防止产生跨步电压。定期检查电气设备的绝缘性能，防止漏电，防止输电线断路落地迅速离开有跨步电压的区域。当觉有跨步电压威胁时，应立即将双脚并在一起（或用一条腿）跳着离开危险区
高压电弧触电		高压线路和高压带电设备在运行时，所带电压常常是几千伏、几万伏以上。在人体离它们较近时，高压线或高压设备所带高电压，可能击穿它们与人体之间的空气，通过人体产生放电现象，对人体造成电烧伤，甚至致人死亡	高压触电的危险比220V电压的触电更危险，所以看到"高压危险"的标志时，不能靠近它 电力部门规定了对不同等级高压所必须保持的安全距离，10kV，不小于 1m；35kV，不小于 2.5m；110kV，不小于 3m；220kV，不小于4m。如果不能准确判断电压等级，为了万无一失，须按高一级电压的安全距离离开。当空气湿度较大时安全距离应更大一些 高压带电设备都须设明显的标志："高压危险，切勿靠近！"

1.3 掌握电气设备的安全防护措施

从对各种触电事故的原因分析可以看出，一部分是人们没有按电气设备的使用说明书或操作规程进行操作，另外还有很大一部分是由于电气设备在结构上、装置上有缺陷，不能满足安全工作要求而造成的事故。因此，电气设备在设计、制造和安装、维修时，在安全技术上应满足安全方面的要求。

1.3.1 保护性接地

1. 有保护性接地与无保护性接地的后果

所谓保护性接地，就是将电气设备的外壳用足够容量的金属导线或导体与大地可靠地连接（接地电阻要小于 4Ω）。当人体触及带电外壳时，人体相当于接地电阻的一条并联支路，由于人体电阻远远大于接地电阻，所以通过人体的电流将会很小，避免了人身触电事故。适用于中性点不接地的三相电源系统中，其示意图和特点详见表 1-6。

表 1-6 保护性接地

类别	图示	说明
没有保护性接地		在中性点不接地的三相电源系统中，当接到这个系统上的某电气设备因绝缘损坏而使外壳带电时，其金属外壳（包括机座）对地会有一定的电压，如果人站在地上用手触及外壳，将有电流通过人体、地及分布电容回到电源。一般情况下该电流不大。但是，如果电网分布很广，或者电网绝缘强度显著下降，这个电流就会达到危及人身安全的程度
有保护性接地		通过接地导线和接地装置，将电气设备或装置的金属外壳用足够粗的金属导线与大地相连接。当设备的绝缘击穿发生漏电时，电流通过接地装置流入大地，这样当人体接触到电气设备的金属外壳时就不会发生触电事故 适用范围：①电机、变压器、照明器具、携带式或移动式用电器具等的底座和外壳；②电力设备的传动装置；③电流互感器和电压互感器的二次绕组；④配电盘与控制台的框架；⑤室内外配电装置的金属架构和钢筋混凝土构件，靠近带电部分的金属围栏和金属门；⑥交直流电力电缆接线盒、终端盒的金属外壳，电缆的金属外皮，穿线的钢管等

2. 接地线的敷设

接地线（见图 1-4）的连接必须使用焊接，以保证有可靠的接触。扁钢焊接时搭接的长度（电焊长度）应为宽度的 2 倍，圆钢焊接时搭接长度为圆钢直径的 6 倍。

为了保证接地装置的可靠连接，一般接地装置的地上部分（接地线）与地下部分（接地体）之间，可采取多处连接的办法。

另外，接地线一般不作为其他用处。

1.3.2 保护性接零（中性线）

1. 保护性接零的概念

在 380/220V 三相四线制低压电网中，都采取中性点接地（工作接地）的运行方式。若中性点接地良好，将电气设备或装置的金属外壳与中性线连接，用以代替保护性接地的措施，称为保护性接中性线或保护性接零，如图 1-5 所示。

图 1-4 接地线

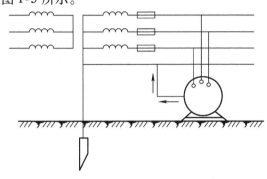

图 1-5 保护性接零示意图

2. 保护性接零的优越性

这种保护措施有很大的优越性。某一相绝缘损坏使相线碰壳（即接触到金属外壳），外壳带电时，由于外壳采用了保护性接零措施，因此该相线和零线构成回路（见图 1-5 中的箭头），单相短路电流很大，足以使线路上的保护装置（如熔断器）迅速熔断，如图 1-6 所示，从而将漏电设备与电源断开，从而避免人身触电的可能性。

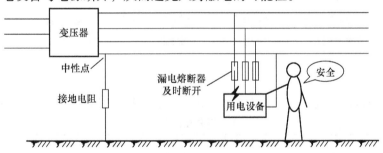

图 1-6 保护性接零的优越性

3. 保护性接零的注意事项

1）在电源的中性点接地的配电系统中，只能采用保护性接零。如果采用保护性接地则不能有效地防止人身触电事故。如图 1-7 所示，若采用保护性接地，电源中性点接地电阻（R_0）与电气设备的接地电阻（R）均按 4Ω 考虑，而电源电压为 220V，那么当电气设备的绝缘损坏使电气设备外壳带电时，则两接地电阻

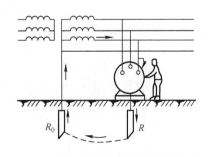

图 1-7 中性点接地系统采用保护性接地的后果

9

间的电流将为 $I_R = 220V/(R_0 + R) = 220V/8\Omega = 27.5A$。

熔断器熔体的额定电流是根据被保护设备的要求选定的，如果设备的额定功率较大，为了保证设备在正常情况下工作，所选用熔体的额定电流也会较大，在 27.5A 接地短路电流的作用下，将不断熔断，外壳带电的电气设备不能立即脱离电源，所以在设备的外壳上长期存在对地电压 U_d，其值为

$$U_d = 27.5A \times 4\Omega = 110V$$

显然，这是很危险的。如果保护接地电阻大于电源中性点接地电阻，设备外壳的对地电压还要高，这时危险更大。

2) 为了防止中性线断线，要求敷线工作除了保证线路不受损伤，接头接触良好外，一般在中性线上不允许装设开关或熔断器。另外，在中性点直接接地的低压电网中，除了零线应在电源处接地外，在架空线路的干线和分支线的终端及沿线每千米处应重复接地（但距接地点不超过50m者除外）。或在屋内将零线与配电屏、控制屏的接地装置相连。显然，在实行了重复接地以后，保护水平可进一步提高。零线的重复接地要尽量地利用自然体，每一重复接地的电阻值不大于10Ω。

1.3.3　安全距离

安全距离就是在各种工况条件下，带电导体与附近接地的物体、地面、不同相带电导体、以及工作人员之间，必须保持的最小距离或最小空气间隙。这个距离或间隙不仅应保证在各种可能的最大工作电压或过电压的作用下，不发生放电，还应保证工作人员在对设备进行检查、维护、操作时的绝对安全，而且身体健康也不受影响。

这些安全距离归纳起来主要有四个方面：①设备带电部分距离接地部分或者另一相带电部分之间的距离；②设备带电部分到各种不同遮栏间的距离；③无遮栏裸导体到地面间的距离；④ 工作人员在进行设备维护检修时与设备带电部分间的距离。相关数据可以参考《高压配电装置设计技术规程》和《电业安全工作规程》。

1.3.4　电气设备的防护装置

电气设备的防护装置一般可分为遮栏、保护盒、保护罩等，详见表1-7。

表1-7　常用电气防护装置

名称	图示	说明
遮栏		凡是安全距离达不到规定值的电气设备都必须加装遮栏，防止工作人员偶然接近高压等带电部分达到危险距离 为了便于检查，一般室内配电设备适宜装设网状遮栏，当需要巡视的设备只是位于室内的某一部分，则可装设一部分由金属板制成，一部分由铁丝网制成的组合式遮栏 遮栏应设置能防止自行开启的锁，但要求能方便地打开。网状遮栏的高度不低于170cm，使个子高的人也不可能将手伸过遮栏上端

（续）

名称	图示	说明
保护盒	开关保护盒　　　低压出线保护盒(45°角度)	安装在地面或工作人员容易接近的110～380V低压开关或刀开关，容易引起触电事故，因此要用保护盒将其遮盖起来。保护盒一般用耐火或半耐火材料制成，并有足够的机械强度
保护罩		在电气设备中有露在外面的一些部件，这些部件易于碰伤或绞伤工作人员，如转动中的轴头、对轮等，因此它们都应装设保护罩，以防止工作人员不注意时造成伤害

1.3.5　安全标志

明确统一的标志是保证用电安全的一项重要措施。统计表明，一些电气事故是由于标志不统一而造成的。例如，由于导线的颜色不统一，误将相线接设备的机壳，而导致机壳带电，酿成触电伤亡事故。

标志分为颜色标志和图形标志。颜色标志常用来区分各种不同性质、不同用途的导线，或用来表示某处安全程度。图形标志一般用来告诫人们不要去接近有危险的场所。为保证安全用电，必须严格按有关标准使用颜色标志和图形标志。

1）常用的安全色详见表1-8。

表1-8　常用安全色

类别	颜色	说明
用于提示人们注意所采用的安全色	红色	用来标志禁止、停止和消防，如信号灯、信号旗、机器上的紧急停机按钮等都是用红色来表示"禁止"的信息
	黄色	用来标志注意危险，如"当心触电""注意安全"等
	绿色	用来标志安全无事，如"在此工作""已接地"等
	蓝色	用来标志强制执行，如"必须戴安全帽"等
	黑色	用来标志图像、文字符合和警告标志的几何图形
	电器外壳的红色和灰色	涂以红色表示有电；涂以灰色表示外壳接地或接零
导线采用的安全标识颜色	相线	L_1（A）——黄色；L_2（B）——绿色；L_3（C）——红色
	中性线 N	淡蓝色
	保护线 PE	绿黄双色
	保护中性线 PEN	竖条间隔淡蓝色
	中性点接地线	黑色
	直流	正极——红色；负极——蓝色

11

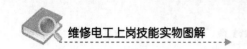
2）常用电力安全图形标志用于对人们的行为起提醒、警示作用，如图1-8所示。

图1-8　常用电力安全图形标志

知识链接——与安全用电相关的知识

1. 触电对人体的伤害形式

电对人体的伤害，主要来自电流。电流对人体的伤害可分为两种类型：电伤和电击。

1）电伤是电流的热效应、化学效应或机械效应对人体造成的局部伤害，如电灼伤、电烙印、皮肤金属化等。

2）电击是电流通过人体内部，破坏人的心脏、神经系统、肺部的正常工作造成的伤害。

2. 触电对人体的伤害程度

在高压触电事故中，电击和电伤往往同时发生；日常生产、生活中的触电事故，绝大部分都是由电击造成的。同时，人体触电事故还往往会引起二次事故，如高空跌落、机械伤人等。

电流对人体的危害程度与下列因素有关：

（1）电流的大小

电流越大，伤害也越大，详见表1-9。

表1-9　不同电流对人体的伤害程度

电流大小	伤害程度
100～200μA	对人体无害反而能治病
1mA 左右（工频）	引起麻的感觉
不超过 10mA	人尚可摆脱电源
超过 30mA	感到剧痛，神经麻痹，呼吸困难，有生命危险
达到 100mA	很短时间使人心跳停止

（2）电流持续的时间

时间越长，危害越大。

（3）电流的频率

工频电流对人体的伤害程度最为严重，特别是 40～100Hz 的交流电对人体最危险。

3. 电流通对人体哪些部位伤害最大

以通过心脏、中枢神经（脑、脊髓）、呼吸系统最为危险。

危险的程度与人体的性别、年龄、健康状况、精神状态等有关。因为人体的电阻值通常在 10～100kΩ 之间，基本上按表皮角质层电阻大小而定。但它会随时、随地、随人等因素而变化，极具不确定性，并且随电压的升高而减小。

4. 安全电压与安全电流

（1）安全电压

不带任何防护设备，对人体各部分组织均不造成伤害的电压值，称为安全电压。

国际电工委员会（IEC）规定安全电压限定值为 50V。

我国规定 12V、24V、36V 三个电压等级为安全电压级别。一般情况下，36V 以下的电压是安全的，但在潮湿的环境中，安全电压在 24V 以下，甚至是在 12V 以下。

世界各国对于安全电压的规定有 50V、40V、36V、25V、24V 等，其中以 50V、25V 居多。

（2）安全电流

直流 50mA 以下，工频 30mA 以下。

5. 生活中的安全用电规则

1）入户电源避免过负荷使用，破旧老化的电源应及时更换，以免发生意外。

2）入户电源总熔断器与分户熔断器应配置合理，使之能起到对家用电器的保护作用。

3）接临时电源要用合格的电源线。电源插头、插座要安全可靠，已经损坏的不要使用，电源线接头要用黑胶布包好。在户外应使用防水胶带。

4）临时电源线临近高压输电线路时，应与高压输电线路保持足够的安全距离（10kV及以下、0.7m，35kV、1m，110kV、1.5m，220kV、3m，500kV、5m）。

5）严禁私自从公用线路上接线。

6）线路接头应确保接触良好，连接可靠。

7）房间装修，隐藏在墙内的电源线要放在专用阻燃护套管内，电源线的截面积应满足负荷要求。

8）遇有家用电器着火，应先切断电源后再救火。

9）家庭用电应装设带有过电压保护的调试合格的漏电保护器，以保证使用家用电器时的人身安全。

10）电器在使用时，应有良好的外壳接地，室内要设有公用地线。

11）家用电器电热设备、暖气设备一定要远离煤气罐、煤气管道，发现煤气漏气时先开窗通风，千万不能拉合电源，并及时请专业人员修理。

12）发现电线断落，无论带电与否，都应视为带电，应与电线断落点保持足够的安全距离，并及时向有关部门汇报。

13）电源插头、插座布置在幼儿接触不到的地方。

知识链接二——电力的传输与分配简介

了解电力的传输和分配，对于我们安全用电，具有重大的作用。

1. 电力系统组成

由各种电压的电力线路，将各个发电厂、变电所和电力用户联系起来的一个发电、输电、变电、配电和用电的整体称为电力系统。工厂所需要的电力是由发电厂生产的，而发电厂大多建立在能源基地附近，往往离用电负荷很远。为了减少输电损失，发电厂发出的电压一般要经过升压变压器升压，采用高压输送到各负荷中心，而用电负荷的电压是低压，因此升压变压器输送的电能最后又要经降压变压器降压，才输送到最终用户，整个送电过程示意图如图1-9所示。

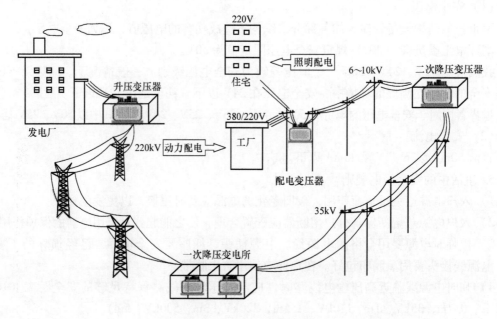

图1-9　电力系统的组成

2. 电力系统重要组成部分及其作用

电力系统重要组成部分及其作用见表1-10。

表1-10　电力系统重要组成部分及其作用

名称	作用	类型
发电厂及发电机	将各种类型的能源转化为电能	火力发电、内燃机发电、水力发电、核发电、太阳能发电
电力变压器	变换电压，用于连接不同电压等级的电网	按变压形式分为升压变压器、降压变压器，按绕组形式分为单绕组、双绕组和多绕组变压器
各级电网	输送电能	分为高压电网、低压电网、区域电网和局域电网
变配电所	分配电能	

3. 电力系统（电力网）电压等级及应用

电力系统（电力网）电压等级及应用详见表1-11。

表1-11　电压等级及应用

分类	电网和用电设备电压 /kV	发电机额定电压 /kV	应用说明
低压	0.22	0.23	单相负荷，如家用电器、照明等功率较小负荷的电源
	0.38	0.40	一般工厂、企业的动力电源
	0.66	0.69	较大工厂、企业的较大功率负荷的电源
高压	3	3.15	大中型电动机电源，大中型工厂高压负荷的电源
	6	6.3	大中型电动机电源，大中型工厂高压负荷的电源
	10	10.5	小区域电网和中小型发电机电源
	—	15.75	大中型发电机电源
	—	18.20	
	35	—	局域电网和大区域电网电压
	63	—	
	110	—	
	220	—	
	330	—	
超高压	500	—	用于大区域电网之间的连接
	750	—	

4. 电力负荷级别

电力负荷级别见表1-12。

表1-12　电力负荷级别

负荷级别	名称	特点
一级	特别重要负荷	中断供电将导致十分严重的后果，甚至造成人员伤亡。应由两个电源供电。一个电源发生故障时，另一个电源保证供电，如重要的国家机关、外事活动地点、重要的铁路枢纽、通信枢纽、特别工厂等
二级	重要负荷	中断供电将导致较为严重的后果，如铁路枢纽、通信枢纽、国家机关、重要工厂等
三级	一般负荷	无特殊要求，如一般工厂、农村

5. 低压配电线路

低压配电线路是指线电压380V、相电压220V的线路。适合于输送到比较近的地方，作为动力电源和照明电源。无论是工厂、企业还是农村，配电线路都是以变压器、变电所和配电所为中心，采用向四周分散引出的方式，即放射型的供电方式，一般情况下都是采用三相四线的供电方式。其中照明、家电采用单相供电（一根相线和一根零线），工厂动力设备采用三相供电（含三根相线）。

变压器中性点接地的低压供电线路如图1-10所示。

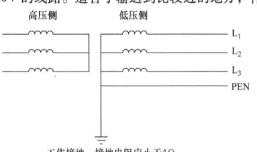

图1-10　中性点接地的低压供电线路

注意，N线是中性线，又被称为零线。没有N线，单相供电设备就不能工作。而PE线

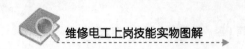

是与设备外壳相连的保护地线，没有它，设备也能够工作，但设备漏电后外壳会带电。PE
线可以防止触电事故发生。在实际应用中，人们常常接成保护中性线，即 PEN 线，兼具 PE
线和 N 线的功能。

思 考 题

1. 画出单线触电、两线触电、漏电触电的示意图，并做简要说明。
2. 画出跨步电压触电、高压电弧触电的示意图，并做简要说明。
3. 分析图 1-11 中哪些会发生触电事故。

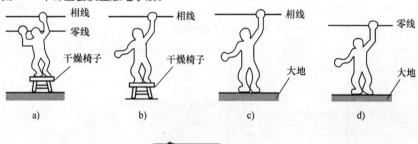

图 1-11　思考题 3 的图

第 2 章

掌握常用电工仪表的使用方法和技巧

本章导读

常用的电工仪表有万用表、钳形表、绝缘电阻表等，它们是电工必备的"利器"。利用这些电工仪表，可以轻松地测出电压、电流、电阻、绝缘性能等参数。通过结合电路图对这些参数进行分析，可以判定电气设备是否正常，如果不正常，可以判断故障的类型和部位。掌握了电工仪表的使用，可以为从事低压电气设备安装、维护、维修打好坚实的基础。

学习目标

1）熟练掌握 MF47 型指针式万用表测量电阻的方法。

2）熟练掌握 MF47 型指针式万用表测电压（含交流和直流）的方法。

3）熟练掌握 MF47 型指针式万用表测电流（含交流和直流）的方法。

4）熟练掌握数字万用表测量电阻的方法。

5）熟练掌握数字万用表测交流和直流电压、交流和直流电流的方法。

6）熟练掌握数字钳形表测电流、电压的方法。

7）熟练掌握指针式钳形表测电流的方法。

8）掌握绝缘电阻表测绝缘电阻的方法。

9）掌握单相电能表直接接入电路的接线方法和通过电流互感器间接接入电路的接线方法。

10）掌握三相电能表直接接入电路的接线方法和通过电流互感器间接接入电路的接线方法。

学习方法建议

本章学习难度较小，可以采用按图索骥的方式进行学习和操作，并在实践中应用。

2.1　万用表的使用方法和技巧

万用表可以测量电压、电流、电阻等。它功能很多，所以叫万用表。它价格低廉，携带方便，使用简单，性能可靠，是最普及的电工仪表。万用表可分指针式和数字式两类。指针式（为磁电系）万用表是通过指针在刻度尺上所指示的位置（即刻度线）和所选的量程来读数的。常见的指针式万用表有 MF47 型和 MF500 型，其中 MF47 型最为典型。数字万用表能通过我们选择的量程和液晶屏显示的数字、标点来读数。指针式和数字式各有优、缺点。

2.1.1　指针式万用表的认识和使用

1. 认识 MF47 型万用表的实物图和关键部件

（1）MF47 型万用表的实物图

MF47 型万用表的整体及关键部件如图 2-1 所示。

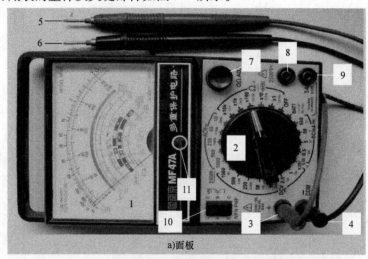

a)面板

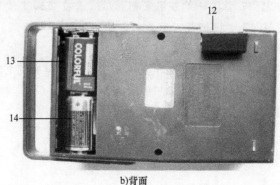

b)背面

图 2-1　MF47 型万用表的实物图

（2）MF47 型万用表面板主要部件说明

图 2-1 中主要部件的名称和功能详见表 2-1。

表 2-1　MF47 型万用表面板上主要部件的名称和功能

编　　号	名　　称	功　　能
1	刻度盘	通过指针指在刻度盘上指示的位置并结合量程读出被测量的数据
2	挡位选择旋钮	选择测量功能（如测量电阻或测量电压、电流等）和量程

（续）

编　号	名　　称	功　　能
3、5	红表笔	红表笔应插入"＋"插孔（注：有的万用表为"VΩ"孔），黑表笔应插入"－"插孔（即"COM"孔）。被测信号（电阻、电压、电流等）通过两表笔输入万用表，经过处理后再进行显示
4、6	黑表笔	
7	电阻挡调零旋钮	用于测量电阻时进行调零，简称欧姆调零
8	高电压测量插孔	测量高电压时要将红表笔插入该孔（2500V 插孔），黑表笔插入"COM"孔，一般不用
9	大电流测量插孔	测量 5A 以下的较大电流时，需将红表笔插入该孔（5A 插孔），黑表笔仍插入"COM"孔
10	晶体管 β 值测量孔	可以测量 NPN、PNP 型晶体管的直流放大倍数（β 值）
11	机械调零旋钮	在没有进行任何测量时，指针应停在刻度线的最左边（即电阻挡的 ∞ 处）。如果没有停在此处，则可用一字螺丝刀调节（顺时针或逆时针转动）该旋钮，使指针停在此处
12	熔丝管安装位置	当挡位选择旋钮选择错误时，熔丝管会烧断，使内部电路得到保护
13	9V 干电池	万用表拨到电阻挡的 $R \times 10k$ 挡时，由该电池供电
14	1.5V 干电池	万用表拨到电阻挡的 $R \times 1$、$R \times 10$、$R \times 100$、$R \times 1k$ 挡时，由该电池供电

2. 指针式万用表的基本工作原理

万用表的基本工作原理是利用一只灵敏的磁电系直流电流表（微安表）作为表头。当微小电流通过表头时，就会有电流指示。但表头不能通过大电流，所以必须在表头上并联和串联一些电阻进行分流或降压，从而测出电路中的电流、电压和电阻，见表 2-2。

表 2-2　指针式万用表的原理

类　别	示　意　图	说　明
测电阻的原理	 调零电阻 表内电阻 表内电池 红表笔　黑表笔 待测电阻	在表头上串联适当的电阻，同时串接一节电池，测量电阻时有电流通过回路 待测电阻值不同，回路中产生的电流和指针的偏转也不同。根据电流（偏转角）的大小，就可测量出电阻值。改变分流电阻的阻值，就能改变测量电阻的量程 虚线框内为万用表的内部，下同 特别注意：拨到电阻挡时，黑、红表笔之间可输出直流电压，黑表笔为直流电压的正极，这对检测晶体管非常重要

19

（续）

类　别	示　意　图	说　明
测直流电流的原理	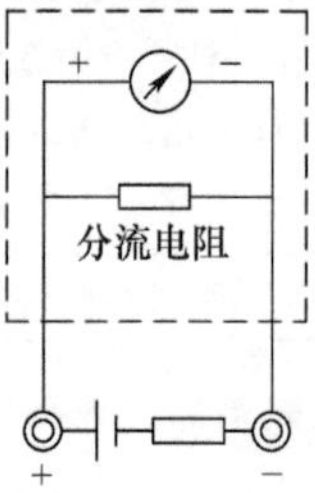 分流电阻	在表头上并联一个适当的电阻（叫分流电阻）进行分流，就可以扩展电流量程。改变分流电阻的阻值，就能改变待测电流的测量范围
测直流电压的原理	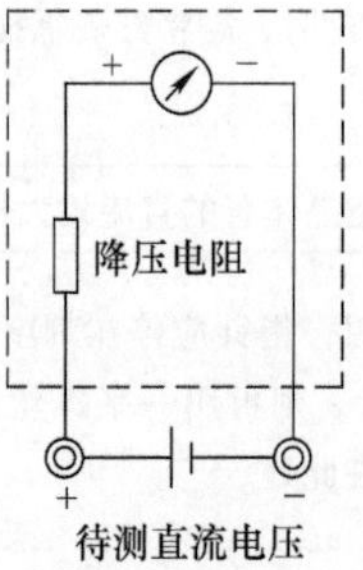 降压电阻 待测直流电压	在表头上串联一个适当的电阻进行降压，就可以扩展电压量程。改变该电阻的阻值，就能改变待测电压的测量范围
测交流电压的原理	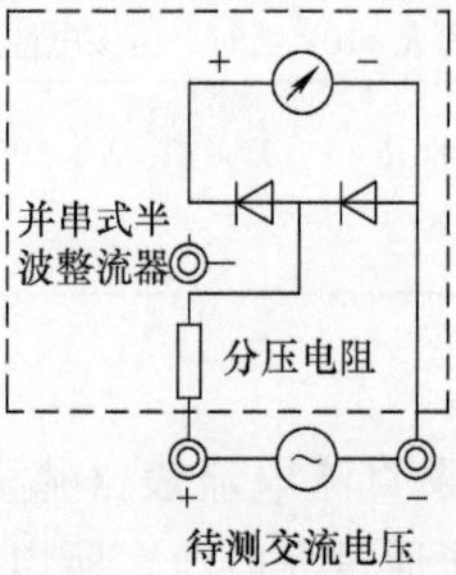 并串式半波整流器 分压电阻 待测交流电压	因为表头是直流电流表，所以测量交流时，需加装一个并串式半波整流器，将交流进行整流变成直流后再通过表头，这样就可以根据直流电的大小来判断交流电压。扩展交流电压量程的方法与直流电压量程相似

3. MF47 型指针式万用表的使用方法

（1）指针式万用表测量电阻的阻值

使用指针式万用表测电阻阻值的方法，如图 2-2 所示。

（2）指针式万用表测量交流电压

使用指针式万用表测量交流电压的方法，如图 2-3 所示。

（3）指针式万用表测量直流电压

1）将选择开关拨到直流电压挡，即"DCV"范围某一挡，共有 8 个量程（0.25 ～ 1000V），如图 2-4 所示。

2）选量程：方法与测交流电压一样，即量程要比待测电压大，但也不要大得太多。

3）测量：红表笔接电源的正极或高电位，黑表笔接电源的负极或低电位。如果接反了，指针会向左偏，有可能损坏仪表。

4）读数：方法与测交流电压一样。即所选的量程是多少伏，则满刻度就是多少伏。再根据指针所指的刻度线读出示数。

步骤① 选量程	步骤② 调零

方法：用手转动选择开关，指向"Ω"范围的某一量程

说明：测同一电阻，若所选量程不同，则指针指的位置也不同，若指针指在最右端或最左端附近，则读数误差较大

选量程的原则是使指针不指在最右端附近或最左端附近

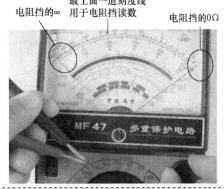

最上面一道刻度线用于电阻挡读数
电阻挡的∞
电阻挡的0Ω

方法：将两表笔短接，看指针是否指在0Ω刻度，若不是，可转动调零旋钮，使指针指在0Ω刻度(注：测量导线的通、断或粗测绝缘电阻，可以不调零)

说明：每改变一次量程，都需要重新调零

步骤③ 测量	步骤④ 读数

方法：两表笔接触待测电阻的两端

说明：手不要接触表笔的金属杆，若接触了，则示数是待测电阻和人体电阻并联后的总电阻，将导致高阻挡位测量不准确

方法：指针所指的数值乘以量程，为待测电阻的阻值

说明：使用完毕，将挡位开关拨到OFF挡或交流电压最高挡，以防再次使用时不选量程直接测量而损坏仪表。若长期不用，应取出电池

图 2-2　使用指针式万用表测电阻阻值的方法

（4）指针式万用表测量直流电流

指针式万用表测直流电流的操作方法如下：

1）万用表选择开关拨到直流电流挡，即图 2-4 中的"DCmA"范围的各量程（有 0.05～500mA 共 5 个量程）。使用 5A 量程时，红笔插在"5A"插孔，选择开关置于 500mA 挡位。

2）测量时要将仪表串入电路，并要使电流从红表笔流进去，而从黑表笔流出。否则，指针会反转，可能损坏仪表。

3）读数：方法与测交、直流电压的读数方法一样，即所选的量程是多少 mA，则满刻度就是多少 mA，再根据指针所指的刻度线读出示数。

2.1.2　数字万用表的认识和使用

1. 数字万用表的认识

现以普通的 DT9205 型数字万用表为例进行介绍（其他类型与此基本相同）。它的实物图及面板关键部件如图 2-5 所示。

数字万用表的功能比指针式万用表多了二极管挡和电容挡。另外，要注意，与指针式万

步骤① 拨到交流电压挡并选量程

方法：转动选择开关，指向交流电压"ACV～"范围的某一量程。原则是，量程要比待测电压大，同时又尽量接近(例如，要检测单相市电，可选交流250V挡或500V挡。现在我们选交流250V挡)。若不知待测电压大约是多少，可先用最高量程测量，如果指针所指的示数过小，不便读数，可减小量程

步骤② 测量

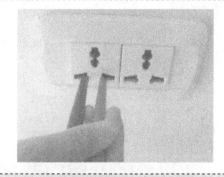

方法：用两表笔分别接触被测电源(相线和零线)

步骤③ 读数

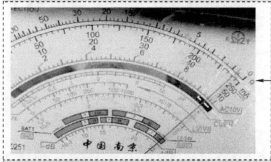

注意：指针式万用表交流电压挡采用硅二极管半波整流，将交流变为直流后再送到表头检测、显示。由于硅二极管存在非线性，且在0～10V之间较明显，而在更大的量程上，其非线性影响可以忽略。所以交流10V挡采用独立刻度线，而其他量程则和直流电压、电流共用刻度线(即图中从上往下的第二条刻度线)

方法：所选的量程是多少，则满刻度就是多少伏。由于我们选的是250V挡，所以满刻度为250V。根据该刻度盘的200～250之间共有11条刻度线，10等分，所以相邻两刻度线之间有50V的电压，所以图中指针所指的示数约为240V

图2-3 使用指针式万用表测量交流电压的方法

用表相反，数字万用表的选择旋钮拨到电阻挡或二极管挡时，红表笔是和表内电池的正极相连的，也就是说红、黑表笔之间可输出直流电压，红表笔为直流电的正极。

2. 数字万用表的使用方法

（1）数字万用表测电阻

测电阻的方法与指针式万用表基本相同，不同之处有：①选的量程的单位是什么，读出的示数的单位就是什么；②如果示数为1，说明量程选小了，需改为大量程。

某电阻的检测过程如图2-6所示。

（2）数字万用表测交流电压

图2-4 指针式万用表选择开关拨到直流电压挡

选择开关拨到交流电压"V～"挡，如图2-7所示。测量方法与指针式万用表相同，如果量程选"200m"，则读出的数据单位为mV，若选"2～750"之间的量程，则读出的数据单位为V。

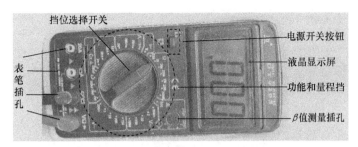

图 2-5　数字万用表实物图及面板关键部件

① 拨到电阻挡选量程(这里选"2k")	② 测量
	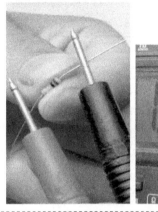
说明：红、黑表笔分别插入" VΩ⊣ "" COM "孔	说明：示数为1，说明量程选小了
③ 改为"200k"量程，再测量，读数	

说明：由于量程选的是"200k"，屏上示数是97.9，所以待测电阻为97.9kΩ	

图 2-6　数字万用表测电阻

（3）数字万用表测直流电压

以检测某 9V 电池的电压是否正常为例进行介绍，如图 2-8 所示。

（4）数字万用表测直流电流

与指针式万用表不同之处如下：

1）测量时可不分极性，也就是说，无论哪个表笔接正极或负极都行。如果示数前有个负号，说明红表笔接的是低电位。若示数前没有负号，说明红表笔接的是高电位。

图 2-7　数字万用表测交流电压时供选的量程

23

① 选量程(选"V═"挡。这里需选"20")
② 测量(测量时表笔不分极性)

说明：读数直接从屏上读出，为"-9.68V"，"-"表示红表笔接的是低电位

③ 交换表笔测量

说明：读数为"9.52V"，前面没有负号，说明红表笔接的是高电位；量程若选的是"200m"，读数的单位就是mV；若选的是其他量程(2、20、200、750)，则读数的单位是V；实际应用时，没必要交换表笔测量

图2-8　数字万用表测直流电压

2）如果被测电流小于200mA，可选"200m、20m或2m"量程，红表笔应插入"mA"孔，如图2-9a所示。

3）如果待测电流大于200mA，则需选"20A"量程，红表笔应插入"20A"插孔，如图2-9b所示。

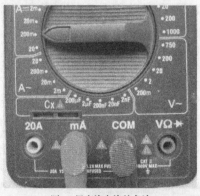

a) 测mA级直流电流的方法　　　　b) 测20A以下直流电流的方法

图2-9　数字万用表测直流电流

同样需注意，读出的数值的单位与量程的单位相同。

（5）数字万用表测交流电流

用数字万用表测量交流电流时，要将挡位选择开关拨到交流电压挡，并选择量程，测量时两表笔方法和测直流电流的方法基本相同。

（6）数字万用表二极管挡的使用方法

数字万用表电阻挡所提供的测试电流较小，测二极管正向电阻时要比用指针式万用表电阻挡的测量值高出几倍，甚至几十倍，所以不宜用电阻挡检测二极管和晶体管的 PN 结。为了方便地测 PN 结的好坏，数字万用表设置了二极管挡。该挡是通过测 PN 结的正向压降来鉴别 PN 结的好坏的。其使用方法如图 2-10 所示。

① 将选择旋钮拨到二极管挡	② 两表笔(不分红、黑)接触二极管的两端
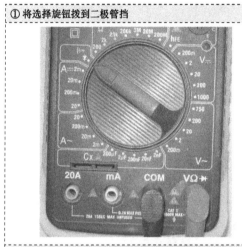	 说明：示数为1，说明此时二极管截止
③ 交换表笔，再接触二极管的两端	
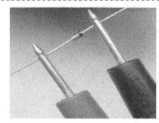	
说明：示数为".594"，说明二极管处于导通状态，导通电压为0.597V，此时红表笔接的是二极管的正极或PN结的P端。如果测量值一次为"1"，一次为".6"左右，说明该PN结是好的。该检测方法常用于检测二极管、晶体管、场效应晶体管、晶闸管等器件	

图 2-10　数字万用表二极管挡的使用方法

（7）数字万用表测电容器的容量

数字万用表的电容挡有 200μF、2μF、200nF、20nF、2nF 五个量程。现以对标称值为 33μF 的电容器的测量为例进行介绍，如图 2-11 所示。

注意：有的数字万用表没有设置电容器的插孔，而是在选择电容挡的量程后，将表笔插入测量孔，用两表笔接触电容器的两端，再读数。UT58A 型数字万用表的表笔插孔如图 2-12 所示。

插孔的用法：

1）测交/直流电压、电阻、二极管时，红表笔插入" VΩ→ "插孔，黑表笔插入" COM "插孔。

2）测直流电流时，红表笔插入" μAmA "插孔，黑表笔插入" COM "插孔。

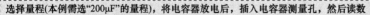

选择量程(本例需选"200μF"的量程)，将电容器放电后，插入电容器测量孔，然后读数

说明：示数为："27.9"，由于量程的单位是μF，读出的数值为27.9μF。该电容器的容量有轻微下降

图 2-11　数字万用表测电容器的容量（图中 Cx 为电容器的插孔）

测 β 值的符号，在相邻的两孔　　　　　　电容的符号，表示相邻的
插上配套插座后可测 β 值　　　　　　两孔为电容测量插孔

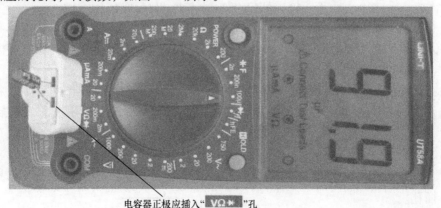

图 2-12　UT58A 型数字万用表的表笔插孔

3）测小于 20A 的交、直流电流时，红表笔插入 " A " 插孔，黑表笔插入 " COM "
插孔。

4）测电容时，将黑表笔插入 " μAmA " 插孔，红表笔插入 " VΩ⊶ " 插孔。选
择电容挡的量程后可用表笔接触电容器的两端（注意：若测电解电容器，红表笔应接电容
器的正极，以免误差大），读出电容值。也可以在这两个孔插入配套插座后，再将电容器两
脚插入插座的孔内，再读数，如图 2-13 所示。

电容器正极应插入 " VΩ⊶ " 孔

图 2-13　数字万用表测电容器的电容

2.2　掌握钳形表的使用方法和技巧

钳形电流表简称钳形表。用普通电流表测量电路中的电流需要将被测电路断开，串入电流表后才能完成电流的测量工作，这在测量较大电流时非常不便。而钳形表可以直接用钳口夹住被测导线进行测量，这使得电工测量过程变得简便、快捷，从而得到广泛应用。

尽管钳形表有多个种类，但工作原理和使用方法基本相同。

2.2.1　认识常见钳形表

1. 钳形表的工作原理

钳形表是在万用表的基础上，添加电流传感器后组合而成的，故一般钳形表都具有万用表的基本功能，除了电流测量范围及电表接入方式不同外，其他与万用表基本相同。

钳形电流表的电流传感器的工作原理有互感式、电磁式、霍尔式三种。常见的钳形表多为互感式，下面简要介绍其工作原理。

互感式钳形表是利用电磁感应原理来测量电流的，如图 2-14 所示。

电流互感器的铁心呈钳口形，当紧握钳形表的扳机时，其铁心张开，将通有被测电流的导线放入钳口中。松开扳机后铁心闭合，通有被测电流的导线就成为电流互感器

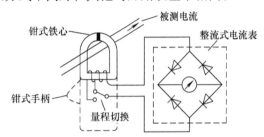

图 2-14　互感式钳形表的工作原理图

的一次侧，于是在二次侧就会产生感应电流，并送入整流式电流表进行测量。电流表的刻度是按一次电流进行标度的，所以仪表的读数就是被测导线中的电流值。互感式钳形表只能测交流电流。

2. 钳形表的分类和特点

根据原理、用途、外形特点等钳形表有多种不同类型，钳形表的分类及特点见表 2-3。

表 2-3　钳形表的分类及特点

分类方式	类　型	图　例	特　点
显示方式	指针式		测量结果通过指针方式指示，结构简单；指针能直观反映示数的变化；电流测量是无源的，即不用电池也可测量。但不能承受剧烈撞击、读数不直观
	数字式		测量结果通过数字方式指示，读数直观、准确，功能多，能承受一定的撞击而不损坏

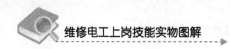
（续）

分类方式	类型	图例	特点
电流传感器 工作原理	互感式		该类型钳形表是由电流互感器和电流表组合而成的，用测量钳口只能测量交流电流，且一般准确度不高，通常为2.5～5级
	霍尔式		该类型钳形表用霍尔传感器作为电流传感器，霍尔效应较敏感，能够用测量钳口测量直流和交流电流，与互感器式钳形表钳口没有区别，区别在于测量准确度及测量电流种类
	电磁式		该类型的钳形表，其测试仪表中心的磁通直接驱动用于读数的铁片游标，用于直流或交流电流的测量，并给出了一个真正的非正弦交流波形的有效值
电流测量 范围	大电流		钳形表对非常大的电流比较容易测量，故一般钳形表的电流测量范围在几十安到几百安甚至几千安，而对较小毫安级电流则测量不出来
	微电流		采用特殊钳口设计，既能测量微小电流，又能测量大电流，同时可以测量电路漏电所产生的泄漏电流
适用电压 范围	低压		一般仪表只能用在低压范围才能保证操作人员的安全，不能用在高压测量中，否则对仪表及操作人员都会产生安全事故
	高压		由于采用了特殊操作规范，专门用于电力高压电网的电流测量，并能保证操作人员的安全
钳口形式	闭口式		电流钳口虽然在测量过程中可以张开和闭合，但在测量计数时，钳口必须闭合才能准确读数
	开口式		电流钳口是张开的，不需要钳口张开扳机，测量时只要将被测导线卡入钳口，测量更便捷

3. 常用钳形表结构、面板及说明

（1）MG28A 型指针式钳形表结构及面板

MG28A 型指针式钳形表的钳口可根据实际需要安装和分离，其面板结构如图 2-15 所示，各部分功能见表 2-4。

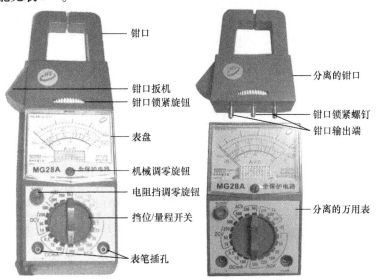

图 2-15　MG28A 型指针式钳形表面板结构

表 2-4　MG28A 型指针式钳形表面板功能说明

结 构 部 位	功 能 说 明
钳口	测量交流大电流的一种传感器，通过电磁原理将穿过其中的导线中的电流转换为万用表能测量的电流。待测导体必须垂直穿过钳口中心
钳口扳机	按压扳机，使钳口顶部张开，方便导体穿过钳口，松开扳机，钳口闭合后才能读数测量
钳口锁紧旋钮	在用作一般万用表使用时，用此旋钮分离钳口与表头
钳口锁紧螺钉	配合钳口锁紧旋钮，锁紧钳口与表头
钳口输出端	钳口转换后的电流由此端口进入表头进行测量
表盘	显示各种测量结果
机械调零旋钮	当不进行测量，指针不在左边零刻度时，可用此旋钮将指针调到左边零刻度处
电阻挡调零旋钮	使用电阻挡时，每次换挡都要用此旋钮进行电阻调零
挡位/量程开关	用于进行功能与挡位转换
表笔插孔	除了测量交流大电流，其他挡位都用与此孔相连的表笔进行测量

（2）DM6266 型数字钳形表结构及面板

DM6266 型数字钳形表是一款应用很普遍的钳形表，有很多厂家都生产这款钳形表，型号后缀数字都是"6266"，结构与使用方法完全相同。其面板结构如图 2-16 所示，各部分功能见表 2-5。

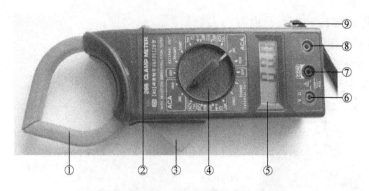

图2-16　DM6266型数字钳形表面板结构

表2-5　DM6266型数字钳形表面板功能说明

图2-16中的标号	部件名称	功能说明
①	钳口	测量交流大电流的一种传感器，通过电磁原理将穿过其中的导线中的电流转换为万用表能测量的电流。待测导体必须垂直穿过钳口中心
②	保持开关	测试完成后，按下保持开关（HOLD）可使显示屏读数处在锁定状态，测试读数保持不变，方便读数
③	钳口扳机	按压扳机，使钳口顶部张开方便导体穿过钳口，松开扳机，钳口闭合后才能读出数据
④	挡位/量程开关	用于进行功能与挡位转换
⑤	LCD显示屏	测试结果显示
⑥	电阻/电压输入端口	测量电阻、电压时，红表笔接该端口，黑表笔接"COM"端口
⑦	公共接地端	测试公共接地端口
⑧	绝缘测试附件接口端	本表通过附加DT261高阻附件可进行绝缘电阻测试，插接附件时用到此端口
⑨	手提带	方便携带的提带

2.2.2　DM6266型数字钳形表使用方法

　　钳形表有很多型号、种类和款式。不同厂家、不同型号的钳形表，其外壳的形状和键钮的部位也是不同的，但很多基本的键钮标记、功能和使用方法都是相同的，一般只有个别的键钮是不同的。

　　深入了解一个典型的钳形表键钮标记和调整方法，对于其他钳形表的使用是很有用的。这里以常用DM6266型数字钳形表为示例进行说明。

　　（1）交流电流测量

　　1）将挡位开关旋至"ACA1000"挡，如图2-17a所示。

　　2）保持开关（HOLD）处于松开状态。

　　3）按下钳口开关，钳住被测电流的一根导线，如图2-17b所示。钳口夹持两根以上导线无效，如图2-18所示。

　　4）读取数值，如果读数小于200A，挡位开关旋至"ACA200"挡，以提高准确度。如

a) 测量交流电流挡位选择

b) 测量交流电流导线夹持方式

图 2-17　交流电流测量

果因环境条件限制，在暗处无法直接读数，按下保持开关，拿到亮处读取，如图 2-19 所示。

图 2-18　交流电流测量导线错误夹持

图 2-19　读数保持功能运用

（2）交、直流电压测量

1）测量直流电压时，挡位开关旋至"DCV1000"挡，如图 2-20a 所示；测量交流电压时，挡位开关旋至"ACV750"挡，如图 2-20b 所示。

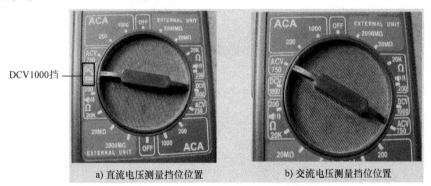
a) 直流电压测量挡位位置　　　b) 交流电压测量挡位位置

图 2-20　交、直流电压测量挡位位置

2）保持开关处于松开状态。

3）红表笔接"V/Ω"端，黑表笔接"COM"端。

4）红、黑表笔并联到被测电路，如图 2-21 所示。

（3）电阻测量

1）将挡位开关旋至适当量程的电阻挡。

2）保持开关处于放松状态。

3）红表笔接"V/Ω"端，黑表笔接"COM"端。

图 2-21　红、黑表笔并联到被测电路

4）红、黑表笔分别接被测电阻的两端，测在线电阻时，电路应切断电源，与电阻所连接的电容应完全放电，如图 2-22 所示。

图 2-22　电阻测量

（4）通断测试

1）将挡位开关旋至"200Ω"挡，如图 2-23 所示。

2）红、黑表笔分别接"V/Ω"端和"COM"端。

3）当红、黑表笔间的电阻小于几十欧姆（关于该数值，有的仪表为 50Ω 左右，有的为 90Ω 左右，不同类型的仪表有差异）时，内置蜂鸣器发声。

（5）高阻测量

1）正常情况下，将挡位开关旋至"EXTERNAL UNIT"20MΩ 或 2000MΩ 挡，显示值是不稳定的，处于游离状态。

2）将如图 2-24 所示的 DT261 测试附件三个插头对应插入钳形表的三个输入插孔。

图 2-23　通断测量挡位位置　　　　　图 2-24　DT261 测试附件

3）钳形表挡位开关、测试附件量程开关置于 2000MΩ 位置。

4）测试附件输入端接被测电阻。

5）测试附件电源开关置于"ON"位置，按下"PUSH"键，指示出被测值，如果读数小于 19MΩ，钳形表挡位开关与测试附件的量程开关均选择 20MΩ，以提高准确度。如果测试附件低电压指示灯亮，应更换电池（四节 1.5V 1 号电池）。

2.2.3 指针式钳形表的使用方法

下面以指针式钳形表测量电流为例进行介绍，如图 2-25 所示。

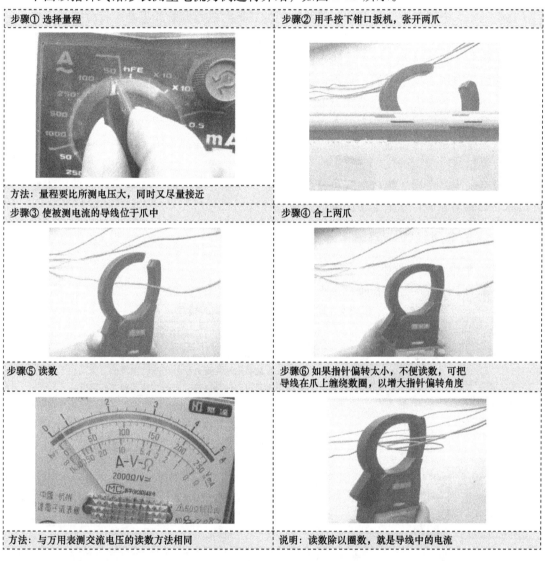

步骤① 选择量程	步骤② 用手按下钳口扳机，张开两爪
方法：量程要比所测电压大，同时又尽量接近	
步骤③ 使被测电流的导线位于爪中	步骤④ 合上两爪
步骤⑤ 读数	步骤⑥ 如果指针偏转太小，不便读数，可把导线在爪上缠绕数圈，以增大指针偏转角度
方法：与万用表测交流电压的读数方法相同	说明：读数除以圈数，就是导线中的电流

图 2-25 指针式钳形表测量电流

1）测量前，检查钳形表铁心的橡胶绝缘是否完好，钳口应清洁、无锈，闭合后无明显的缝隙。

2）估计被测电流的大小，选择合适量程，若无法估计，应从最大量程开始测量，逐步变换。

3）改变量程时应将钳形表的钳口断开。

4）为减小误差，测量时被测导线应尽量位于钳口的中央，并垂直于钳口。

5）测量结束，应将量程开关置于最高挡位，以防下次使用时由于疏忽未选准量程进行测量而损坏仪表。

2.3 掌握绝缘电阻表的使用方法和技巧

在电动机、电器和供电线路中，绝缘性能的好坏对电力设备的正常运行和安全用电起着至关重要的作用。表示绝缘性能的参数是电气设备本身绝缘电阻值的大小，绝缘电阻值越大，其绝缘性能越好，电力设备线路也就越安全。

前面所学万用表的电阻挡，是在低电压条件下测量电阻值。如果用万用表来测量电气设备的绝缘电阻，其阻值一般都是无穷大。而电气设备实际的工作条件是几百伏或几千伏，在这种工况下，绝缘电阻不再是无穷大，可能会变得比较小。因此测量电气设备的绝缘电阻要根据电气设备的额定电压等级来选择仪表。绝缘电阻表是一种专用于测量绝缘电阻的直读式仪表，又称绝缘电阻测试仪。

绝缘电阻表是专用于测量电气设备绝缘性能的仪表，有手摇式和电子式两种，我们应知道其基本的测量原理，着重于掌握测量方法。

2.3.1 认识常用绝缘电阻表

1. 绝缘电阻表的分类和特点

常见绝缘电阻表的分类和特点详见表2-6。

表 2-6 常见绝缘电阻表的分类和特点

类 别	图 示	特 点
手摇式绝缘电阻表		手摇式绝缘电阻表由高压手摇发电机及磁电式双动圈流比计组成，具有输出电压稳定、读数正确、噪声小、振动轻等特点，且装有防止测量电路泄漏电流的屏蔽装置和独立的接线柱 有测试500V、1000V、2000V等规格（注意：该电压规格是与被测电气设备的工作电压相匹配的，即1000V的绝缘电阻表宜用来测量工作电压为1000V以下的电气设备）
电子式绝缘电阻表	 a) 数字式　　b) 指针式	采用干电池供电，带有电量检测，有模拟指针式和数字式两种，操作方便 输出功率大、带载能力强，抗干扰能力强 输出短路电流可直接测量，不需带载测量进行估算

2. 绝缘电阻表的工作原理和面板介绍

（1）手摇式绝缘电阻表的工作原理

手摇式绝缘电阻表的工作原理图如图2-26所示，其工作原理如下：

1）摇动直流发电机的手柄，发电机两端产生较高的直流电压，线圈1和线圈2同时通电。

2）通过线圈 1 的电流 I_1 与气隙磁场相互作用产生转动力矩 M_1；通过线圈 2 的电流 I_2 也与气隙磁场相互作用产生反作用力矩 M_2，M_1 与 M_2 方向相反。

由于气隙磁场是不均匀的，所以转动力矩 M_1 不仅与线圈 1 的电流 I_1 成正比，而且还与线圈 1 所处的位置（用指针偏转角表示）有关。

在测量 R_x 时，随 R_x 的改变，I_1 改变，而 I_2 基本不变。线圈 2 主要是用来产生反作用力矩的，这个力矩基本不变。

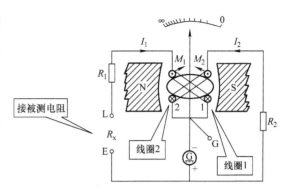

图 2-26 手摇式绝缘电阻表的工作原理图

① 当 $R_x \to 0$ 时，I_1 最大，绝缘电阻表的指针在转动力矩和反作用力矩的作用下偏转到最大位置，即"0"位置。

② 当 $R_x \to \infty$ 时，$I_1 \to 0$，指针在反作用力矩的作用下偏转到最小位置，即"∞"位置，所以绝缘电阻表可以测量 0～∞ 之间的电阻。

（2）手摇式绝缘电阻表的面板认识

手摇式绝缘电阻表的面板上主要有三个接线端子、刻度盘和摇柄，如图 2-27 所示。

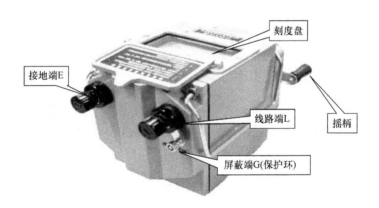

图 2-27 手摇式绝缘电阻表的面板

（3）电子式绝缘电阻表的工作原理

电子式绝缘电阻表一般由直流电压变换器将电池电压转换为直流高压作为测试电压（也有的电子式绝缘电阻表还可以将 220V 的交流市电转换为直流电压给表内电池充电），该测试电压施加于被测物体上，产生的电流经电流 – 电压转换器转换为与被测物体绝缘电阻相对应的电压值，再经模 – 数转换电路变为数字编码，然后经微处理器处理，由显示器显示相应的绝缘电阻值，如图 2-28 所示。

（4）电子式绝缘电阻表的面板认识

电子式绝缘电阻表的面板也有和手摇式绝缘电阻表一样的三个接线端子（L、E、G），还有电压规格选择按键和液晶显示屏，如图 2-29 所示。

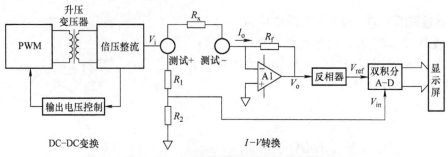

图 2-28　电子式绝缘电阻表原理框图

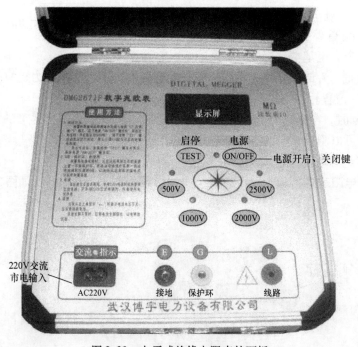

图 2-29　电子式绝缘电阻表的面板

2.3.2　掌握绝缘电阻表的使用方法和典型应用

1. 手摇式绝缘电阻表的使用方法

（1）将绝缘电阻表进行开路试验

具体操作如下：

1）将两连接线开路，摇动手柄指针应指在无穷大处，再把两连接线短接一下，指针应指在零处。

2）在绝缘电阻表未接通被测电阻之前，摇动手柄使发电机达到120r/min的额定转速，观察指针是否指在标度尺"∞"的位置。如果是，说明正常，如图2-30所示。

（2）将绝缘电阻表进行短路试验

具体操作方法是，将端子 L 和 E 短接，缓慢摇动手柄，观察指针是否指在标度尺的"0"位置。如果是，则为正常，如图2-31所示。

（3）将绝缘电阻表与被测设备进行连接

具体操作如下：

1）绝缘电阻表与被测设备之间应使用单股线分开单独连接，并保持线路表面清洁干燥，避免因线与线之间绝缘不良引起误差。

2）当测量电气设备内两绕组之间的绝缘电阻时，将"L"和"E"分别接两绕组的接线端。

3）如测量电缆的绝缘电阻，为消除因表面漏电产生的误差，"L"接线芯，"E"接外壳，"G"接线芯与外壳之间的绝缘层。

（4）测量

具体操作如下：

1）被测设备必须与其他电源断开，测量完毕一定要将被测设备充分放电（需 2～3min），以保护设备及人身安全。

2）摇测时，将绝缘电阻表置于水平位置，摇柄转动时其端子间不许短路。摇测电容器、电缆时，必须在摇柄转动的情况下才能将接线拆开，否则反充电将会损坏绝缘电阻表。

3）一手稳住绝缘电阻表，另一手摇动手柄，应由慢渐快，均匀加速到 120r/min，并注意防止触电（不要接触接线柱、测量表笔的金属部分），如图 2-32 所示。摇动过程中，当出现指针已指零时（说明被测电阻较小），就不能再继续摇动，以防表内线圈发热损坏。

（5）读数

从刻度盘上指针所指的示数读取被测绝缘电阻值大小，如图 2-33 所示（本次测量的绝缘电阻为 20MΩ）。

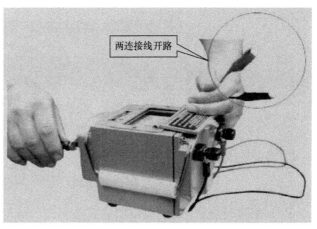

图 2-30　绝缘电阻表的开路试验

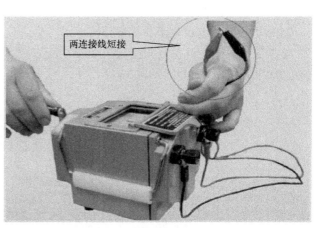

图 2-31　绝缘电阻表的短路试验

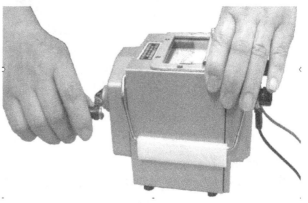

图 2-32　测量绝缘电阻时均匀加速到 120r/min

同时，还应记录测量时的温度、湿度、被测设备的状况等，以便于分析测量结果（注意：湿度对绝缘电阻表面泄漏电流影响较大，它能使绝缘表面吸附潮气，瓷制表面形成水膜，使绝缘电阻降低。此外还有一些绝缘材料有毛细管作用，当空气湿度较大时，会吸收较多的水分，增加电导率，也使绝缘电阻降低）。

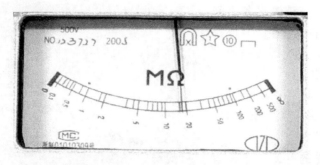

图 2-33　手摇式绝缘电阻表的读数

（6）测量完毕后，给绝缘电阻表放电

测量完毕后，需将 L、E 两表笔对接，如图 2-34 所示，给绝缘电阻表放电，以免发生触电事故。

2. 掌握电子式绝缘电阻表的应用

某电子式绝缘电阻表的面板如图 2-35 所示，其使用方法如下：

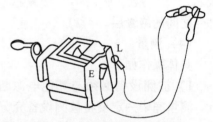

图 2-34　给绝缘电阻表放电

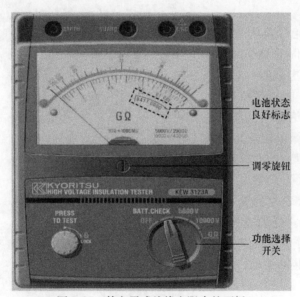

图 2-35　某电子式绝缘电阻表的面板

（1）调零

将功能选择开关设置为"OFF"，用螺丝刀调整前面板中央的调零旋钮，使指针位于"∞"刻度。

（2）检查电池

将功能选择开关旋至"BATT. CHECK"位置，按下测试开关。若指针停留于"BATT. GOOD"区域或此区域右侧，表示电池状况良好。否则，请更换电池。

注意：测试时，请勿长按或锁定测试开关。若电池电能充足，则会造成电能消耗（比测量绝缘电阻产生的电流大）。

（3）绝缘电阻测量

将功能选择开关设置为"OFF"位置，并将被测回路（电气设备的外壳）接地。将测试线连接仪器的接地端（E）和被测回路的接地端。将测试棒（L）接触被测回路的导电部位。调节功能选择开关选择电压后，按下测试开关。若绿色 LED 点亮，请读取外圈（高量程）刻度上的绝缘电阻值；若红色 LED 点亮，请读取内圈（低量程）刻度值。测试结束后，解除"PRESS TO TEST"测试开关的锁定（再按一次使该开关弹起来），等待几秒后再将测试棒与被测回路断开。这是为了释放被测回路上存储的电量。

注意：按下"PRESS TO TEST"键时，请务必小心，仪器测试棒与接地端存在高压。

2.3.3　绝缘电阻表的使用练习

1. 测电动机绕组的绝缘性能

（1）测绕组与机壳（地）之间的绝缘性能

绝缘电阻表可用来测量电动机绕组（或其他电气设备）的绝缘性能。首先用导线将绝缘电阻表"L"端与电动机接线柱（或其他电气设备的通电部位）连接，绝缘电阻表的"E"端接电动机的外壳（或其他电气设备外壳），如图 2-36 所示。然后摇动测量，若测得的示数大于 2MΩ，说明电动机绕组的绝缘性能正常；若测得的示数为 0，说明绕组的绝缘明显损坏；若小于 2MΩ，说明绝缘性能下降，可将电动机分解后，将绕组进行清洁、烘干后再检测绝缘性能，合格后可使用。

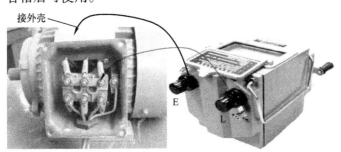

图 2-36　用绝缘电阻表测量电动机绕组与机壳之间的绝缘性能

（2）测任意两相绕组之间的绝缘性能

例如，要测三相电动机的 W 相和 V 相绕组之间的绝缘性能，可拆去电动机接线柱上的各接线导体片后，将绝缘电阻表的 L、E 端分别与电动机的 W 相、V 相端子连接，就可以进行测量和读数了，如图 2-37 所示。

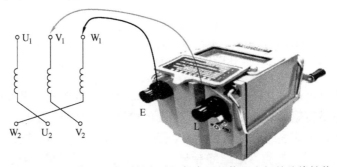

图 2-37　用绝缘电阻表测量电动机任意两相绕组之间的绝缘性能

2. 测电缆的绝缘性能

测量电缆的绝缘电阻时，E 端接电缆外表皮（铅套），L 端接线芯，G 端接线芯最外层的绝缘层，如图 2-38 所示。

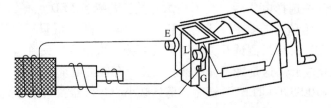

图 2-38　绝缘电阻表测电缆的绝缘性能

2.4　掌握电能表的接线方法

电能表是用来测量一段时间内发电机发出的电能或用户消耗的电能的仪表，分为单相和三相两种。电能表的安装和接线是维修电工所必须掌握的基本技能。

2.4.1　电能表的结构、原理

以单相机械式电能表为例，其结构和原理如图 2-39 所示。

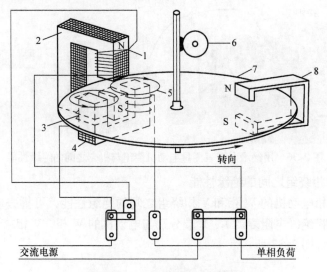

图 2-39　电能表的结构原理图

1—电压线圈　2—电压铁心　3—电流线圈　4—电流铁心　5—涡流
6—计数装置　7—铝盘　8—制动磁铁

工作时交流电流流过电压线圈和电流线圈时在铝盘上产生涡流，涡流在磁场中会受到作用力，从而形成电磁转矩，驱动铝盘转动，制动电磁铁产生制动转矩与之相平衡。负载消耗的功率越大，则流过电能表的电流越大，驱动铝盘的力越大，转动就越快。由于制动力矩与铝盘的转速成正比，所以制动力矩最终会与驱动力矩平衡，铝盘匀速转动。经过的时间越长，铝盘转过的转数越多，因此可以用铝盘带动计数装置计量电能。

2.4.2 电能表的接线

1. 单相电能表的接线方法

（1）单相机械式电能表的接线方法

1）若负荷电流小于电能表的额定电流，可将电能表直接接入电路，接线如图 2-40 所示。

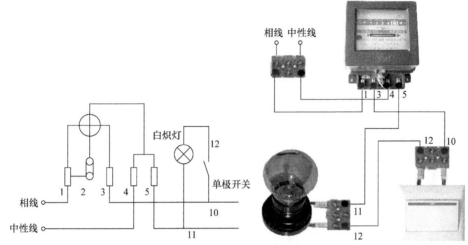

图 2-40 单相电能表的直接接入法接线示意图

2）若负荷电流比电能表的额定电流大很多，可将电能表通过电流互感器接入电路（这种接法叫间接接入法），接线如图 2-41 所示。读数时用电能表的指示值乘以电流互感器的电流比即为负荷的耗电量。互感器的知识见附录 E。

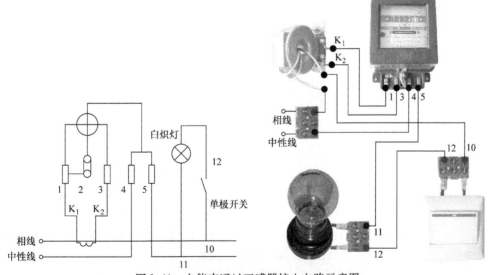

图 2-41 电能表通过互感器接入电路示意图

（2）单相电子式电能表的接线方法

单相电子式电能表如果功能有差异，则其接线也有所不同，但都附有接线示意图，安装

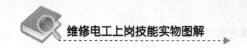

时要根据接线图来接线。常见的几种接线示意图如图 2-42 所示。

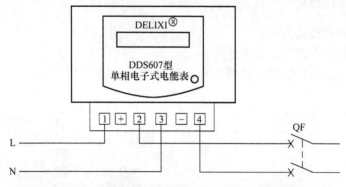

a) DDS607型单相电子式电能表(ABS小表壳表)接线示意图

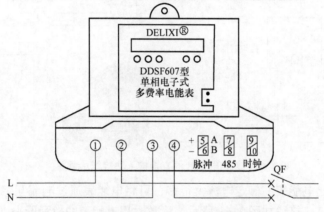

b) DDSF607型单相电子式多费率电能表接线示意图

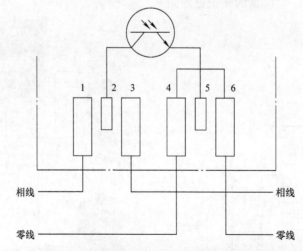

注: 2号、5号接线端子为检测脉冲输出端, 严禁接电源线, 否则会损坏电能表

c) DDS1868型电子电能表接线示意图

图 2-42　单相电子式电能表的接线示意图

2. 三相电能表的接线方法

工业用电既要装有功功率表, 也要装无功功率表。有功电表的计数是实际耗电量, 无功

电表的计数是计算功率因数的一个参数。

1）三相有功电能表的接线方法如图 2-43 所示。

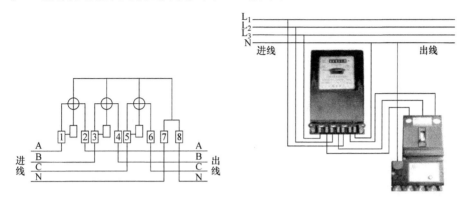

a) 三相四线电能表接线示意图

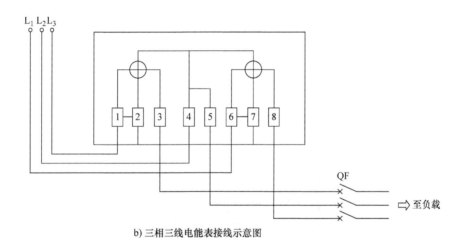

b) 三相三线电能表接线示意图

图 2-43　三相有功电能表直接接入测量电路的接线示意图

2）三相有功电能表通过电流互感器接入测量电路的接线方法如图 2-44 所示。

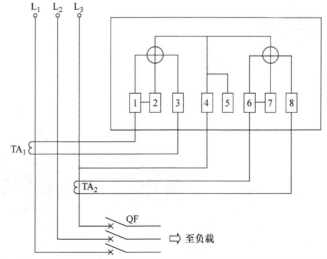

图 2-44　三相有功电能表通过电流互感器接入测量电路的接线示意图

43

3）三相交流无功电能表直接接入测量电路的接线方法如图 2-45 所示。

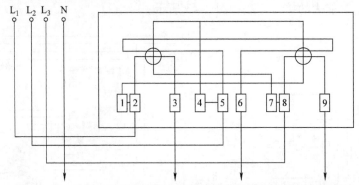

图 2-45　三相交流无功电能表直接接入测量电路的接线示意图

4）三相交流无功电能表通过互感器接入测量电路的接线方法如图 2-46 所示。

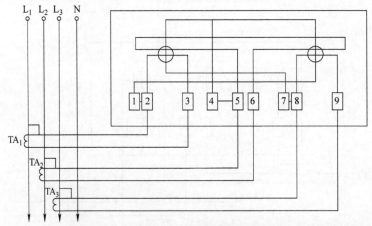

图 2-46　三相交流无功电能表通过互感器接入测量电路的接线示意图

5）三相有功电能表与无功电能表的联合接线如图 2-47 所示。

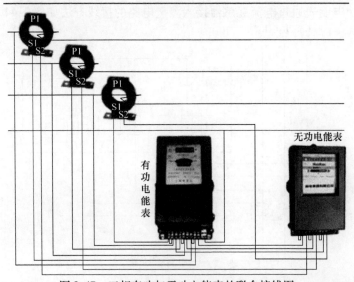

图 2-47　三相有功与无功电能表的联合接线图

2.4.3　电能表的安装要求

1）电能表与配电装置安装在一起，且不宜太高，1.5～1.8m 最为合适。

2）电能表安装时选择干燥、无振动、无腐蚀、无易燃易爆的场所，表身与地面倾角小于10°。

3）接线时按接线图要求完成。导线与接线柱的连接固定牢靠，走线保持横平竖直，尽量不交叉。

知识链接一——万用表的相关知识

1. 笔式万用表

笔式万用表具有常规万用表的基本功能，受到体积的局限性，其功能、准确度及机械强度都不能与常规万用表相比。作为便携式工具，笔式万用表进行一般的检测非常方便，但在检测准确度、使用频繁度及功能方面，不如常规万用表。笔式万用表如图2-48 所示。

图2-48　笔式万用表

2. 数字万用表的位数

数字万用表的指标中，位数是一个很重要的指标，并且这个指标与万用表的分辨率和精确度都有很大的关系。

数字万用表的位数分为整数位和分数位两部分。

判定数字仪表的显示位数有以下两条原则：

1）能显示 0～9 中所有数字的位是整数位。

2）分数位的确定方法：以最大显示值中最高位数字为分子，用满量程时最高位数字作分母。

例如，某数字万用表的最大显示值为 ±1999，满量程计数值为 2000，这表明该仪表有 3 个整数位，而分数位的分子是 1，分母是 2，故称为 $3\frac{1}{2}$ 位，读作"三位半"，其最高位只能显示 0 或 1（0 通常不显示）。

$3\frac{2}{3}$ 位（读作"三又三分之二位"）数字万用表的最高位只能显示从 0～2 的数字，故最大显示值为 ±2999。在同样情况下，它要比 $3\frac{1}{2}$ 位万用表的量程高 50%，后者仅为 ±1999。

$3\frac{3}{4}$ 位（读作"三又四分之三位"）数字万用表的最高位可显示从 0～3 的数字，因此最大显示值为 ±3999，其量程比 $3\frac{1}{2}$ 位仪表高一倍。使用 $3\frac{3}{4}$ 位数字万用表测量电网电压有许多优越之处。例如，普通 $3\frac{1}{2}$ 位万用表的次高交流电压挡为 200V，若要测量 220V 或 380V 电网电压，必须选择最高交流电压挡（通常为 700～750V 挡），该挡分辨率仅 1V。相比之下，$3\frac{3}{4}$ 位万用表的次高交流电压挡为 400V，最适宜测量工频电网电压，既不欠量程，也不超量程，其测量准确度优于 700V 挡，而分辨率可提高 10 倍，达到 0.1V。

普及型数字万用表一般属于3½位仪表。4½位数字万用表分手持式、台式两种。5½位及以上的仪表大多属于台式智能数字万用表。

3. 使用万用表的注意事项

1）正确插好红、黑表笔孔。有些万用表的表笔孔多于两个，在进行一般测量时红表笔插入"＋"标记的孔中，黑表笔插入"－"标记的孔中，红、黑表笔不要插错。

2）测量前要正确选择挡位开关。例如，不能将万用表拨到电阻挡上去测电压、电流等，这样做容易损坏仪表。

3）选择好挡位开关后，应正确选择量程。对指针式万用表来说，选择的量程应使指针指在刻度盘的中间位置；对数字万用表来说，应尽量使显示的示数处于满刻度的中间附近位置，这时的测量准确度最高。

4）在直流电流挡时不能去测量电阻或电压，因为在直流电流挡时表头的内阻很小，红、黑表笔两端只要有较小的电压，就会有很大的电流流过表头，容易将表头烧坏。

5）在测量220V交流电压时，手不要碰到表笔头部的金属部位，表笔线不能有破损（常有表笔线被电烙铁烫坏）。测量时，应先将黑表笔接地端，再连接红表笔。

6）测量较大电压或电流的过程中，不要去转换万用表的量程开关，否则会烧坏开关触点。

7）万用表使用完毕，将挡位开关置于空挡，或置于最高电压挡，不要置于电流挡，以免下次使用时不加注意就去测量电压；也不要置于电阻挡，以免表笔相碰造成表内电池放电。

8）万用表在使用中不应受到振动，保管时应防受潮。

9）长期不用，应将电池取出来，以免电池漏液腐蚀万用表。

知识链接二——绝缘电阻表的相关知识

1. 正确选用绝缘电阻表的电压等级

选择绝缘电阻表的电压等级要根据被测电气设备的额定电压等级来选择。测量500V以下的设备，宜选用500V或1000V的绝缘电阻表。额定电压500V以上的设备，应选择1000V或2500V的绝缘电阻表。常见电气设备对绝缘电阻表电压等级的选择见表2-7。

表2-7　常见电气设备对绝缘电阻表电压等级的选择

被测电气设备	被测电气设备的额定电压/V	所选绝缘电阻表的电压/V
线圈的绝缘电阻	小于500	大于500
	大于500	大于1000
电机绕组的绝缘电阻	小于380	1000
电气设备的绝缘电阻	小于500	500～1000
	大于500	2500
瓷绝缘子	—	2500～5000
母线、刀开关	—	2500～5000

2. 测量绝缘性能时需测的三个物理量

（1）绝缘电阻

在绝缘结构的两个电极之间施加的直流电压值与流经该对电极的泄漏电流值之比。常用绝缘电阻表直接测得绝缘电阻值。若无说明，均指加压 1min 时的测得值。

（2）吸收比

在同一次试验中，1min 时的绝缘电阻值与 15s 时的绝缘电阻值之比。

（3）极化指数

在同一次试验中，10min 时的绝缘电阻值与 1min 时的绝缘电阻值之比。

3. 用绝缘电阻表测量绝缘电阻时，造成测量数据不准确的因素

造成用绝缘电阻表测量绝缘电阻数据不准确的因素详见表 2-8。

表 2-8　造成用绝缘电阻表测量绝缘电阻数据不准确的因素

编号	因　素	解　释
1	电池电压不足	电池欠电压，造成电路不能正常工作，所以测出的读数是不准确的
2	测试线接法不正确	① 误将"L""G""E"三端接线接错；② 误将"G""L"两端子接在被测电阻的两点；③ 误将"G""E"两端子接在被测电阻的两点
3	"G"端连线未接	被测试品由于污染、潮湿等因素造成电流泄漏引起误差，造成测试不准确，此时必须接好"G"端连线防止泄漏电流引起误差
4	干扰过大	如果被测试品受环境电磁干扰过大，将造成仪表读数跳动，或指针晃动，造成读数不准确
5	人为读数错误	在用指针式绝缘电阻表测量时，由于人为视角误差或标度尺误差造成示值不准确
6	仪表误差	仪表本身误差过大，需要重新校对

知识链接三　电能表的主要参数

1. 电压参数

电压参数表示适用电源的电压。我国低压工作电路的单相电压是 220V，三相电压是 380V。标定 220V 的电能表适用于单相普通照明电路。标定 380V 的电能表适用于使用三相电源的工农业生产电路。

2. 电流参数

一般电流表的电流参数有两个。如 10（20）A 中的 10 是反映测量精度和启动电流指标的标定工作电流（额定电流），20 表示在满足测量标准要求情况下允许通过的最大电流，如果电路中的电流超过该最大电流值，电能表会计数不准甚至会损坏。

对于三相电能表的电流参数，如 3×30（100）A，3 是指三相，30 是标定工作电流，100A 是最大电流。

3. 电源频率

电源频率表示适用电源的频率。电源的频率表示交流电流的方向在 1s 内改变的次数。我国交流电的频率规定为 50Hz。交流电流的方向是变化的，这种变化的快慢对于要求苛刻的精密仪器（如 X 光机等）是很重要的，对于照明或电热器等对电源频率要求不高的用电器影响可以忽略不计。

4. 耗电计量参数

转盘式感应系电能表标的计量参数是 ××× r/kWh，其含义是用电器每消耗 1kWh 的电

能，电能表的铝转盘要转过×××转。电子式电能表的计量参数标注的是×××imp/kWh，表示用电器每消耗1kWh的电能，电能表脉冲计数产生×××个脉冲。

<h1 style="text-align:center">思 考 题</h1>

图2-49所示仪表的使用是否存在错误？如果有错误，请改正。

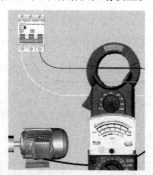

a) 钳形表测电动机的工作电流

测交流电压

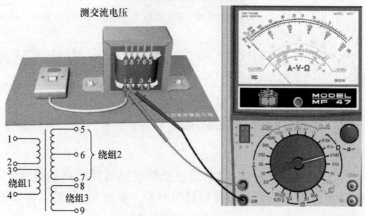

b) 万用表测交流电压

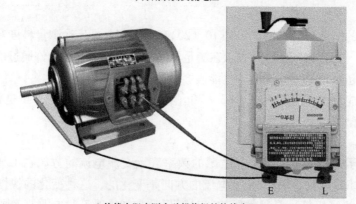

c) 绝缘电阻表测电动机绕组的绝缘电阻

图2-49　思考题的图

第3章

掌握导线的基本操作技能

本章导读

电气线路安装与检修过程，涉及各种导线的操作。正确的导线操作，是电气设备正常运行，达到或超过设计寿命的根本保证之一。通过本章的学习和实训，可以达到维修电工对导线操作技能的要求。

学习目标

1）掌握导线绝缘层的剥削方法。
2）掌握单股铜芯导线的连接方法。
3）掌握多股铜芯导线的连接方法。
4）掌握导线的压接方法。
5）掌握导线与接线桩的连接方法。
6）掌握导线绝缘层的恢复方法。

学习方法建议

本章理解的难度较小。阅读时可图文结合。知道方法和要领后可以用"按图索骥"式的方法进行训练。

3.1　掌握导线绝缘的剥削方法

1. 单层绝缘硬导线的剥削

方法一：用钢丝钳剥削

线芯截面积小于或等于 $4mm^2$ 的塑料硬线，一般用钢丝钳进行剥削。剥削方法如下：

1）左手握紧电线，根据线头所需长度用钢丝钳刀口切割绝缘层，但不可切入线芯。

2）左手握紧电线，右手握住钢丝钳头部用力向外勒去绝缘层，如图3-1所示。注意，不要在钢丝钳刀口上施加剪切力，以免损伤线芯。

3）剥削出的芯线应保持完整无损，若损伤较大应重新剥削。

方法二：用电工刀剥削

芯线截面积大于 $4mm^2$ 的塑料硬线，不宜用钢丝钳剥削。可用电工刀剥削线头绝缘层，方法如图 3-2 所示。

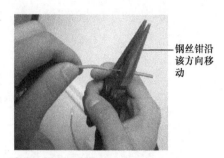

钢丝钳沿该方向移动

图 3-1 钢丝钳剥削塑料硬线线头绝缘层

2. 多层绝缘线的剥削

多层绝缘线分层剥削，每层的剥削方法与单层绝缘线相同。对绝缘层比较厚的导线，采用斜剥法，即像削铅笔一样进行剥削。

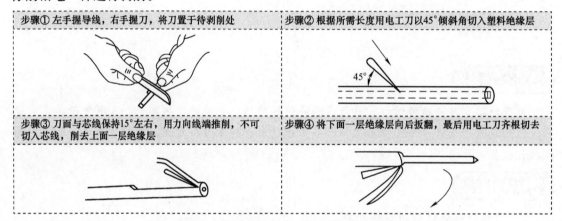

步骤① 左手握导线，右手握刀，将刀置于待剥削处	步骤② 根据所需长度用电工刀以45°倾斜角切入塑料绝缘层
步骤③ 刀面与芯线保持15°左右，用力向线端推削，不可切入芯线，削去上面一层绝缘层	步骤④ 将下面一层绝缘层向后扳翻，最后用电工刀齐根切去

图 3-2 用电工刀剥削单层绝缘硬导线的方法

3. 塑料护套线（硬线）绝缘层的剥削

塑料护套线（硬线）的绝缘层分为外层公共护套和内层每根芯线的绝缘层，其剥削方法如图 3-3 所示。

4. 塑料软线绝缘层的剥削

塑料软线绝缘层只能用剥线钳或钢丝钳剥削，不可用电工刀剥削。用钢丝钳剥削的方法如图 3-4 所示。

说明：花线的外表有一层棉纱编织网，剥削时先将编织层推向后面，露出塑料软线，再用钢丝钳或剥线钳剥去绝缘层。

5. 漆包线绝缘层的去除

漆包线是在优质铜导线的表面喷涂了高强度的绝缘漆而制成的。一般可用细砂纸将绝缘漆打磨掉。若需要准确地测量漆包线的直径，可将线头放在酒精灯上烧一下，再用砂纸打磨掉绝缘漆。

6. 剥线钳的认识和使用

剥线钳是用来剥落小直径导线（一般直径小于 $0.5\sim3mm$）绝缘层的专用工具。它的钳口部分设有几个刃口，用以剥落不同线径的导线绝缘层。其柄部是绝缘的，耐压为 500V。其实物及使用方法详见表 3-1。

步骤① 按所需长度用电工刀刀尖对准护套线缝隙，划开公共护套层（沿图中的虚线方向划开），露出两根芯线

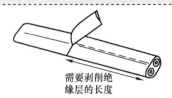

需要剥削绝缘层的长度

a) 沿虚线方向划开护套

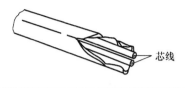

芯线

b) 露出芯线

步骤② 向后扳翻护套层，用刀齐根切去

折翻后切断

步骤③ 在距离护套层10mm处，用电工刀以45°倾斜切入绝缘层，剥削方法同单层绝缘线

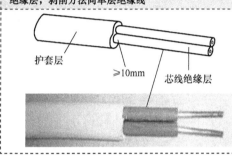

护套层

≥10mm

芯线绝缘层

图 3-3　塑料护套线（硬线）绝缘层的剥削

步骤① 用左手拇指、食指先捏住线头，按连接所需长度，用钳头刀口轻切绝缘层，轻切时不可用力过大，只要切破绝缘层即可，因软线每股芯线较细，极易被切断

步骤② 迅速移动握位，从柄部移至头部，在移动过程中不可松动已切破绝缘层的钳头。同时，左手食指应绕上一圈导线，然后握拳捏住导线，再两手反向同时用力，右手抽左手勒，即可把端部绝缘层剥离，剥离绝缘层时右手用力要大于左手

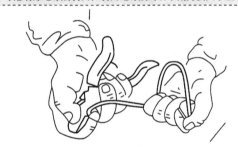

图 3-4　塑料软线绝缘层的剥削

表 3-1　剥线钳的实物及使用方法

类别	实物图	使 用 方 法
多功能剥线钳	（实物图及操作图）	将要剥削的绝缘层长度确定后，即可将导线放入剥线钳恰当的刃口中（注意：选择的刃口的直径要比导线直径稍大），握紧手柄即可将绝缘层割破，再稍稍用力扯，即可将绝缘层剥掉

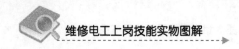

（续）

类别	实物图	使用方法
自动剥线钳		将导线置于剥线钳的钳口内,然后握紧手柄,即可将绝缘层剥掉,不会伤及线芯 不适用于较粗导线的剥削

3.2 掌握导线连接的方法

　　导线的连接不当,会导致接头处发热,甚至断裂,引起事故。所以正确地连接导线是维修电工的重要基本技能之一。

　　对导线连接的基本要求如下:

　　1)接触紧密,接头电阻小,稳定性好。与同长度同截面积导线的电阻比应不大于1。

　　2)接头的机械强度应不小于导线机械强度的80%。

　　3)耐腐蚀。对于铝与铝连接,如采用熔焊法,主要防止残余熔剂或熔渣的化学腐蚀。对于铝与铜连接,主要防止电化腐蚀。在接头前后,要采取措施,避免这类腐蚀的存在。

　　4)接头的绝缘层强度应与导线的绝缘强度一样。

　　常用导线的线芯有单股、7股和11股等多种。根据线芯股数的不同和导线截面积的不同,其连接方法也不同。下面分别介绍。

　　1. 单股铜芯导线的连接方法

　　(1)单股导线的直线连接(沿一条直线方向的连接)

　　根据单股导线的截面积的大小,其直线连接方法一般有绞接法和缠绕法两种。

　　1)绞接法。对于截面积较小的单股导线,可用绞接法,详见表3-2。

表3-2 单股铜芯导线在同一直线上进行连接的方法

步骤	图 示	方 法
① 初步绞接		先将两导线芯线线头成X形相交

（续）

步骤	图　　示	方　　法
② 绞合	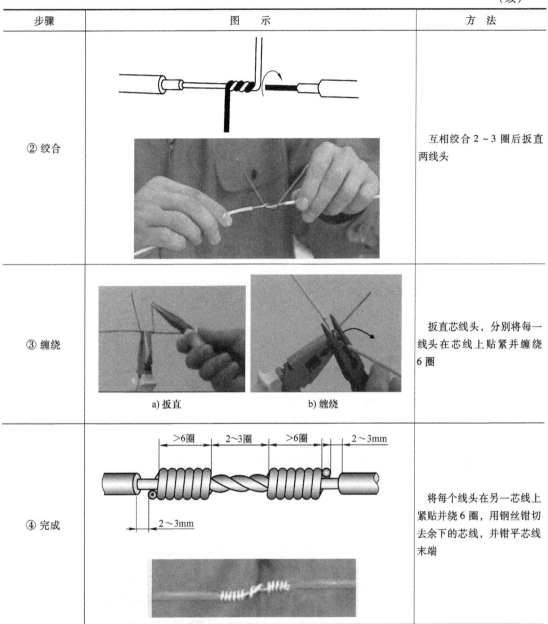	互相绞合 2～3 圈后扳直两线头
③ 缠绕	a) 扳直　　　b) 缠绕	扳直芯线头，分别将每一线头在芯线上贴紧并缠绕 6 圈
④ 完成	>6圈　2～3圈　>6圈　2～3mm 2～3mm	将每个线头在另一芯线上紧贴并绕 6 圈，用钢丝钳切去余下的芯线，并钳平芯线末端

2）缠绕法。截面积较大的单股铜导线连接宜采用缠绕法，如图 3-5 所示。

3）不同截面积单股铜导线连接方法如图 3-6 所示。

（2）单股铜导线的 T 形连接

单股铜导线的 T 形连接有两种方法：①将支路芯线的线头紧密缠绕在干路芯线上 5～8 圈后剪去多余线头即可，如图 3-7a 所示；②对于较小截面积的芯线，可先将支路芯线的线头在干路芯线上打一个环绕结，再紧密缠绕 5～8 圈后剪去多余线头即可，如图 3-7b 所示。

（3）单股铜导线的十字分支连接

将上下支路芯线的线头紧密缠绕在干路芯线上 5～8 圈后剪去多余线头即可，可以将上

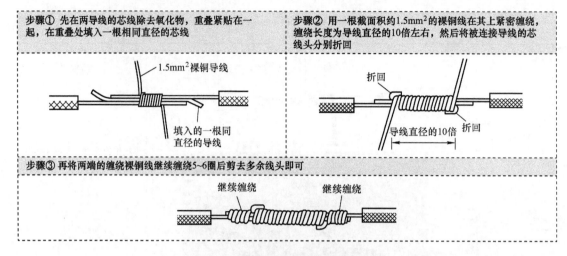

图 3-5   大截面积单股铜导线连接方法

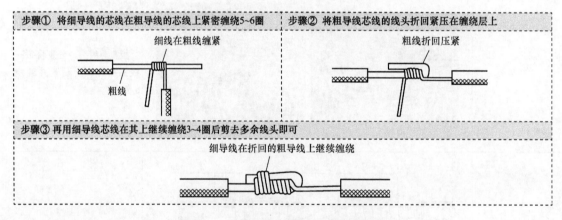

图 3-6   不同截面积单股铜导线连接方法

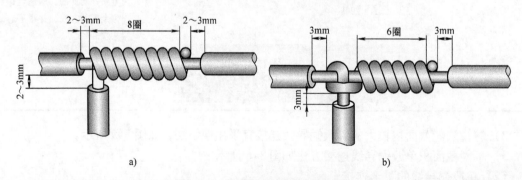

图 3-7   单股铜导线的 T 形连接

下支路芯线的线头向一个方向缠绕（见图 3-8a），也可以向左右两个方向缠绕（见图 3-8b）。

（4）双芯或多芯电线电缆的连接

双芯护套线、三芯护套线或电缆、多芯电缆在连接时，应注意尽可能将各芯线的连接点

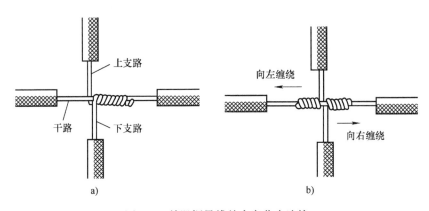

图 3-8　单股铜导线的十字分支连接

互相错开位置，可以更好地防止线间漏电或短路。将同颜色的两根待连接导线进行连接，连接方法与小截面积单芯导线的直线连接方法相同，如图 3-9 所示。

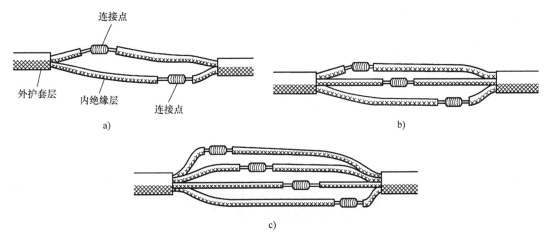

图 3-9　多芯导线的连接

2. 多股导线的连接

（1）多股铜芯（铝芯）导线的直线连接

以 7 股铜芯（铝芯）导线为例说明多股铜芯（铝芯）导线的直线连接方法，详见表 3-3。

表 3-3　7 股铜芯（铝芯）导线沿直线方向的连接

步骤	图　示	说　明
① 处理线头		剥去绝缘层，剥去的长度应为导线直径的 21 倍左右。先将剥去绝缘层的芯线头散开并拉直，再把靠近绝缘层 1/3 段的芯线绞紧，然后把余下的 2/3 段芯线头按图示分散成伞状，并将每根芯线拉直

（续）

步骤	图示	说明
② 对接	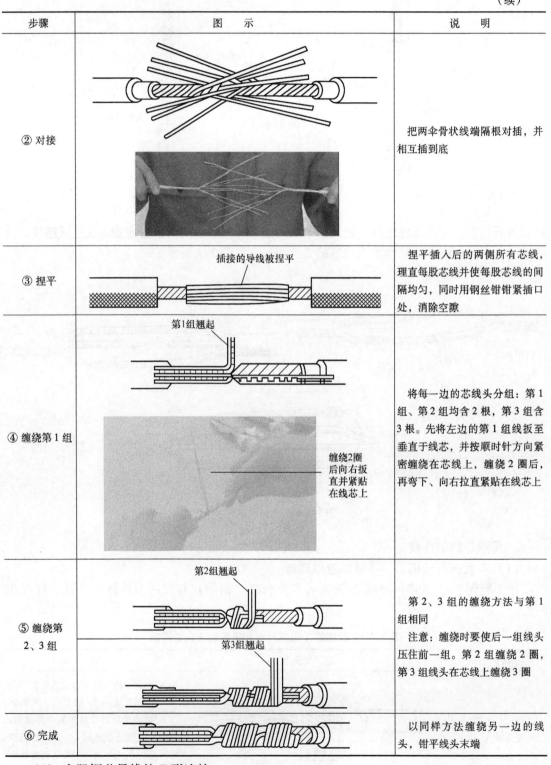	把两伞骨状线端隔根对插，并相互插到底
③ 捏平	插接的导线被捏平	捏平插入后的两侧所有芯线，理直每股芯线并使每股芯线的间隔均匀，同时用钢丝钳钳紧插口处，消除空隙
④ 缠绕第1组	第1组翘起 缠绕2圈后向右扳直并紧贴在线芯上	将每一边的芯线头分组：第1组、第2组均含2根，第3组含3根。先将左边的第1组线扳至垂直于线芯，并按顺时针方向紧密缠绕在芯线上，缠绕2圈后，再弯下、向右拉直紧贴在线芯上
⑤ 缠绕第2、3组	第2组翘起 第3组翘起	第2、3组的缠绕方法与第1组相同 注意：缠绕时要使后一组线头压住前一组。第2组缠绕2圈，第3组线头在芯线上缠绕3圈
⑥ 完成		以同样方法缠绕另一边的线头，钳平线头末端

（2）多股铜芯导线的 T 形连接

以 7 股铜芯导线为例说明多股铜芯导线的 T 形连接方法，如图 3-10 所示。

步骤① 剥去绝缘层。将分支芯线拉直，再把紧靠绝缘层1/8段的芯线顺着原来的绞合方向绞紧(用1把钢丝钳固定芯线，另1把钢丝钳将芯线绞紧)，把剩余7/8段的芯线分成两组，一组4根，另一组3根，排整齐

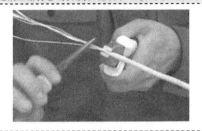

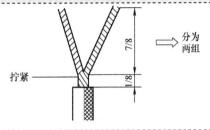

| 步骤② 用螺丝刀把干线的芯线撬开分为两组 | 步骤③ 把支线中4根芯线的那一组插入干线芯线中间，把3根芯线的那一组放在干线芯线的前面，并沿图中所示向右缠绕4~5圈 |

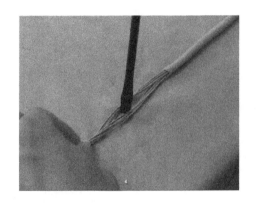

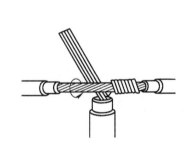

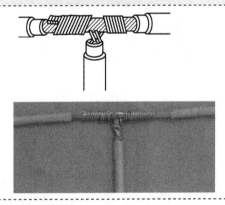

| 步骤④ 再将插入干路芯线中的那一组按图中所示向左缠绕4~5圈 | 步骤⑤ 完成 |

图 3-10　多股铜芯导线的 T 形连接 （1）

多股铜导线的分支连接，还可以将支路芯线 90°折弯后与干路芯线并行，然后将线头折回并紧密缠绕在芯线上，如图 3-11 所示。

（3）单股导线和多股导线之间的 T 形连接

单股导线和多股导线之间的 T 形连接如图 3-12 所示。

（4）同一方向的导线的连接

当需要连接的导线来自同一方向时，其连接操作如图 3-13 所示。

注意：为了进一步保证接头的质量，可以对接头进行焊锡处理。

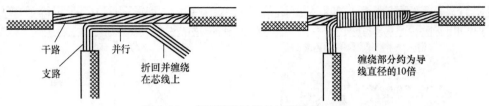

干路　　　　　并行　　　　　　　　　　缠绕部分约为导
支路　　　折回并缠绕　　　　　　　　线直径的10倍
　　　　　在芯线上

图 3-11　多股铜芯导线的 T 形连接（2）

步骤① 在离多股导线的左端绝缘层口3~5mm处的芯线上，用螺丝刀把多股芯线分成较均匀的两组(如7股线的芯线3、4分)	步骤② 把单股芯线插入多股芯线的两组芯线中间，但单股芯线不可插到底，应使绝缘层切口离多股芯线约3mm的距离。接着用钢丝钳把多股芯线的插缝钳平钳紧

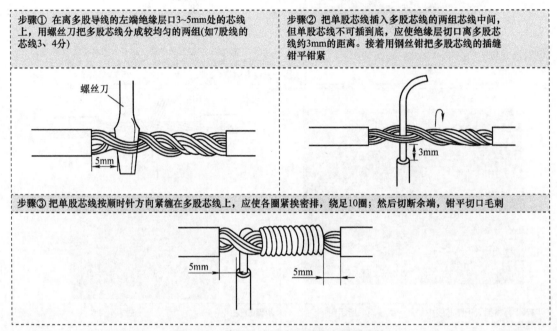

步骤③ 把单股芯线按顺时针方向紧缠在多股芯线上，应使各圈紧挨密排，绕足10圈；然后切断余端，钳平切口毛刺

图 3-12　单股导线和多股导线之间的连接

步骤① 对于单股导线，可将其中一根导线的芯线紧密缠绕在其他导线的芯线上，再将其他芯线的线头折回压紧即可。对于多股导线，可将两根导线的芯线互相交叉，然后绞合拧紧即可	步骤② 对于多股导线，可将两根导线的芯线互相交叉，然后绞合拧紧即可

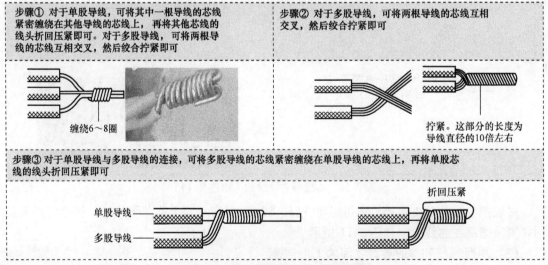

步骤③ 对于单股导线与多股导线的连接，可将多股导线的芯线紧密缠绕在单股导线的芯线上，再将单股芯线的线头折回压紧即可

图 3-13　同一方向的导线的连接方法

3. 导线的紧压连接

　　导线的连接，习惯上一般用绞合法，但在较大电流的电路中，导线较粗，绞合而成的接头仍然会出现发热（该处有一定的压降）。这种情况下，可采用压接（或焊接）的方法。

压接是指用金属套管套在被连接的芯线上，再用压接钳压紧套管使芯线保持连接的方法。铜导线（一般是较粗的铜导线）的压接采用铜套管，铝导线的压接应采用铝套管。压接前应先清除导线芯线表面和压接套管内壁上的氧化层和污物，以确保接触良好。

（1）压接钳

压接钳有用于大直径导线压接和小直径导线压接两种，如图 3-14 所示。

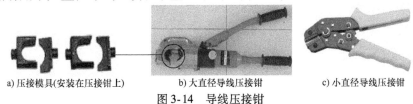

a) 压接模具(安装在压接钳上)　　b) 大直径导线压接钳　　c) 小直径导线压接钳

图 3-14　导线压接钳

（2）压接套管

压接套管有椭圆形截面和圆形截面等几种，如图 3-15 所示。

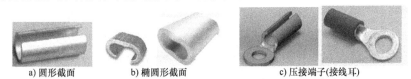

a) 圆形截面　　b) 椭圆形截面　　c)压接端子(接线耳)

图 3-15　压接套管

（3）压接方法

常见的压接方法如图 3-16 所示。

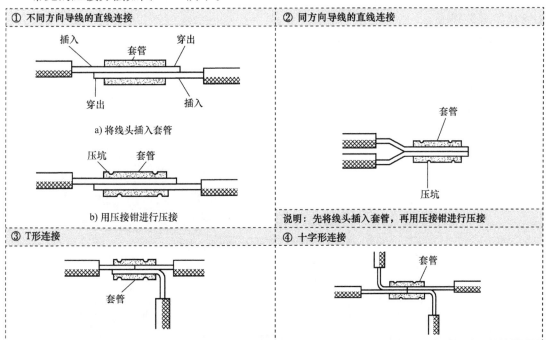

图 3-16　导线的常见压接方法

注意：铜导线与铝导线的连接方法如下：

当需要将铜导线与铝导线进行连接时，必须采取防止电化学腐蚀的措施。如果将铜导线与铝导线直接绞接或压接，在其接触面将发生电化学腐蚀，引起接触电阻增大而过热，造成

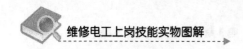
线路故障。常用的防止电化学腐蚀的连接方法如图 3-17 所示。

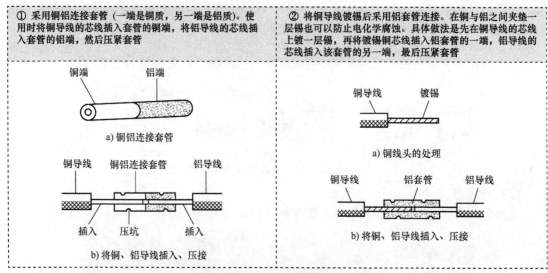

① 采用铜铝连接套管（一端是铜质，另一端是铝质）。使用时将铜导线的芯线插入套管的铜端，将铝导线的芯线插入套管的铝端，然后压紧套管

a) 铜铝连接套管

b) 将铜、铝导线插入、压接

② 将铜导线镀锡后采用铝套管连接。在铜与铝之间夹垫一层锡也可以防止电化学腐蚀。具体做法是先在铜导线的芯线上镀一层锡，再将镀锡铜芯线插入铝套管的一端，铝导线的芯线插入该套管的另一端，最后压紧套管

a) 铜线头的处理

b) 将铜、铝导线插入、压接

图 3-17　铜导线与铝导线的连接

4. 铜芯线与接线桩的连接

（1）导线与平压式接线桩的连接方法

平压式接线桩是利用半圆头、圆柱头和六角头的螺钉加垫圈将线头压紧，完成连接。

1）对载流量小的单股芯线，先将线头弯成接线圈，再用螺钉、垫圈压紧。弯制压接圈的方法如图 3-18 所示。

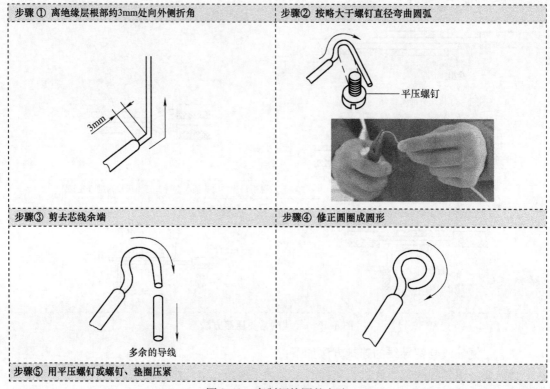

步骤① 离绝缘层根部约3mm处向外侧折角

步骤② 按略大于螺钉直径弯曲圆弧

平压螺钉

步骤③ 剪去芯线余端

多余的导线

步骤④ 修正圆圈成圆形

步骤⑤ 用平压螺钉或螺钉、垫圈压紧

图 3-18　弯制压接圈的方法

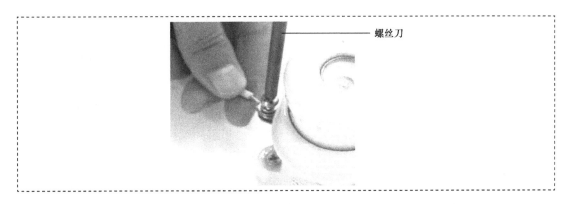

图 3-18　弯制压接圈的方法（续）

注意：在同一接线端子上压两根不同截面积的导线时，大截面积导线应放在下层，小截面积导线放在上层。

2）对于截面积不超过 10mm^2、股数为 7 股及以下的多股芯线，也是首先将线头弯成压接圈，再用螺钉、垫圈压紧。弯制压接圈的方法如图 3-19 所示。

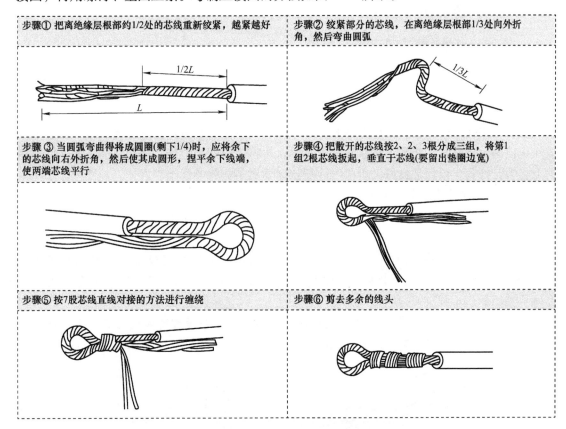

步骤① 把离绝缘层根部约1/2处的芯线重新绞紧，越紧越好	步骤② 绞紧部分的芯线，在离绝缘层根部1/3处向外折角，然后弯曲圆弧
步骤③ 当圆弧弯曲得将成圆圈(剩下1/4)时，应将余下的芯线向右外折角，然后使其成圆形，捏平余下线端，使两端芯线平行	步骤④ 把散开的芯线按2、2、3根分成三组，将第1组2根芯线扳起，垂直于芯线(要留出垫圈边宽)
步骤⑤ 按7股芯线直线对接的方法进行缠绕	步骤⑥ 剪去多余的线头

图 3-19　多股硬芯线与平压式接线桩的连接

注意：对于载流量较大、截面积超过 10mm^2、股数多于 7 股的导线端头，应安装（焊接或压接）接线耳，如图 3-15c 所示。

3）软线线头与平压式接线桩的连接方法如图 3-20 所示。

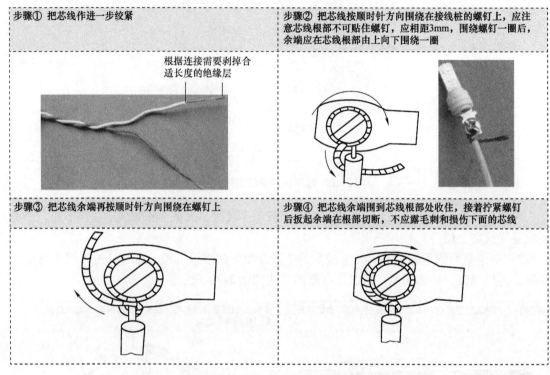

| 步骤① 把芯线作进一步绞紧 | 步骤② 把芯线按顺时针方向围绕在接线桩的螺钉上，应注意芯线根部不可贴住螺钉，应相距3mm，围绕螺钉一圈后，余端应在芯线根部由上向下围绕一圈 |
| 步骤③ 把芯线余端再按顺时针方向围绕在螺钉上 | 步骤④ 把芯线余端围到芯线根部处收住，接着拧紧螺钉后扳起余端在根部切断，不应露毛刺和损伤下面的芯线 |

图 3-20　软线线头与平压式接线桩的连接

连接这类线头的工艺是，压接圈和接线耳的弯曲方向应与螺钉拧紧方向一致，连接前应清除压接圈、接线耳和垫圈上的氧化层及污物，再将压线圈和连接耳压在垫圈下面，用适当的力将螺钉拧紧，以保证良好的电接触。压接时注意不得将导线绝缘层压入垫圈内。

（2）线头与瓦形接线桩的连接

瓦形接线桩的垫圈为瓦形。压接时为了防止线头从瓦形接线桩内滑出，需采用以下方法：

1）如果是单根线头接在一个瓦形接线桩上，将单股铜芯线弯成 U 形（略大于螺栓直径），将瓦形接线桩螺栓及瓦片松开，将线芯放进接线桩中，将螺栓和瓦片装回原位并拧紧即可，如图 3-21a 所示。

2）如果两根线头接在同一个瓦形接线桩上，则两根单股线都要变成 U 形，再一起卡入瓦形接线桩内，并用螺栓瓦片压紧，如图 3-21b 所示。

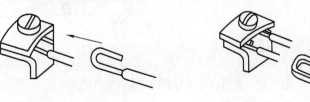

a) 一个线头与瓦形接线桩的连接　　　　　b) 两个线头与瓦形接线桩的连接

图 3-21　线头与瓦形接线桩的连接

3）如果瓦片两侧有挡板，则芯线不用弯成 U 形，只需松开螺栓，线芯直接插入瓦片下面，将螺钉旋紧即可。注意：线芯的长度应比瓦片的长度长 2 ~ 3mm，导线的绝缘层离接线桩的距离应小于 2mm。当线芯太细，则应将导线折成双股插入。

（3）导线与针孔接线桩的连接

1）单股线头与针孔接线柱的连接。若线头直径比针孔直径小很多，可将单股线头折成双股再插入针孔，然后旋紧螺栓，如图 3-22a 所示。若线头直径与针孔直径基本吻合，可将单股线头直接插入针孔，旋紧螺栓即可，如图 3-22b 所示。

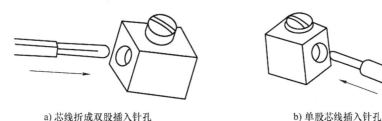

a) 芯线折成双股插入针孔   b) 单股芯线插入针孔

图 3-22 芯线与针孔接线桩的连接

2）多股芯线与针孔接线柱的连接。当针孔直径与芯线直径基本相等时，可将线头拧紧，插入针孔，再旋紧螺钉，如图 3-23a 所示。当针孔过大时，可在线头上缠绕一层铜芯线，使线头的有效直径变大，再插入针孔，如图 3-23b 所示。当针孔过小时，可将线头剪断几根后，再将线头拧紧，插入针孔，如图 3-23c 所示。

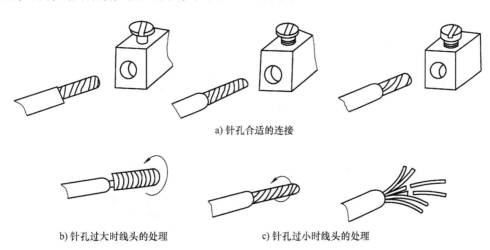

a) 针孔合适的连接

b) 针孔过大时线头的处理   c) 针孔过小时线头的处理

图 3-23 多股芯线与针孔接线柱的连接

无论是单股或多股芯线的线头，插入针孔时，一是注意插到底，二是不得使绝缘层进入针孔，针孔外的裸线头的长度不得超过 3mm。

（4）导线的焊接

导线的连接处有一定的电阻，当然这个电阻比较小。对于某些导线的接头（例如通过的电流较大、承受一定的力、有一定的振动的接头），为了减小接头处的接触电阻、增加接头的强度，需要对接头进行焊接。

对于截面积在16mm²以下的铜导线，在焊接前须清除线头表面的氧化物（可用细砂纸打磨），然后将线头绞合，再用电烙铁加热接头、送焊锡丝到接头，等焊锡熔化浸润、布满整个接头，撤去焊锡丝，再撤去电烙铁，完成焊接，如图3-24所示。

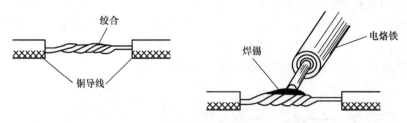

图3-24　导线的焊接

由于铜的可焊性很好，对于16mm²以上的铜导线的焊接，可用气焊的方法实施铜焊。有一种铜焊条，需要使用助焊剂进行焊接，还有一种磷铜焊条，焊接时不需要助焊剂。铜焊操作简单、可靠、易学。其操作方法是，首先将接头处用砂纸打磨，去除氧化物，再将两接头搭接，然后用气焊的中性焰的内焰加热接头，如图3-25a所示。当接头处颜色变为暗红到亮樱色的阶段（大约有十几秒）的任意时刻，将焊条送到焊接处（焊条与接头接触），内焰继续加热焊缝周围，外焰适当加热焊料，使它熔化，自动流满整个接头，达到焊接目的。若只流满半圈，可在没焊住的地方加焊一次。如果怀疑有气孔，则可以再次短时加热焊接处，使焊料再次熔化，必要时可适当补充焊料，如图3-25b所示。焊接完成后关闭设备。

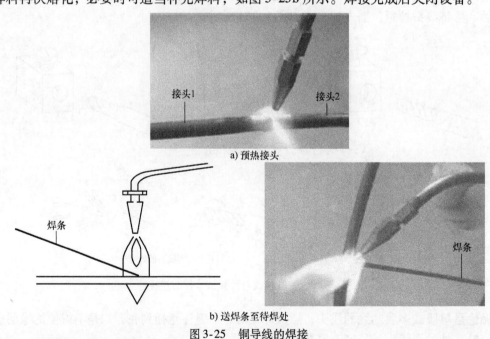

a) 预热接头

b) 送焊条至待焊处

图3-25　铜导线的焊接

3.3　掌握导线连接处绝缘处理的方法

导线连接完成后，必须对接头处进行绝缘处理，以恢复导线的绝缘性能，恢复后的绝缘强度应不低于导线原有的绝缘强度。

　　导线连接处的绝缘处理通常采用绝缘胶带进行缠裹包扎。一般电工常用的绝缘带有黄蜡带、涤纶薄膜带、黑胶布带、塑料胶带、橡胶胶带等。宽度为 20mm 的绝缘胶带，使用较为方便。导线连接处绝缘处理的具体方法详见表 3-4。

表 3-4　导线连接处绝缘处理的方法

类别	图　　示	说　　明
一字形连接的导线接头的绝缘处理	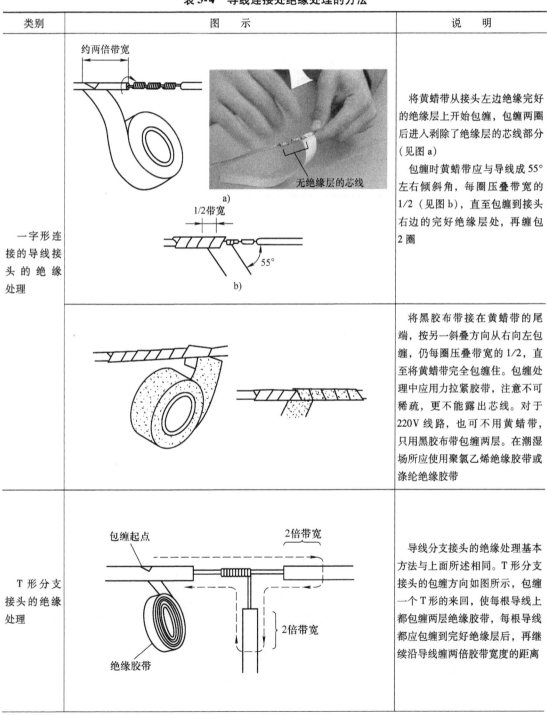	将黄蜡带从接头左边绝缘完好的绝缘层上开始包缠，包缠两圈后进入剥除了绝缘层的芯线部分（见图 a） 　　包缠时黄蜡带应与导线成 55°左右倾斜角，每圈压叠带宽的 1/2（见图 b），直至包缠到接头右边的完好绝缘层处，再缠包 2 圈
		将黑胶布带接在黄蜡带的尾端，按另一斜叠方向从右向左包缠，仍每圈压叠带宽的 1/2，直至将黄蜡带完全包缠住。包缠处理中应用力拉紧胶带，注意不可稀疏，更不能露出芯线。对于 220V 线路，也可不用黄蜡带，只用黑胶布带包缠两层。在潮湿场所应使用聚氯乙烯绝缘胶带或涤纶绝缘胶带
T 形分支接头的绝缘处理		导线分支接头的绝缘处理基本方法与上面所述相同。T 形分支接头的包缠方向如图所示，包缠一个 T 形的来回，使每根导线上都包缠两层绝缘胶带，每根导线都应包缠到完好绝缘层后，再继续沿导线缠两倍胶带宽度的距离

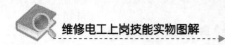

（续）

类别	图　示	说　明
十字形分支接头的绝缘处理	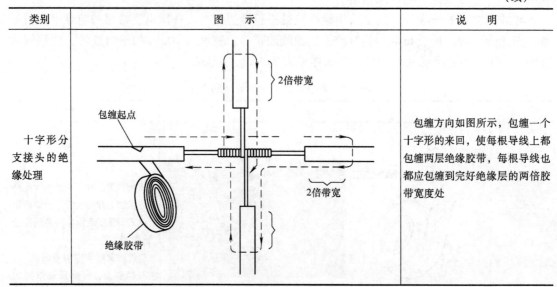	包缠方向如图所示，包缠一个十字形的来回，使每根导线上都包缠两层绝缘胶带，每根导线也都应包缠到完好绝缘层的两倍胶带宽度处

第4章
异步电动机和变压器的维护及常见故障维修

本章导读

异步电动机按照使用的电源可分为单相异步电动机和三相异步电动机。单相异步电动机虽然功率范围较窄（小于2.2kW），但不需要三相电源，应用也较广。单相异步电动机可分为單极式、电阻分相式和电容分相式三种，其中單极式体积较小，主要用于电冰箱、计算机等，电阻分相式主要应用于电冰箱的压缩机，电容分相式广泛应用于小型机械（如小型水泵、粉碎机、干湿磨、振动器等）、家电（如电风扇、空调器风机、空调器压缩机等）等。

三相异步电动机必须使用三相交流电源，它结构简单、性能优越、功率范围宽、维修方便，广泛应用于工农业生产的机械以及生活的各个领域。

变压器是用于升高或降低电压的设备，在电工电子领域有广泛的应用。

通过学习本章，可以掌握常用异步电动机和变压器的基本原理、应用和维护，以及一般故障的检修方法。

学习目标

1) 理解单相异步电动机的基本原理，掌握绕组的接线方式、特点、应用场合。

2) 会拆、装电容分相式电动机，并检测各部件。

3) 掌握单相异步电动机调速和正、反转控制的方法。

4) 掌握单相异步电动机的维护和一般故障的检修思路和方法。

5) 理解三相异步电动机的基本原理，掌握丫联结和△联结。

6) 会拆、装三相异步电动机，检测各部件。

7) 掌握三相异步电动机电气性能和机械性能检测与维护方法。

8) 掌握三相异步电动机一般故障的检修方法。

9) 了解变压器的构成，掌握变压器在变压、变流方面的规律。

10) 理解变压器的同名端，掌握变压器同名端的鉴别方法。

11) 掌握变压器的检测方法。

本章难度较低，可以采用按图索骥的方法阅读和操作。对一般故障的检修思路和方法，要理解为什么可以按这样的思路进行检修。

4.1 单相异步电动机的维护及常见故障维修

4.1.1 单相异步电动机的原理和部件认识

1. 异步电动机的工作原理简介

（1）异步电动机的基本结构

1）定子。定子指电动机的不运转部分，由定子铁心、定子绕组（由嵌在定子铁心槽内的导线绕成）、机座（用于支撑和固定铁心）、端盖等组成（端盖装在机座两端，用于保护铁心和绕组。对中小型电动机，端盖还和轴承一起支撑转子）。

2）转子。转子指电动机运转部分，由转子铁心、转子绕组和轴承组成。转子绕组可分为笼形转子（由若干较粗的导体条和导体环构成转子绕组）和绕线形转子（由漆包线绕制成转子绕组）。

3）气隙。气隙是指定子、转子之间的间隙，对电动机的性能影响很大。中小型异步电动机的气隙一般在 0.2 ~ 2.0mm 之间。

（2）说明异步电动机基本原理的经典实验

1）实验现象介绍。将一个笼形转子（由若干金属铜条构成，铜条两端分别用金属环短接，与笼形相似）置于蹄形磁铁的两极之间，如图 4-1 所示。当使蹄形磁铁（一对磁极）旋转时，会发现笼形转子随着它以相同的方向旋转。

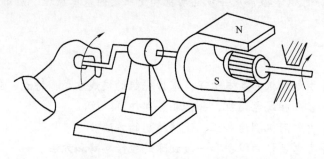

图 4-1 一对磁极旋转产生的旋转磁场拖动笼形转子旋转

2）实验现象解释。根据电磁感应定律，导体与磁场之间有相对运动，即导体在磁场中做切割磁感应线运动时，导体中就会产生感应电动势，若导体是闭合电路的一部分，则导体中有感应电流产生。当蹄形磁铁旋转时，产生的旋转磁场与笼形转子上的铜条有相对运动，所以转子中有感应电流产生，旋转磁场对转子上的通电铜条产生作用力，使转子转动。

（3）异步电动机的基本原理

定子绕组通电后会在气隙和转子所在的空间产生旋转磁场，该旋转磁场作用于转子绕组（相当于转子绕组在切割磁感应线），使转子绕组中有感应电流产生。旋转磁场对转子绕组中的电流会产生作用力（该力在物理学中叫安培力），使转子转动。转子转动的方向与旋转磁场的方向是相同的。

转子的转速要小于旋转磁场的转速，才能持续产生切割磁感应线的现象，转子中才有持续的感应电流，旋转磁场才能对通电转子产生持续的作用力，使转子转动。由于这类电动机转子的转速小于旋转磁场的转速（转速不同步），所以叫异步电动机。

异步电动机的几个基本概念如下：

1）电动机的极数。定子绕组通电后会在气隙和转子所在的空间产生旋转磁场，该磁场的磁极个数就是该电动机的极数。例如磁极个数是2，则该电动机就是2极电动机。

2）同步转速。定子绕组通电后产生的旋转磁场的转速叫作同步转速。同步转速（n）的大小由所加电源的频率（f）和磁极的对数（p）决定。其关系式为 $n = 60f/p$

我国交流电的频率为 50Hz，所以2极电动机，旋转磁场的同步转速为 $n = 3000\text{r/min}$，4极电动机则为 1500r/min……

3）转差率。旋转磁场的同步转速（n）与转子的转速（n_1）之差叫作转差，转差与同步转速的比值叫转差率（s）。其关系式为 $s = (n - n_1)/n$。

（4）单相异步电动机的基本原理

单相异步电动机的定子绕组由一个主绕组和一个副绕组组成。主绕组，又叫运转绕组，一般漆包线较粗、电阻值较小。副绕组，又叫起动绕组，一般漆包线较细，电阻值较大（一般这可作为区分主、副绕组的依据。注意：也有主、副绕组线径相等、阻值相等的情况，如洗衣机电动机）。定子及嵌入定子的绕组的实物和示意图如图4-2所示。

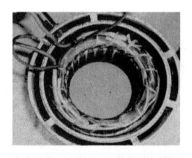
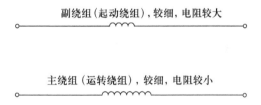

副绕组（起动绕组），较细，电阻较大

主绕组（运转绕组），较细，电阻较小

a) 实物(主、副绕组各有两根引出线)　　　　b) 绕组示意图

图4-2　单相电动机的绕组

主、副绕组在圆周上的分布相差90°电角度，在副绕组上串入电容器等起动元件，然后和主绕组同时接到单相电源上，就能在气隙和转子所在的空间产生旋转磁场，驱动转子持续运转。

2. 单相异步电动机的分类

（1）电容分相式电动机

电容分相式电动机有电容运转式电动机、电容起动式电动机和电容起动运转式电动机三种。

1）电容运转式电动机的实物图、接线图、特点及应用见表4-1。

表4-1 电容运转式电动机的实物图、接线图、特点及应用

实物（示例）及分解图	接线图	特点及应用
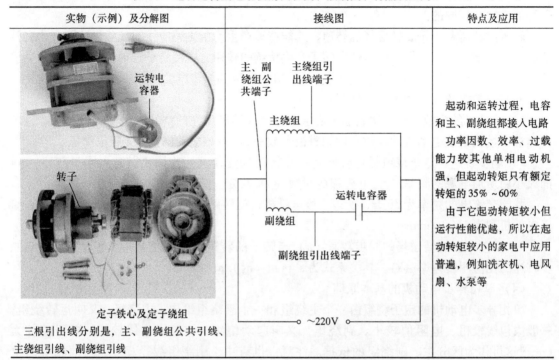三根引出线分别是，主、副绕组公共引线、主绕组引线、副绕组引线	主、副绕组公共端子　主绕组引出线端子 主绕组 运转电容器 副绕组 副绕组引出线端子 〇—〇 ~220V	起动和运转过程，电容和主、副绕组都接入电路 功率因数、效率、过载能力较其他单相电动机强，但起动转矩只有额定转矩的35%~60% 由于它起动转矩较小但运行性能优越，所以在起动转矩较小的家电中应用普遍，例如洗衣机、电风扇、水泵等

2）电容起动式电动机的实物图、接线图、特点及应用见表4-2。

表4-2 电容起动式电动机的实物图、接线图、特点及应用

实物（示例）	接线图	特点及应用
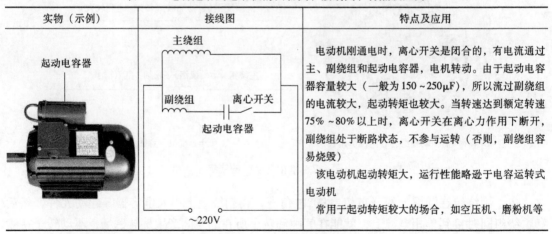	主绕组 副绕组　离心开关 起动电容器 〇—〇 ~220V	电动机刚通电时，离心开关是闭合的，有电流通过主、副绕组和起动电容器，电机转动。由于起动电容器容量较大（一般为150~250μF），所以流过副绕组的电流较大，起动转矩也较大。当转速达到额定转速75%~80%以上时，离心开关在离心力作用下断开，副绕组处于断路状态，不参与运转（否则，副绕组容易烧毁） 该电动机起动转矩大，运行性能略逊于电容运转式电动机 常用于起动转矩较大的场合，如空压机、磨粉机等

3）电容起动运转式电动机的实物图、接线图、特点及应用见表4-3。

（2）电阻分相式电动机

电阻（阻抗）起动的电动机的实物图、接线图、特点及应用见表4-4。

3. 单相异步电动机的调速

调速电动机在家电等领域应用广泛，其中应用最广的是抽头调速和双向晶闸管调压调速，详见表4-5。

表4-3 电容起动运转式电动机的实物图、接线图、特点及应用

实物（示例）	接线图	特点及应用
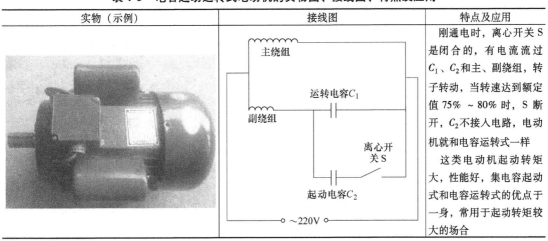		刚通电时，离心开关 S 是闭合的，有电流流过 C_1、C_2 和主、副绕组，转子转动，当转速达到额定值 75% ~ 80% 时，S 断开，C_2 不接入电路，电动机就和电容运转式一样 这类电动机起动转矩大，性能好，集电容起动式和电容运转式的优点于一身，常用于起动转矩较大的场合

表4-4 电阻（阻抗）起动的电动机的实物图、接线图、特点及应用

实物（示例）图	接线图	特点及应用
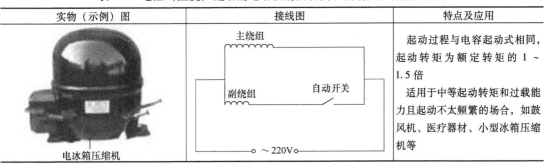 电冰箱压缩机		起动过程与电容起动式相同，起动转矩为额定转矩的 1 ~ 1.5 倍 适用于中等起动转矩和过载能力且起动不太频繁的场合，如鼓风机、医疗器材、小型冰箱压缩机等

表4-5 电容分相式电动机的调速

名称		图 示	说 明	
抽头调速	主绕组抽头	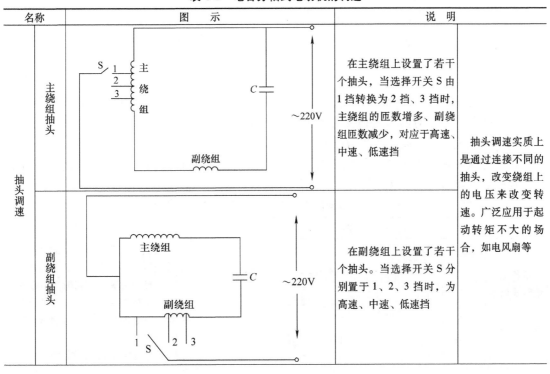	在主绕组上设置了若干个抽头，当选择开关 S 由 1 挡转换为 2 挡、3 挡时，主绕组的匝数增多、副绕组匝数减少，对应于高速、中速、低速挡	抽头调速实质上是通过连接不同的抽头，改变绕组上的电压来改变转速。广泛应用于起动转矩不大的场合，如电风扇等
	副绕组抽头		在副绕组上设置了若干个抽头。当选择开关 S 分别置于 1、2、3 挡时，为高速、中速、低速挡	

（续）

名　称	图　示	说　明
采用双向晶闸管调压调速	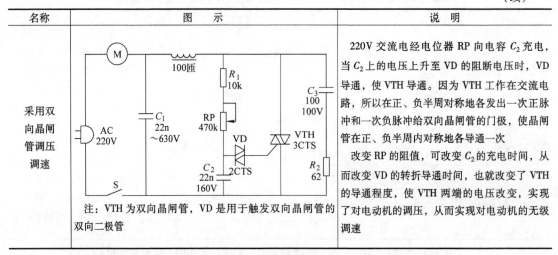 注：VTH 为双向晶闸管，VD 是用于触发双向晶闸管的双向二极管	220V 交流电经电位器 RP 向电容 C_2 充电，当 C_2 上的电压上升至 VD 的阻断电压时，VD 导通，使 VTH 导通。因为 VTH 工作在交流电路，所以在正、负半周对称地各发出一次正脉冲和一次负脉冲给双向晶闸管的门极，使晶闸管在正、负半周内对称地各导通一次 　　改变 RP 的阻值，可改变 C_2 的充电时间，从而改变 VD 的转折导通时间，也就改变了 VTH 的导通程度，使 VTH 两端的电压改变，实现了对电动机的调压，从而实现对电动机的无级调速

　　另外，其他调速方法还有变极调速、改变单相异步电动机端电压调速等。

　　4．单相异步电动机的正、反转

　　电容分相式单相异步电动机实现正、反转的方法主要有以下两种。

　　（1）对调主绕组或副绕组的首、尾端改变旋转方向

　　将主绕组或者副绕组的两个端子对调，就能使它的转动方向改变，如图4-3所示。

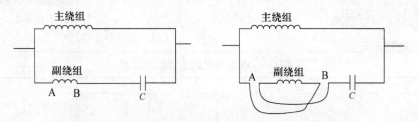

图 4-3　对调主绕组或副绕组的首、尾端改变旋转方向

　　市面上有专用的单相异步电动机正、反转控制器（即倒顺开关），可以实现将主绕组或者副绕组的两个端子对调而达到改变电动机旋转方向的目的。

　　（2）交换使用主、副绕组来改变旋转方向

　　采用外接转换开关将主、副绕组交换使用，也可改变旋转方向，例如洗衣机电动机的正、反转。其类型详见表4-6。

表 4-6　交换使用主、副绕组改变旋转方向的类型

名　称	图　示	说　明
单相电容运转式电动机的正、反转控制电路	绕组A　　C　　1　S 　　　　　　　　　2 绕组B	绕组 A 和绕组 B 的匝数和线径是完全一样的 　　选择开关置于 1 挡时，A 为主绕组、B 为副绕组。选择开关置于 2 挡时，绕组 B 为主绕组、A 为副绕组，运转方向改变 　　洗衣机电动机就是这样的

（续）

名　称	图　　示	说　明
单相电容运转式电动机的正、反转控制电路	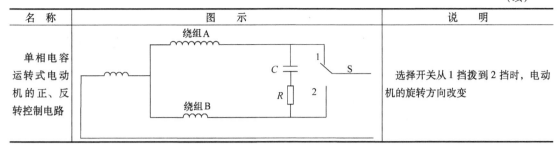	选择开关从1挡拨到2挡时，电动机的旋转方向改变

5. 单相异步电动机的分解与部件认识

单相异步电动机的结构差异不大，下面以相对较复杂的电容起动运转式（双值电容）为例，在分解的过程中认识与检测各部件。

（1）认识单相异步电动机的铭牌

1）铭牌示例。某单相异步电动机铭牌如图4-4所示。

单相双值电容电动机	
型号：YL90S4	编号：
转速：1400r/min	额定电压：220V
频率：50Hz	额定功率：1.1kW
定额：连续	额定电流：7.1A
出厂：　年　月	绝缘等级：E

顺转　　　　　　　　　　　　　倒转

Z_2　　U_2　　V_2　　　　　Z_2　　U_2　　V_2

U_1　　V_1　　Z_1　　　　　U_1　　V_1　　Z_1

图4-4　单相异步电动机的铭牌（示例）

2）铭牌解释见表4-7。

表4-7　单相异步电动机的铭牌解释

名　称	解　　释
转速	指额定转速。1400r/min，说明为4极电动机
额定功率	电动机在额定工作状态允许从转轴上输出的机械功率
额定电压	电动机正常工作（即工作在额定状态）所使用的电压
额定电流	电动机正常工作时输入电动机的电流
频率	指输入电动机的交流电的频率。国际上有50Hz和60Hz两种标准频率，我国的交流电频率是50Hz
定额	指运行方式，有连续运行、短时运行、间隙运行等几种方式
绝缘等级	表示电动机所用绝缘材料的耐热等级。E级绝缘允许的极限温度为120℃，B级绝缘为130℃，F级绝缘为155℃
顺转与倒转	接线柱上有两个小铜片，改变小铜片的接线位置，可使电动机实现正转或反转

（2）电容起动运转式电动机的分解、部件认识与检测

1）接线柱的认识：单相异步电动机主绕组、副绕组、离心开关的各引出线、分相元件、供电电源线都接在接线柱上。接线柱的认识如图4-5所示。

步骤① 拆下固定接线柱护盖的两颗螺钉

接线柱
的护盖

步骤② 取下护盖，露出接线柱

接线柱

步骤③ 将各接线端子实物上的接线与原理图的接线一一对应起来

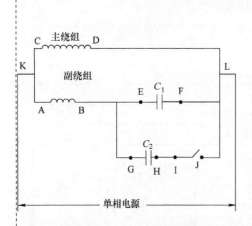

a) 原理图（A、B、C……表示各接线端子）

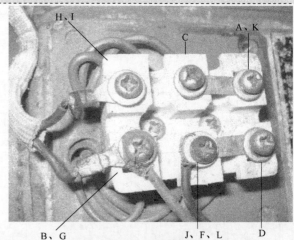

b) 实物图（原理图中的各接线端子应该接到实物
图中相应的接线端子上）

说明：
1) 在反面也有六个接线端子，正面每一个接线端子都与反面的一个相应接线柱相连通(之间的电阻为0)
2) 具体接线时，在遵循原理图的前提下，可以灵活处理(即导线接到哪个接线柱上，可以灵活变动)

步骤④ 认识怎样改变接线实现正、反转

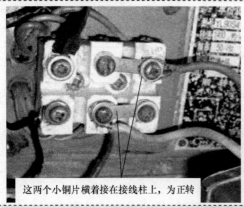

这两个小铜片横着接在接线柱上，为正转

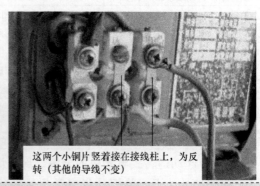

这两个小铜片竖着接在接线柱上，为反
转（其他的导线不变）

说明：要实现正转或反转，只需改变两个小铜片在接线柱上的安装位置，不需改变其他的接线

图 4-5　接线柱的认识

2）电容器的拆卸与检测：电容器是单相异步电动机的分相元件，若损坏，会导致电动机不能起动。若继续通电，则会烧毁绕组（一般为几分钟）。电容器的拆卸与检测如图4-6所示。

步骤① 拆下运转电容器两根引线端子的2颗紧固螺钉，取下引线。拆下运转电容器安装盒的固定螺钉	步骤② 取出运转电容器，认识实物
 该塑料盒内装有运转电容器	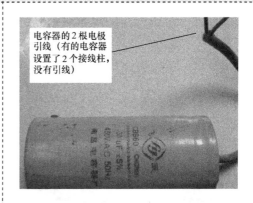 电容器的2根电极引线（有的电容器设置了2个接线柱，没有引线）
步骤③ 给电容器放电	步骤④ 检测电容器的充、放电性能，判断电容器好坏
 方法：用一个数百欧的电阻将两极短路，放掉电容器存储的电荷，以免测量时损坏万用表	
说明：不管电容器是否存储有电荷，都必须放电	说明：将指针式万用表拨到电阻挡(R×100或R×1000挡)，将两表笔接触电容器的两极

步骤⑤ 检测结果分析
　　指针逐渐向右摆至某一角度后，又逐渐返回到原处(∞处)，交换表笔测量时，指针偏角更大，再回到原处，则电容器是好的；若阻值为0，说明电容器已击穿短路；若阻值为∞，说明电容器断路
注：起动电容器的拆卸、检测方法与运转电容器相同

图4-6　电容器的拆卸与检测

3）接线柱的拆卸与检测：拆卸电容器后，就可以拆卸、检查接线柱了，其方法如图4-7所示。

步骤① 用十字螺丝刀拆下固定接线柱的2颗螺钉	步骤② 将接线柱从机壳上取下，观察正、反面的接线端子是否有烧蚀、氧化、脏污、接头松动等
	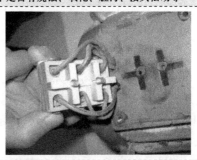 说明：若氧化、脏污，需进行清洁；若接头松动，可重新接好，若烧蚀，则应更换

图4-7　接线柱的拆卸与检测

4）散热风扇叶的拆卸与检测：散热风扇叶的拆卸与检测如图4-8所示。

步骤① 拆下风扇叶的护壳的三颗固定螺钉	步骤② 取下护壳，露出风扇叶
	风扇叶 

步骤③ 拆下散热风扇叶

方法：若有卡簧，应先取下，再用较大的一字螺丝刀或其他类似工具，沿直径方向交替撬击风扇叶，使它脱落

步骤④ 检测(目测)风扇叶是否有叶片断裂、松动、烧熔等现象

a) 正常   b) 烧熔(由于转子温度过高，使风扇叶部分熔化)

说明：若有叶片断裂、松动、烧熔等现象，应及时更换，以免电动机散热不良

图4-8 散热风扇叶的拆卸与检测

5）端盖、转子的拆卸与认识：端盖、转子的拆卸如图4-9所示。

6）离心开关的检测、拆卸：

① 离心开关是电容起动式和电容起动运转式（双电容）电动机的重要起动元件，其检测方法如图4-10所示。

② 拆卸离心开关。拆卸离合片的方法如图4-11所示。

步骤① 拆卸前端盖的固定螺栓(共3颗)，再拆卸后端盖的固定螺钉

说明：要用呆扳手(叉扳手)或梅花扳手，不能用活扳手或钢丝钳，以免损坏螺栓的棱角

步骤② 轻轻敲击前、后端盖，使前、后端盖与机壳之间松动

说明：用木棒抵住前端盖或后端盖，用手锤敲击木棒。要交换地方、轮流敲击，不要用力过猛，以免损坏端盖

步骤③ 用手锤逐步将转子及前端盖组件打出

木棒

a) 将木棒垫在转轴上，用手锤击打木棒

b) 将转子打出了一段距离

弹簧垫圈（又叫止推片，可防止转子发生轴向窜动，在装配时不要漏装）

c) 取下后端盖

步骤④ 用电烙铁熔化离心开关上两根引线焊点的焊锡，取下两根引线(取下两根引线后，就可抽出转子)

离心开关上的引线

电烙铁

图4-9 端盖、转子的拆卸

77

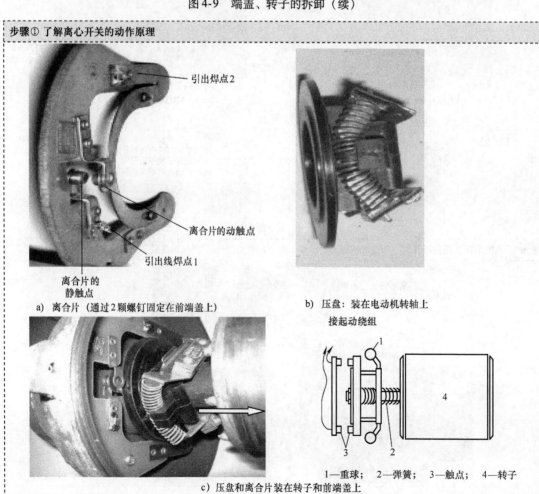

步骤⑤ 双手取出转子(注意不要碰伤绕组,尤其是较大、较重的转子)

离心开关组件

轴承

笼形转子

图4-9 端盖、转子的拆卸(续)

步骤① 了解离心开关的动作原理

引出焊点2

离合片的动触点

引出线焊点1

离合片的
静触点

a) 离合片(通过2颗螺钉固定在前端盖上)

b) 压盘:装在电动机转轴上
接起动绕组

1

4

3

2

1—重球; 2—弹簧; 3—触点; 4—转子

c) 压盘和离合片装在转子和前端盖上

图4-10 离心开关的检测

说明：离合片装在前端盖上，串入起动绕组回路，压盘装在转轴上，压盘压住离合片，电动机没有转动时，离合片的一对触点是闭合的，当电动机转速达到额定转速的80%以上时，压盘在离心力作用下沿图中箭头所示方向移动，使离合片的动触点和静触点分离，副绕组和起动电容器从电路中脱离开来。

当负载过重导致转速下降(降至额定转速的80%以下)时，压盘在弹簧力的作用下又压住离合片，使动、静触点闭合，起动绕组和起动电容器又接入电路，使电动机的转矩增大，转速逐步增大到额定值

步骤② 在离心开头处于闭合状态，检测触点接触是否良好

说明：阻值为0，说明接触良好。若阻值为∞或不为0，则可以用细砂纸打磨触点或更换离合片

步骤③ 在离心开头动作后，检查动、静触点是否能分开，触点是否烧蚀

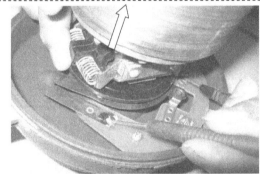

说明：用手拨，使压盘沿图中箭头方向移动，万用表测得离合片两引出线端子间电阻应为∞，则为正常；否则说明动、静触点不能分开或触点烧结在一起了，应更换离合片

图 4-10　离心开关的检测（续）

步骤① 拆下固定离合片的两颗螺钉

步骤② 取下离合片

图 4-11　拆卸离合片

79

③ 对确诊已损坏的压盘,可用拉具将其拆下或用一字螺丝刀将其撬下。对正常的压盘,不能进行拆卸,因为拆卸过程会导致压盘损坏。

7) 检测、更换滚动轴承:

① 检测滚动轴承。电动机断电后,如果噪声明显,说明这是机械噪声,应重点检测轴承。其方法见表4-8。

表4-8　检查滚动轴承的方法

步　骤	图　示	说　明
① 目测轴承外观有无裂纹、污物、锈斑、轴承内润滑油量是否合适	略	若有锈斑、污物,应清洗 若有裂纹,应更换 若缺油,应加足
② 检查内、外圈间是否存在轴向间隙		方法:一手拿轴承内圈,另一手拿轴承外圈,沿转轴方向(即图中箭头方向)来回扳动外圈,感知是否有间隙 检测结果处理:若有间隙,应更换
③ 检查内、外圈间是否存在径向间隙	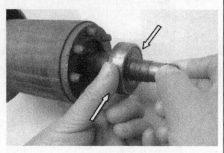	方法:一手拿轴承内圈,另一手拿轴承外圈,沿轴承的半径方向(如图中箭头所示)来回用力移动外圈,感知是否有径向间隙 检测结果处理:若有间隙,应更换
④ 检测轴承是否转动灵活	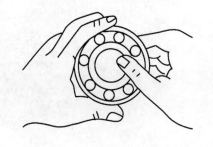	方法:一手拿轴承内圈,另一手拿轴承外圈,使内、外圈相对转动,检测轴承是否转动灵活,是否有异常振动和响声 检测结果处理:若转动不灵活、转到某一位置时不灵活、有异响,可进行清洗、加注润滑油,若还不正常,应更换

② 拆卸滚动轴承。若轴承完好，拆卸会导致其损坏。轴承损坏后，需拆卸后再换新件。滚动轴承的拆卸方法见表4-9。

表4-9　滚动轴承的拆卸

方　法	图　示	说　明
① 使用拉具拆卸		当原轴承装配较紧或轴承氧化，不易拆卸时，可用湿布包住转轴，用100℃左右的机油淋浇在轴承的内圈上，然后趁热用拉具拆卸
② 使用铜棒拆卸法	轴承　铜棒	用铜棒抵住轴承内圈某处（设为A点），用手锤击打铜棒。然后铜棒抵住内圈的另一位置（设为B点。尽量使A、B两点于一条直径上），再用手锤击打

③ 新轴承的安装见表4-10。

表4-10　新轴承的安装

步　骤	图　示	说　明
① 将转轴的轴颈（即安装轴承的那一部分）擦干净，并涂上少许润滑油	安装轴承处	涂上少许润滑油，可使轴承较轻松地在轴颈上装配到位
② 采用冷套法	木板	将已加注润滑油的合格轴承套在轴颈上，用一段钢管（钢管内径略大于转子转轴的外径且略小于轴承内圈的外径）顶在轴承内圈上，用木槌敲打钢管的另一端，把轴承敲打到位

注：电动机的轴承一般都可采用冷套法安装。如果冷套法不易安装，可采用热套法，即将轴承放在变压器油中加热，温度为 80～100℃ ，加热时间为20min 左右。注意温度不能太高，时间不宜过长，以免轴承退火。加热时，轴承应放在网孔架上，不与变压器油的箱底或箱壁接触，油面要淹没轴承，使轴承受热均匀。热套时，要趁热迅速把轴承一直推到转轴的轴颈，如果套不进，应检查原因，如无外因，可用钢管顶住内圈，用手锤轻轻地敲入。轴承套好后，用压缩空气吹去轴承内的变压器油，再按标准加入润滑脂。

8）检测电动机的定子绕组：检测单相异步电动机的定子绕组的方法如图 4-12 所示。

步骤① 分别检测主、副绕组与机壳间的绝缘性能	步骤② 检测主、副绕组的相间绝缘

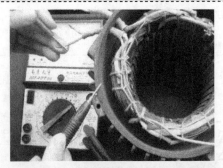

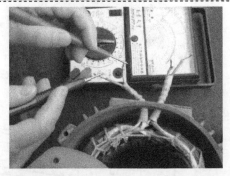

说明：用绝缘电阻表（或万用表R×10k挡）分别测主、副绕组与机壳间的电阻，测得电阻值若大于2MΩ（或∞），为正常；若为0，说明绕组与机壳短路（俗称搭铁）；若小于正常值，说明绝缘性能下降

说明：用绝缘电阻表（或万用表R×10k挡）测主、副绕组间的电阻值，若测得电阻值大于2MΩ（或∞），为正常；若为0，说明主、副绕组之间短路

步骤③ 检测主绕组是否断路	步骤④ 检测副绕组是否断路

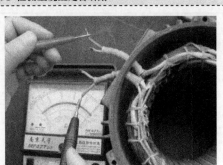

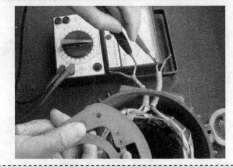

说明：若测得电阻值∞，说明断路（该电动机的离心开关串在副绕组中，所以检测时要用手按下离心开关的动触点，使动、静触点闭合）

说明：用万用表电阻挡（R×1挡）测主绕组两根引线间的电阻，若测得电阻值为∞，说明断路

图 4-12　检测电动机的定子绕组

4.1.2　单相异步电动机一般故障的检测和排除

单相异步电动机的一般故障是指不重绕绕组就能修复的故障，主要可分为电气故障、机械故障和综合性故障三类。下面介绍按照先易后难的检修顺序进行检修的思路和方法。

1. 单相异步电动机电气故障的检修思路

下面以"通电后电动机无任何反应"的典型故障为例进行介绍。

该故障说明电流没有形成通路，原因有：停电、线路或绕组断路。其检修思路如图4-13所示。

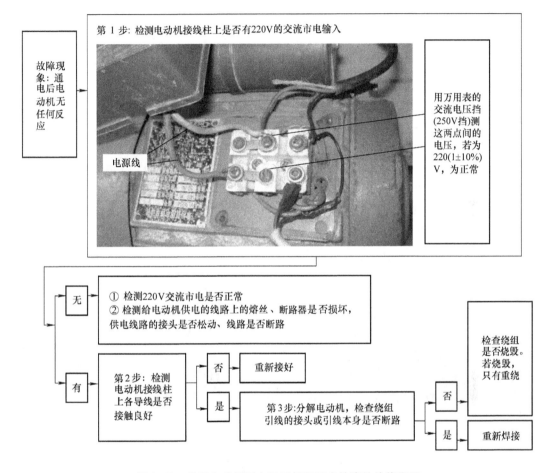

图 4-13　单相电动机通电后无任何反应故障的检修流程

2. 掌握单相异步电动机机械故障的检修思路和方法

如果电动机电气部分正常而又不能正常工作，就是机械部分发生了故障。其主要表现是，工作时异常振动、噪声大等，特别是当断电后，转子靠惯性旋转的过程中噪声仍然较大。其检修思路如图 4-14 所示。

3. 掌握单相异步电动机综合性故障检修思路和方法

单相异步电动机的综合性故障，是指既可能是电气部分，也可能是机械部分引起的故障。其典型故障有以下三类。

（1）在供电电压正常的情况下，电动机嗡嗡发响但不转动或转动极慢

该故障现象说明起动时，电动机只有一相绕组通电，如果不及时断开电源，很容易烧毁一相绕组（特别是副绕组），也有可能是机械部分卡住了或负载过重。这是一个很普遍的故

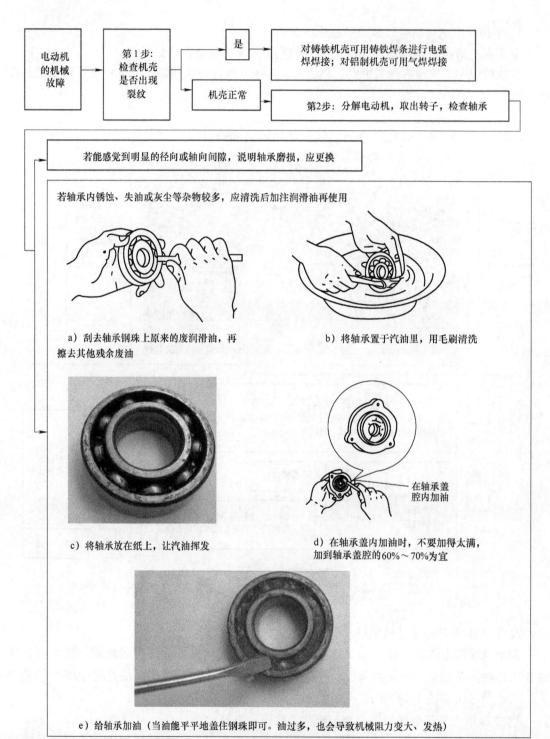

图4-14　电动机机械部分常见故障检修流程

障，其检修思路如图4-15所示。

（2）供电电压正常，单相异步电动机转速降低、运行无力、伴有过热现象

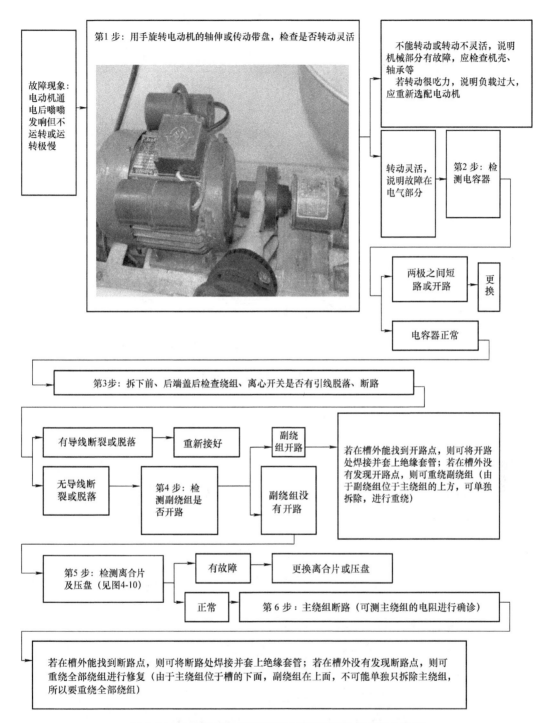

图4-15 电动机通电后嗡嗡发响但不运转故障的检修流程

该故障现象说明电动机不能完成正常的起动，是很容易烧毁绕组的。故障原因有起动转矩过小、转动过程摩擦力阻力较大、负载过大等，其检修思路如图4-16所示。

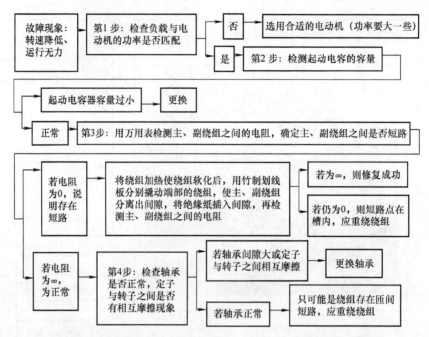

图 4-16　单相异步电动机转速降低、运行无力的故障检修流程

（3）单相异步电容起动式、电容起动运转式电动机运行过热

该故障的原因一般是：①电动机起动后，离心开关没有切断副绕组，使副绕组和主绕组共同参与运行（说明：对电容起动式电动机，副绕组只参与起动，通过的电流很大，只能短时通电，否则发热很快）；②散热风路异常；③电动机的负载过重等。其检修思路如图4-17所示。

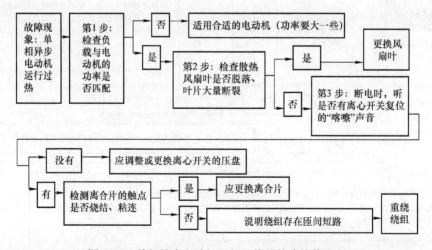

图 4-17　单相异步电动机运行过热的故障检修流程

4.1.3　家用制冷压缩机电动机的检修

家用制冷压缩机电动机的检修可根据表 4-11 所示的检修方法进行。

表 4-11 家用制冷压缩机单相电动机的检修

检测项目	方　　法	结果处理
用万用表检测绕组电阻值	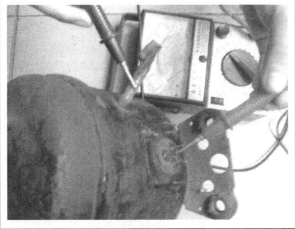 拆掉压缩机接线盒和起动装置，就可看见三个接线柱 1、2、3 接线端子辨别： ① 用万用表 $R \times 1$ 挡分别测 1 与 2、1 与 3、2 与 3 间的电阻值。阻值最大的那一次测量，空置的那个端子就是公共端子 C ② 再分别测 C 与另两个端子间电阻，阻值最小的那一次测量中，和 C 一起接入万用表的那个端子是运转绕组端子 R，剩下的那个就是起动绕组端子 S 注：多数产品中已将 R、S、T 标在相应的接线柱旁	① 正常的结果是 $R_{CR} < R_{CS} < R_{SR}$ 且 $R_{CR} + R_{CS} = R_{SR}$ ② 若某次测量的电阻值为 ∞，说明绕组断路 ③ 若测量的电阻值不为 ∞，但也不满足该式，则绕组有短路现象 ④ 对断路或短路故障，均需开壳后，重绕绕组或更换压缩机 ⑤ 若 3 次测量的电阻均为无穷大，说明绕组引出线从机壳内接线柱上脱落，可开壳重新插好，再将机壳用电弧焊焊接
用绝缘电阻表测绝缘电阻（也可用万用表 $R \times$ 10k 挡）		① 若阻值大于 2MΩ（用万用表 $R \times 10k$ 挡时指针指在 ∞ 处）则绝缘电阻正常 ② 用 $R \times 1$ 挡测阻值为 0（绕组搭铁，机壳带电）或用 $R \times 10k$ 挡时测得绝缘电阻不合格，则需开壳重绕绕组或更换压缩机

4.2　三相异步电动机的特点及维护

4.2.1　三相异步电动机的原理和部件认识

1. 三相异步电动机的基本原理及组成部分

（1）三相异步电动机的基本原理

三相异步电动机由定子和转子两部分组成。定子绕组共由三组（三相）独立的绕组构成，有 6 根引出线端子。

当三相交流电通过三相异步电动机的三相绕组时，就能在气隙和转子所在的空间产生旋转磁场，作用于转子，在转子中产生感应电流。旋转磁场对有电流通过的转子产生作用力，使转子转动。转子的转速要小于旋转磁场的转速（因而这种电动机叫作异步电动机），以使转子不停地切割磁感应线，转子中就不断有感应电流产生，这样旋转磁场就不断地对转子产生磁场力的作用而使转子连续运转。

（2）认识三相异步电动机的实物

1）三相异步电动机的实物如图 4-18 所示。

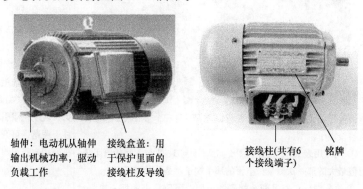

图 4-18　三相异步电动机的实物

2）三相异步电动机的各部件如图 4-19 所示。

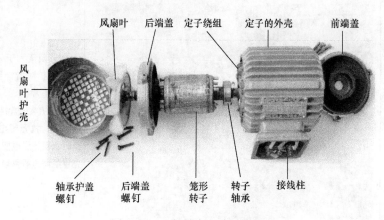

图 4-19　三相异步电动机分解图

2. 三相异步电动机的铭牌

三相异步电动机的铭牌就是固定在机壳上的一块标牌，它记录了电动机的重要性能数据，是选择、使用、维修电动机的依据，下面以我国用量较大的 Y 系列电动机铭牌为例进行详细介绍。

1）某三相异步电动机的铭牌详见表 4-12。

表4-12 某电动机铭牌

型号	Y180M2－4	功率	18.5kW	电压	380V
电流	35.9A	频率	50Hz	转速	1470r/min
联结	△	工作方式	连续	绝缘等级	E
防护形式	IP44（封闭式）	产品编号			
××电机厂			×年×月		

2）铭牌上符号和文字的解释见表4-13。

表4-13 三相异步电动机铭牌解释

型号	异步电动机————机座中心高(mm)———— Y 180M 2-4 磁极数(4个)铁心长度代号机座类别(L—长机座；M—中机座；S—短机座)
功率	在正常工作（额定状态），允许从转轴上输出的功率，单位：kW或W
额定电压	电动机绕组规定使用的线电压，单位：V或kV。若铭牌上标有两个电压值，则表示在两种不同的联结时的线电压
额定电流	额定状态下，输入电动机的线电流，单位：A。若标有两个电流，则表示在两种不同联结时的线电流
频率	输入电动机的交流电频率，单位：Hz。国际上有50Hz和60Hz两种，我国使用50Hz
转速	指电动机的额定转速。设电动机转速为n，磁极的对数为p，交流电频率为f，则电动机内旋转磁场的转速为$n=60f/p$。转子的转速要比n略小。例如，2极（注：为一对磁极）电动机转速2880r/min，4极（注：为两对磁极）电动机转速为1440r/min……。有的电动机铭牌上用极数代替了转速
联结	电动机共有三相绕组，六个引出线端子，可接成丫形或△形，后面有详细讲解
绝缘等级	绝缘等级表示所用绝缘材料的耐热等级。E级绝缘允许的极限温度为120℃，B级为130℃，F级为155℃
温升	有的电动机铭牌上有温升这一参数。温升是指电动机发热时允许升高的温度，指电动机温度与环境温度之差
工作方式（定额）	指运行持续的时间，分连续运行、短时运行、断续运行三种
防护形式	指对内部机械或电气部件的保护方式，有开启式、封闭式、防爆式等

3. 掌握三相异步电动机的联结

三相异步电动机绕组共有两种联结，详见表4-14。

表4-14 三相电动机的绕组联结

名称	图 示	解 释
绕组与接线柱的联结	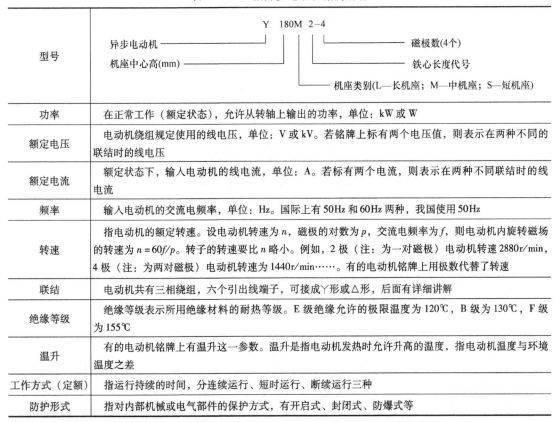	出厂的电动机绕组都是按该方法与接线柱连接，有利于接成丫联结和△联结

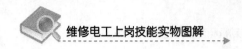
（续）

名称	图　示	解　释
Y联结	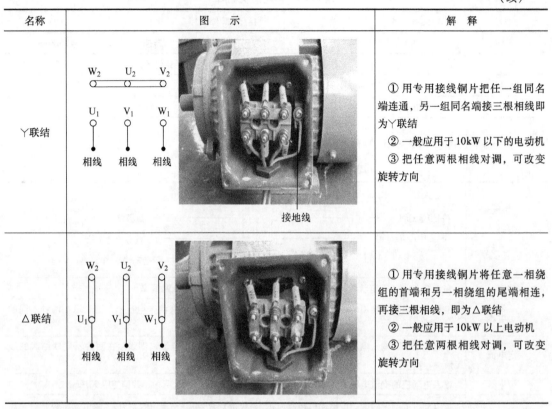	① 用专用接线铜片把任一组同名端连通，另一组同名端接三根相线即为Y联结 ② 一般应用于10kW以下的电动机 ③ 把任意两根相线对调，可改变旋转方向
△联结		① 用专用接线铜片将任意一相绕组的首端和另一相绕组的尾端相连，再接三根相线，即为△联结 ② 一般应用于10kW以上电动机 ③ 把任意两根相线对调，可改变旋转方向

4. 掌握三相异步电动机的分解、装配方法

三相异步电动机的分解方法与单相异步电动机相似，不同之处详见表4-15。

表4-15　三相异步电动机的分解方法（与单相电动机的不同之处）

序号	方法	图　示
① 轴承室有护盖，用三颗螺栓紧固（有些微型三相电动机没有），须拆下	用呆扳手或梅花扳手，不能用钢丝钳	轴承护盖螺栓
② 中型电动机转子的拆卸	由于转子较重，需要两人配合，一人抬转子的一端，另一人抬转子的另一端，逐渐将转子向外移，取出转子	

（续）

序号	方法	图　　示
③ 大型电动机转子的拆卸	由于转子较重，须用电动葫芦做起重设备，逐渐移出转子	 a) 用钢丝绳套住转子两端的轴颈，在钢丝绳与轴颈之间衬一层纸板，以防起吊过程中钢丝绳损伤轴颈　　b) 起吊转子。当转子的重心移出定子时，在定子与转子的间隙中塞入纸板衬垫，并在已移出的转子轴端垫支架或木块　　c) 将钢丝绳改为吊住转子，并在钢丝绳与转子之间衬一层纸板衬垫，逐渐将转子移出

　　三相异步电动机的装配一般可按拆卸的相反顺序装配，不再赘述。

　　5. 三相异步电动机的分类及选用

　　电动机是拖动系统的核心部件，有多种类型。为了拖动系统安全、可靠、合理地运行，首先要明白三相异步电动机的类型及正确的选用方法。

　　（1）电动机额定功率的选择

　　按电动机的运转工作方式分类，额定功率的选用方法见表4-16。

表4-16　电动机额定功率的选用（表中电动机的额定功率用 P_N 表示，负载的功率用 P_F 表示）

分类	选择方法
连续运转工作方式的电动机拖动恒定负载	$P_N \geqslant P_F$
连续运转工作方式的电动机拖动变化负载	将变化负载等效成相应的常值负载 P_F，则电动机的额定功率 $P_N \geqslant (1.1 \sim 1.6)P_F$，如某机械以 7.5kW 运行 2h，以 10kW 运行 3h，以 8kW 运行 1h，则其等效常值负载为 $$P_F = \frac{7.5 \times 2 + 10 \times 3 + 8 \times 1}{2 + 3 + 1} kW = 8.8kW$$ 所以 $P_N = (1.1 \sim 1.6) \times 8.8kW = 9.7 \sim 14kW$
短时工作方式电动机拖动短时工作的负载	应选择专为短时工作方式设计的电动机（我国短时工作方式的电动机标准工作时间有 15min、30min、60min、90min 四种）： ① 若实际工作时间与标准工作时间一致时，$P_N \geqslant P_F$ ② 若实际工作时间 t_v 与标准工作时间 t_0 不一致时，则所选的电动机的额定功率 P_N 应满足： $$P_N \geqslant P_z \sqrt{t_v/t_0}$$ 式中，P_z 为实际工作时间下的负载功率
断续重复工作方式的电动机（工作与停歇周期性交错进行）	① 可选专门为该工作方式设计生产的电动机 ② 功率的选择与连续运转工作方式的电动机拖动变化负载的情形相同

　　（2）电动机形式的选择

　　三相异步电动机的形式较多，通常有以下几种分类及选用方法。

　　1）三相异步电动机按防护等级分类及选用的方法见表4-17。

表 4-17　三相异步电动机按防护等级分类及选用方法

名称	图示	特点	选用方法
开启式（IP11）		机壳开有通风孔，散热效果好，能防直径大于 50mm 的异物落入机内	在清洁、干燥式环境中，可选用开启式电动机
防护式（IP22 或 IP23）		机壳开有通风孔（通风孔比开启式电动机小），能防直径大于 12mm 的异物落入机内以及与铅垂线成 15° 角范围滴水进入机壳	在灰尘很少、没有腐蚀性气体的环境中，可选用防护式电动机
封闭式（IP44）		机壳为封闭式，定子铁心和绕组被封闭在机壳内。不受任何方向上的溅水影响，能防止直径 1mm 左右的微粒进入机壳	在潮湿、尘土较多、有腐蚀性气体的环境中，宜选封闭式电动机 在液体中使用电动机，可选封闭式电动机
防爆式（防爆电动机可以在易燃易爆场所使用）	 a) 隔爆型防爆电动机	把接线柱等电气设备装在一个外壳内，该外壳能承受内部爆炸性混合物爆炸产生的压力，并能阻止内部的爆炸向外壳周围的爆炸性混合物传播	在易燃易爆的环境中，必须选用防爆式电动机
	 b) 增安型防爆电动机	电动机正常运行时，其带电零部件不可能产生可以引起爆炸危险的火花、电弧或危险温度 采取了一些机械、电气和热的保护措施，确保在正常或许可的过载条件下不出现电弧、火花或高温的危险，实现防爆	

2）三相异步电动机按轴伸个数分类及选用的方法见表4-18。

表4-18　三相异步电动机按轴伸个数分类及选用的方法

名称	分类结果	选用方法
单轴伸电动机	轴伸	若需要用1个电动机驱动两个负载，须选择双轴伸电动机
双轴伸电动机	轴伸1　　轴伸2	若只需驱动1个负载，可选择单轴伸电动机

3）三相异步电动机按安装方式和工作方式分类及选用的方法见表4-19。

表4-19　三相异步电动机按安装方式和工作方式分类及选用的方法

分类方式	分类结果	选用方法
按安装位置分类	底脚上有4个安装孔(固定螺栓从安装孔穿过)　　设有若干安装孔(固定螺栓从安装孔穿过) a) 卧式　　b) 立式	立式电动机相对较昂贵，一般用于特殊场合，如深水泵、钻床、车床等机械。一般情况下选卧式电动机
按工作方式分类	可分为三类：①连续运转工作方式；②短时运转工作方式；③断续重复工作方式	根据负载的工作方式选择相应工作方式的电动机。也可选连续运转工作方式的电动机代替短时和断续重复工作方式的电动机

4）三相异步电动机额定转速、电压、种类的选择见表4-20。

表 4-20   电动机额定转速、电压、种类的选择

项目	选择方法
额定转速	根据负载的额定转速、电动机与机械之间传动减速装置来全面地考虑，达到最经济的效果。因为功率相同的电动机，转速越高，则体积越小，造价越低，但传动和减速机构也就越复杂
额定电压	电动机额定电压要和电网电压相符

4.2.2   三相异步电动机的维护

对三相异步电动机进行维护，可提高机械设备的工作效率，延长电动机的使用寿命。下面介绍检测三相异步电动机的电气性能、机械性能，并进行相应维护的内容和方法。

1. 三相异步电动机的电气性能检测

电动机的电气部分是指有电流通过的部分，是电动机容易出故障的部分，其检测主要有以下三个项目：

（1）检测三相绕组电阻值是否正常

1）检测方法如图 4-20 所示。

步骤① 用万用表 $R \times 1$ 挡测量 $U_1 U_2$ 相绕组的电阻值

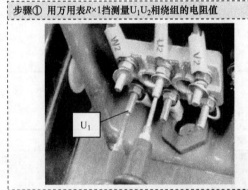

步骤② 用万用表 $R \times 1$ 挡测量 $V_1 V_2$ 相绕组的电阻值

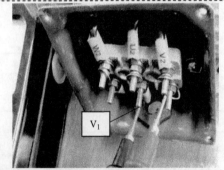

步骤③ 用万用表 $R \times 1$ 挡测量 $W_1 W_2$ 相绕组的电阻值

图 4-20   检测三相绕组电阻值的示意图

2）对检测结果的分析与处理，如图 4-21 所示。

（2）检查三相绕组的相间绝缘（即三相绕组中，任意两相间的电阻值）

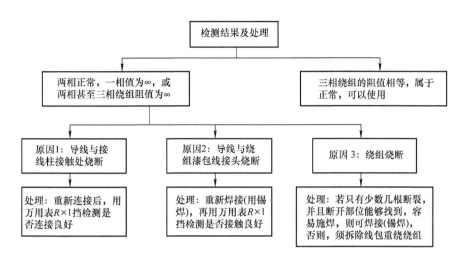

图 4-21　三相绕组的电阻值检查结果处理流程图

1）检查方法如图 4-22 所示。

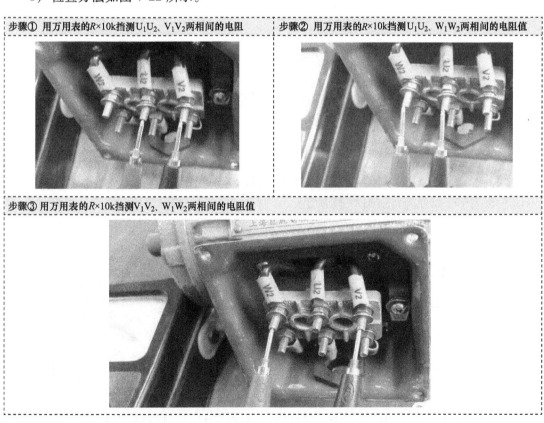

图 4-22　检查三相绕组的相间绝缘的示意图

2）检测结果及处理，如图 4-23 所示。

（3）检查绕组的绝缘性能

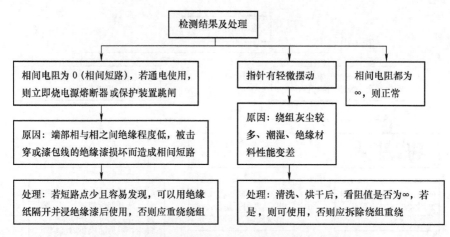

图 4-23　三相绕组的相间绝缘的检查结果处理流程图

1）检查绕组的绝缘性能，就是测绕组与机壳间的电阻值，检测方法如图 4-24 所示。

用绝缘电阻表(若没有，也可用万用表$R \times 10k$挡代替)一表笔接机壳金属部分，另一表笔接绕组

图 4-24　检查绕组的绝缘性能的示意图

2）检测结果及处理，如图 4-25 所示。

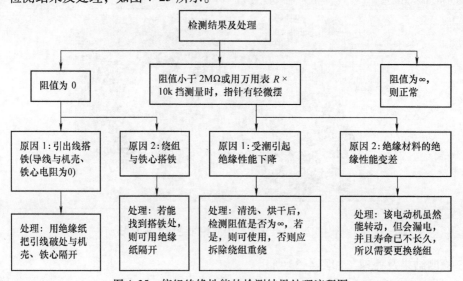

图 4-25　绕组绝缘性能的检测结果处理流程图

2. 三相异步电动机的机械性能检查与维护

电动机机械部分，特别是转动、摩擦部分，容易出故障，导致电动机不能正常工作，甚至损坏电气部分。所以机械部分的检查与维护同样重要，详见表 4-21。

表 4-21　电动机的机械性能检查

检查内容	可能出现的故障	故障排除方法
看外表	螺栓松动	用呆扳手、梅花扳手或套筒紧固
	带轮松动	加上紧固销
	风扇破裂	更换
	有裂纹	若机壳是铸铁，则可施以电焊（用铸铁焊条）；若机壳是铝制，则可施以气焊；若裂纹较大，焊接困难，则只能报废
用手使转子转动	转动阻力大（一般是转子、端盖轴承装配不良或轴承失油、生锈）	重新装配或给轴承重加润滑油
	无法转动（一般是由于轴承锈死）	更换轴承
	异响（一般是轴承损坏或机内、风扇周围有异物）	更换轴承，清除异物

3. 电动机运行中的常规检查

电动机运行中的常规检查，见表 4-22。

表 4-22　电动机运行中的常规检查

检查内容	方法	图示	检查结果及处理方法
电源是否正常	用万用表的交流电压挡（注意：量程要比待测电压大）测任意两根相线间的电压		若测量值为 380(1±10%)V，为正常 电压过高或过低，都会使电动机过热，加速老化，甚至烧毁，应停机查明原因 若只有两根相线有电（断相），应立即停机，查明原因
电流是否正常	使用钳形电流表，将待测电流的导线置于钳口内，使导线位于正中		电流过大，可能的原因有：电动机过载、内部绕组短路、电压过高等，应停机查明原因
声音是否正常	靠近电动机仔细听		声音异常、有噪声，若关断电源后异常声音消失，则异常声音由电气故障引起，若关闭电源后异常声音仍然存在，则异常声音是由机械部分产生的

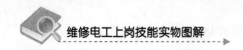

（续）

检查内容	方法	图示	检查结果及处理方法
电动机的温度是否正常	先用试电笔检测外壳是否带电；若不带电，可用手轻触电动机表面		若烫手（说明温度过高），则应停机进行电气性能和机械性能检测，以免故障扩大

4.2.3 三相异步电动机一般故障检修（不含重绕绕组）

三相异步电动机的绕组严重损坏后，就需要重新绕制绕组。除绕组严重损坏之外，其他所有的故障叫作一般故障。一般故障概率较大，容易修复。下面介绍检修方法。

1. 三相异步电动机开机后无任何反应的故障检修方法

开机后无任何反应，说明电流没有形成通路，也就是无交流市电、供电线断路、绕组断路等。该故障的检修思路可参考图 4-13。

2. 开机后，有嗡嗡声，但电动机不转动或转动很慢

该故障较典型。开机后，有嗡嗡声，但电动机不转动或转动很慢，说明可能断一相电或机械阻力较大。该故障的检修思路如图 4-26 所示。

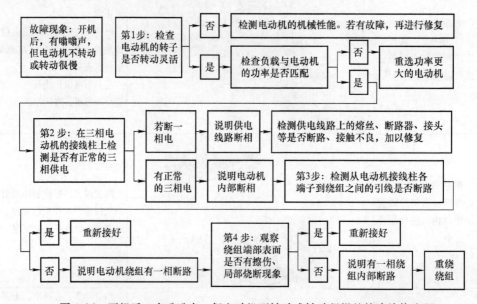

图 4-26　开机后，有嗡嗡声，但电动机不转动或转动很慢的故障检修流程

3. 开机时，立即烧熔丝或跳闸

开机时，立即烧熔丝或跳闸，说明电动机绕组或供电线路存在短路现象。其检修思路如

图 4-27 所示。

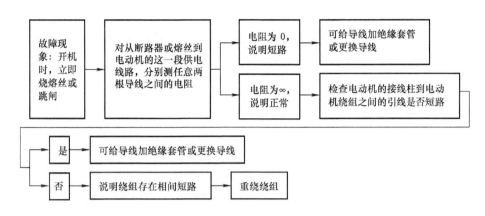

图 4-27 开机时，立即烧熔丝或跳闸故障检修流程

4. 三相异步电动机机壳带电

三相异步电动机机壳带电，虽然有些情况下还可以运行，但可能造成人身安全事故，所以必须修复后才能使用。其检修思路是，首先检查各引出线的绝缘是否破损而搭铁（即与电动机的金属外壳相通），如果是搭铁，则可给引出线套上绝缘套管，或用电动机专用绝缘纸将引出线破损处与电动机的金属壳隔开。如果绕组的引出线绝缘正常，则可以用万用表检测绕组是否搭铁，如果是，则宜重绕绕组。单相异步电动机的机壳带电检修方法也是这样。

5. 三相异步电动机机械故障的检修方法

三相异步电动机机械故障的检修与单相异步电动机一样，如图 4-14 所示。

4.2.4 无标记绕组同名端的判别

三相异步电动机的 6 根引出线或接线柱上都标有 U_1、V_1、W_1 和 U_2、V_2、W_2 字样，容易看出同名端。但电动机用久或维修后，标记可能丢失。无标记的绕组无法接成丫或△联结，所以需要鉴别。绕组同名端的判别有若干种方法，下面介绍较简单的一种。

1. 判别方法

第 1 步找出每一相绕组的两个线头（端子）：用万用表的 $R \times 1$ 挡测任意两个线头之间的电阻，若某两个线头之间的电阻值为 ∞，则这两个线头不属于同一相绕组；若电阻值几欧至几十欧，说明这两个线头属于同一相绕组。

第 2 步鉴别绕组的同名端：

1）器材连接：将任一相绕组的一个线头与一个开关串联，然后跨接在直流电源（1 节 1.5V 干电池即可）两端，另一相绕组接在万用表毫安挡的最小量程两端，如图 4-28 所示。

2）操作：瞬间闭合开关，立即断开。

2. 检测结果说明

若指针向右偏，则接毫安表正极的和接电源负极的是同名端，我们可把它叫作首端，则另两个头就是尾端。若指针左偏，则调换电源正、负极，使其右偏，就可得出相同的判断。用同样的方法可确定另一未知绕组的首端和尾端。

以上操作可这样记忆："一绕组，串开关，跨电源，二绕组，接毫安（表），合开关，

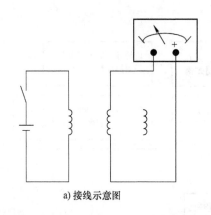

a) 接线示意图

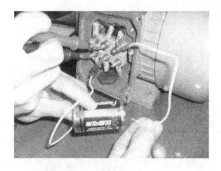

b) 两人配合，将导线与电池瞬间
接触后分开，代替开关

图 4-28　鉴别三相异步电动机绕组同名端的操作

针右偏，正负同名端"。

4.3　变压器的运行和维护

变压器是能够升高或降低交流电压和电流的电气设备。在电力系统以及电子技术领域都有广泛的应用。按照使用的电源类别可分为单相变压器和三相变压器。

4.3.1　单相变压器的运行和维护

单相变压器常用于单相交流电路中实现电源隔离、电压等级的变换、阻抗变换等。

1. 了解单相变压器的结构

变压器由铁心、缠绕在铁心上的绕组、铁心与绕组之间的绝缘材料等组成，如图 4-29 所示。

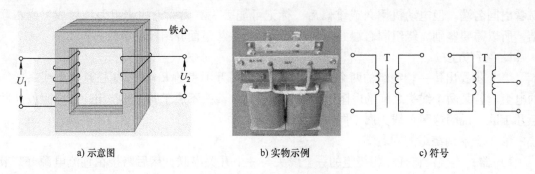

a) 示意图　　　　　　　　b) 实物示例　　　　　　　　c) 符号

图 4-29　变压器的基本组成

下面着重对变压器的主要部件进行介绍。

（1）铁心

铁心在变压器中构成一个闭合的磁路，又是安装线圈的骨架，对变压器电磁性能和机械强度是极为重要的部件。

变压器的铁心由 0.35 ~ 0.5mm 厚的硅钢片（外表涂有绝缘层）交错叠装而成，常见的几种铁心形状如图4-30所示。

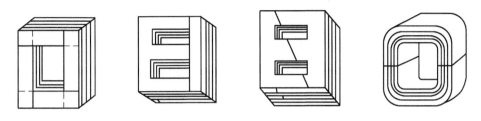

图4-30　变压器常见的铁心形状

（2）绕组

绕组一般采用表面涂有绝缘漆的铜线（称为漆包线）绕制而成，大功率的变压器一般用外表带绝缘层的扁铜线或铝线绕制而成。其中与电源相连的绕组称为一次绕组（也叫原线圈、原边、初级）；与负载相连的绕组称为二次绕组（也称为副线圈、副边、次级）。与较高电压相连接的叫高压绕组，其导线直径较细，匝数较多；与较低电压相连接的叫低压绕组，其导线直径较粗，匝数较少。一次绕组或者二次绕组可以是高压绕组，也可以是低压绕组。

对于不同形状的铁心，绕制方式也有所不同。按铁心和绕组的组合结构可分为心式变压器和壳式变压器，心式变压器的铁心被绕组包围，而壳式变压器的铁心则包围绕组，好像形成了一个外壳，如图4-31所示。

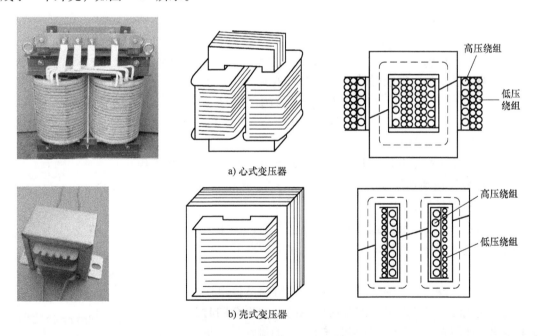

a) 心式变压器

b) 壳式变压器

图4-31　变压器的绕制方式

从图4-31可以看出，壳式变压器的高、低压绕组并不是各绕在铁心的一侧，而是绕在一起。心式结构的绕组和绝缘装配比较容易，所以电力变压器常常采用这种结构。壳式变压

101

器的机械强度较好，常用于低压、大电流的变压器或小容量电子变压器。

2. 理解单相变压器的运行原理和规律

变压器运行时各参数如图 4-32 所示。

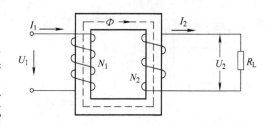

变压器是以电磁感应定律为基础工作的。当一次绕组加上交流电压 U_1 后，在铁心中产生交变磁通，作用于二次绕组，使二次绕组中产生感应电压 U_2（注：二次绕组中的电流也会在铁心中产生交变磁通，一、二次绕组产生的交变磁通共同穿过一、二次绕组），在负载 R_L 中就有电流通过。

图 4-32　变压器运行时基本参数

（1）电压规律

变压器可以升高电压，也可以降低电压。在忽略变压器的电能损耗（比较小）情况下，输入、输出的电压之比等于一、二次绕组的匝数之比，即

$$U_1/U_2 = N_1/N_2 = K$$

式中，K 为变压器的电压比。由该式可见：

当 $N_1 < N_2$（即 $K < 1$）时，$U_2 > U_1$，为升压变压器。

当 $N_1 > N_2$（即 $K > 1$）时，$U_2 < U_1$，为降压变压器。

当 $N_1 = N_2$（即 $K = 1$）时，$U_2 = U_1$，为隔离变压器（用于负载与电源之间的隔离）。

（2）功率规律

在忽略变压器的电能损耗情况下，变压器的输出功率等于输入功率，即 $U_1 I_1 = U_2 I_2$。

（3）电流规律

变压器也可以改变电流的大小。变压器若升高电压，则会减小电流，反之则会增大电流。在忽略变压器的电能损耗情况下，由 $U_1 I_1 = U_2 I_2$ 可得

$$I_1/I_2 = U_2/U_1 = N_2/N_1$$

综上所述，变压器运行时，不管是一次绕组还是二次绕组，匝数越多，它两端的电压就越高，通过的电流就越小。

以上三个规律对于分析、判断与变压器相关的问题是非常有用的。

3. 变压器极性判别的方法

（1）变压器的同名端

同名端是指在同一交变磁通的作用下任意时刻两个或两个以上绕组中都具有相同电动势极性的端点彼此互为同名端。

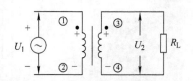

变压器不能改变交流电的频率。当一次绕组交流电压极性发生变化时，二次绕组上的交流电压的极性也会同时发生变化。如图 4-33 所示，设某时该是 U_1 的极性是上正下负，则一次绕组两端的电压也是①正②负，二次绕组感应出的电压有两种可能：一是③正④负，二是③负④正。

图 4-33　变压器的同名端示意图

如果二次感应电压是③正④负，则③与①极性相同，是一组同名端，当然④与②的极性也相同，是另一组同名端。

如果二次感应电压是③负④正，则④与①极性相同，是一组同名端。当然③与②的极性也相同，是另一组同名端。

为了表示两个端子是同名端，可在该端处标注"●"。

（2）变压器极性的鉴别

掌握变压器极性的鉴别方法，对于将极性不明的变压器接入电路非常重要。常用的鉴别方法详见表4-23。

表4-23　变压器极性的鉴别方法

类别	图示	鉴别方法
绕组绕向已知的变压器同名端	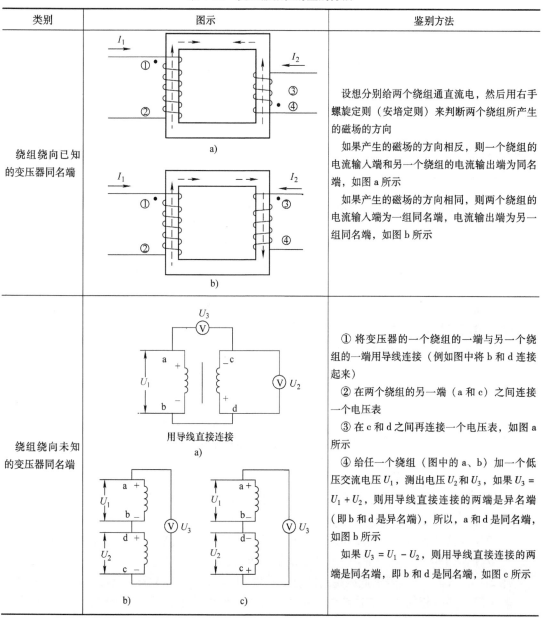	设想分别给两个绕组通直流电，然后用右手螺旋定则（安培定则）来判断两个绕组所产生的磁场的方向 如果产生的磁场的方向相反，则一个绕组的电流输入端和另一个绕组的电流输出端为同名端，如图 a 所示 如果产生的磁场的方向相同，则两个绕组的电流输入端为一组同名端，电流输出端为另一组同名端，如图 b 所示
绕组绕向未知的变压器同名端		① 将变压器的一个绕组的一端与另一个绕组的一端用导线连接（例如图中将 b 和 d 连接起来） ② 在两个绕组的另一端（a 和 c）之间连接一个电压表 ③ 在 c 和 d 之间再连接一个电压表，如图 a 所示 ④ 给任一个绕组（图中的 a、b）加一个低压交流电压 U_1，测出电压 U_2 和 U_3，如果 $U_3 = U_1 + U_2$，则用导线直接连接的两端是异名端（即 b 和 d 是异名端），所以，a 和 d 是同名端，如图 b 所示 如果 $U_3 = U_1 - U_2$，则用导线直接连接的两端是同名端，即 b 和 d 是同名端，如图 c 所示

4. 掌握单相变压器的检测方法

单相变压器的检测方法详见表4-24。

表 4-24　变压器的检测方法

步　骤	方　法
判别一、二次绕组	电源变压器一次绕组引脚和二次绕组引脚一般都是分别从两侧引出的，并且一次绕组多标有 220V 字样，二次绕组则标出输出的电压值，如 15V、24V、35V 等，可根据这些标记进行识别。电源变压器中，一次绕组的引线较粗
通过观察变压器的外貌来检查其是否有明显异常现象	如绕组引线是否断裂、脱焊，绝缘材料是否有烧焦痕迹，铁心紧固螺杆是否有松动，硅钢片有无锈蚀，绕组漆包线是否有外露等。若有，则有故障
绕组通断的检测	将指针式万用表置于 $R \times 1$ 挡，测试一、二次绕组的阻值，若某个绕组的电阻值为无穷大，则说明此绕组有断路故障
绝缘性测试	用指针式万用表 $R \times 10k$ 挡分别测量铁心与一次绕组，一次绕组与各二次绕组、铁心与各二次绕组、二次绕组各线圈间的电阻值，万用表指针均应指在无穷大位置不动。否则，说明变压器绝缘性能不良
在路检测	给变压器加额定电压后，测各二次绕组的输出电压值是否正常。若不正常，可断开变压器的负载后再测各二次绕组的输出电压值是否正常，若仍不正常，则变压器损坏

4.3.2　三相变压器的运行和维护

由于发电厂的发电机与用户的距离一般较远，电能的传输需要很长的导线，导线的电阻是不能忽略的，根据焦耳定律 $Q = I^2Rt$ 可知，输电过程有一定的电能损耗。为了降低损耗，一是减少输电线的电阻，那就要增大导线的截面积，但这是不现实的；二是通过提高输电电压来降低输电电流（根据 $P = UI$，在输送功率一定的条件下，增大 U，则使 I 降低）。提高三相交流电的电压就要用三相变压器。采用高压输电的过程如图 4-34 所示。

图 4-34　远距离输电示意图

1. 三相变压器的结构

三相变压器有三对绕组，将这三对绕组绕在同一铁心上，就构成了三相变压器，如图 4-35 所示。

三相变压器共有六个绕组，12 个端子，相关标准规定了高压绕组的首端标志为 $1U_1$、$1V_1$、$1W_1$；用 $1U_2$、$1V_2$、$1W_2$ 表示高压绕组的末端。

用 $2U_1$、$2V_1$、$2W_1$ 表示低压绕组的首端；用 $2U_2$、$2V_2$、$2W_2$ 表示低压绕组的末端。

其中属于同一相的一、二次绕组的相对极性可按前面单相变压器的规定确定，须用星号 "＊" 或黑点 "." 标明。

2. 三相变压器的运行

（1）三相交流发电机与三相变压器之间的连接

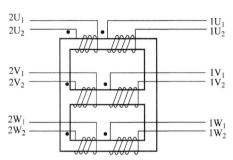

图 4-35　三相变压器的结构

三相交流发电机与三相变压器之间的连接如图 4-36 所示。

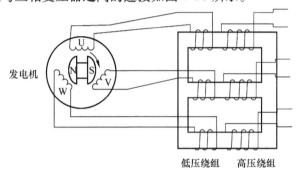

图 4-36　三相交流发电机与三相变压器之间的连接

该连接方法所用导线较多，成本较高，实用中不采用该方法，而采用星形联结（丫联结）和三角形联结（△联结），详见表 4-25。

表 4-25　三相变压器与发电机之间的丫联结和△联结

名称	图示	说明
丫联结	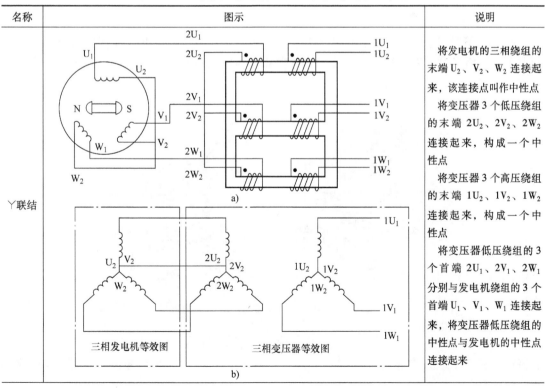	将发电机的三相绕组的末端 U_2、V_2、W_2 连接起来，该连接点叫作中性点 将变压器 3 个低压绕组的末端 $2U_2$、$2V_2$、$2W_2$ 连接起来，构成一个中性点 将变压器 3 个高压绕组的末端 $1U_2$、$1V_2$、$1W_2$ 连接起来，构成一个中性点 将变压器低压绕组的 3 个首端 $2U_1$、$2V_1$、$2W_1$ 分别与发电机绕组的 3 个首端 U_1、V_1、W_1 连接起来，将变压器低压绕组的中性点与发电机的中性点连接起来

（续）

名称	图示	说明
△联结	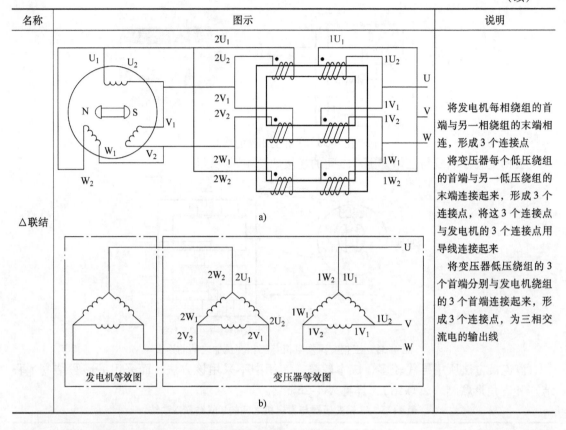 a)  发电机等效图　变压器等效图 b)	将发电机每相绕组的首端与另一相绕组的末端相连，形成3个连接点 将变压器每个低压绕组的首端与另一低压绕组的末端连接起来，形成3个连接点，将这3个连接点与发电机的3个连接点用导线连接起来 将变压器低压绕组的3个首端分别与发电机绕组的3个首端连接起来，形成3个连接点，为三相交流电的输出线

（2）电力变压器与高、低压电网的连接方式

电力变压器用于传送电能，可分为升压变压器和降压变压器。升压变压器用于将发电机的电压升高后通过电网进行传送，降压变压器用于将电网传来的电能降低成低压，送给用户使用。我们平时见到的变压器多为降压变压器。电力变压器的实物外形如图 4-37 所示。

图 4-37　电力变压器实物外形（示例）

电力变压器的工作电压高、传送的电能大，为了增强铁心和绕组的散热和绝缘性能，一般将铁心和绕组放置在装有变压器油（注：具有较好的散热性和绝缘性）的箱体内。高、

低压绕组的引出线均套有绝缘强度高的瓷套管。其结构如图4-38所示。

图4-38中各关键点标号的含义如下：

1—油箱。

2—铁心及绕组。

3—储油柜（油枕）。储油柜装置在油箱上方，通过连通管与油箱连通，起到保护变压器油的作用。变压器油在较高温度下长期与空气接触容易吸收空气中的水分和杂质，使变压器油的绝缘强度和散热能力相应降低。装置储油柜的目的是为了减小油面与空气的接触面积、降低与空气接触的油面温度，并使储油柜上部的空气通过吸湿剂与外界空气交换，从而减慢变压器油的受潮和老化速度。

4—散热筋。

5—高压绕组引出端子。

6—低压绕组引出端子。

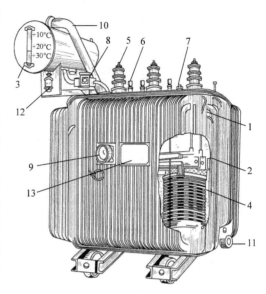

图4-38　电力变压器的结构示意图

7—分接开关。分接开关装置在变压器油箱盖上面，通过调节分接开关来改变一次绕组的匝数，从而使二次绕组的输出电压可以调节，以避免二次绕组的输出电压因负载变化而过分偏离额定值。

8—气体继电器。气体继电器装置在油箱与储油柜的连通管道中，对变压器的短路、过载、漏油等故障起到保护的作用。

9—温度计。

10—防爆管。变压器防爆管安装在油箱上顶点，管内装有一片玻璃，当变压器内部有故障时，变压器内会产生高压气体冲破玻璃，排出变压器外，从而释放压力，保护变压器。

11—放油阀。

12—吸湿器（呼吸器）。内部装有干燥剂，用来对流动于变压器储油柜上部空间和变压器外部之间的空气进行干燥，防止因空气潮湿而使变压器油过快老化。

13—铭牌。

电力变压器与高压电网、低压电网之间的连接方式如图4-39所示。

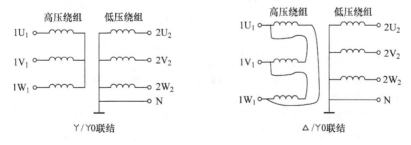

图4-39　电力变压器与高压电网、低压电网之间的连接方式

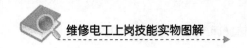

4.3.3 三相变压器的常规检查及常见故障的排除

1. 三相变压器运行中的常规检查

三相变压器运行中进行常规检查，可以将变压器的故障隐患消除。检查内容及注意事项见表4-26。

表4-26 三相变压器运行中的常规检查

检查项目	正常情况	注意事项
声音	变压器正常运行时，会发出均匀的嗡嗡声	如果出现下列情况，应立即停止运行，进行检修： ① 响声增大并且不均匀，有爆裂声 ② 在正常的冷却条件，油温不断上升 ③ 储油柜、防爆管喷油 ④ 油位低于正常值的下限 ⑤ 油颜色变化过大 ⑥ 套管内严重磨损，有放电现象
油的高度、温度和颜色	正常情况，油位应在油位计的1/4～3/4处。新油为浅黄色，运行后呈浅红色。油温为85～95℃（以上层油温为准） 注意：要检查油标管、吸湿器、防爆管是否堵塞，以免导致油位正常的假象	
检查电缆、引出端子瓷套管	正常情况下，引线、导杆和连接端应没有变色、裂纹、放电痕迹	
检查变压器的接地装置是否正常	正常情况下，变压器外壳的接地线、中性点接地线和防雷装置接地线紧密连接在一起，并完好地接地。如果有断裂现象，应重新接好	
检查高、低压熔丝	正常情况下，熔丝应完好，无明显的发黑、焦糊、熔断痕迹	

2. 三相变压器的常见故障及排除方法

三相变压器的常见故障及排除方法见表4-27。

表4-27 三相变压器的常见故障及排除方法

常见故障	可能的原因	排除方法
声音异常	如果音响较大而嘈杂时，可能是夹件或压紧铁心的螺钉松动（这种情况仪表的指示一般正常，绝缘油的颜色、温度与油位也没有大的变化）	应停止变压器的运行，进行检查
	如果声响中夹有水的沸腾声，发出"咕噜咕噜"的气泡逸出声，可能是绕组有较严重的故障，使其附近的零件严重发热，使油气化	应立即停止变压器运行，检查绕组是否有匝间短路、分接开关是否接触不良等
	若声响中夹有爆炸声，既大又不均匀时可能是变压器的器身绝缘有击穿现象	应将变压器停止运行，进行检修
	若引出端子套管处发出"嗞嗞"响声，并且套管表面有闪络现象（注：闪络是指固体绝缘子周围的气体或液体电介质被击穿时，沿固体绝缘子表面放电的现象），是由套管太脏或有裂纹引起的	停电后清洁或更换套管
	若声响比较沉重，则一般是变压器过载	减少负载
	若声响比较尖锐，则可能是电源电压过高	按操作规程降低电压
	变压器上部有"吱吱"的放电声，电流表随响声发生摆动，瓦斯保护可能发出信号，则可能是分接开关出现了故障，具体有以下几种可能 分接开关触头弹簧压力不足，触头滚轮压力不均匀，使有效接触面积减少，以及因镀锡层的机械强度不够而严重磨损等会引起分接开关烧毁 因分头位置切换错误，引起开关烧坏 相间距离不够，或绝缘材料性能降低，在过电压作用下短路	当鉴定为开关故障时，应立即将分接开关切换到完好的档位运行

（续）

常见故障	可能的原因	排除方法
油温过高	变压器过载	减少负载
	三相负载不平衡	调整三相负载的分配
	变压器散热不良	改善散热条件
油面高度不正常	油温过高导致油面上升	见油温过高的处理
	漏油、渗油导致油面下降（注意：天气变冷时油面有所下降属正常现象）	停电、检修
变压油变黑	绕组的绝缘层被击穿	停电，修理绕组，换油
低压熔丝熔断	变压器过载	减小负载，更换熔丝
	低压线路短路	排除短路，更换熔丝
	用电负载绝缘损坏，造成短路	检修用电设备，更换熔丝
	熔丝的规格选择不当，或安装不当	更换熔丝
高压熔丝熔断	变压器绝缘击穿	停电，检修，更换熔丝
	低压端设备短路，但低压熔丝未熔断	
	雷击	更换熔丝
	熔丝的规格选择不当，或安装不当	
防爆管薄膜破裂	变压器内部发生短路（如相间短路等），产生大量的气体，气压增加，致使防爆管薄膜破裂	停电，检修绕组，更换防爆管薄膜
	外力导致	更换防爆管薄膜
气体继电器动作	绕组发生匝间短路、相间短路、对地绝缘击穿等	停电，检修绕组
	分接开关触头放电或者各分接头放电	检修分接开关

思 考 题

1. 画线将图4-40所示的各器件连接成单相电容起动式电动机的工作电路，并说明改变运转方向的方法。

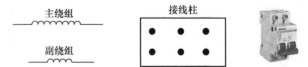

主绕组

接线柱

副绕组

图4-40 单相异步电动机工作电路连线图

2. 判断下列说法是否正确。

1）4 极电动机的额定转速是 2880r/min。 （　　）

2）不装电动机的风扇叶对电动机的影响不大。 （　　）

3）检测电容器之前，必须对电容器放电。 （　　）

4）电容器断路或短路，都会导致电动机不能起动。 （　　）

5）电动机不能起动，肯定是电容器损坏。 （　　）

6）更换轴承时，不能击打轴承的外圈。 （　　）

3. 说出图 4-41 所示的电动机铭牌中各项的含义。

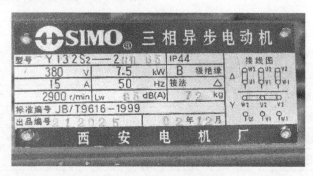

图 4-41　电动机铭牌示例

4. 将图 4-42 所示的发电机、变压器符号连接成丫联结。

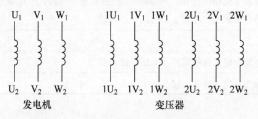

图 4-42　变压器与发电机的连接

5. 将图 4-43 所示的变压器符号与高压电网和低压电网连接成丫/丫0 联结。

6. 将图 4-44 所示的变压器符号与高压电网和低压电网连接成△/丫0 联结。

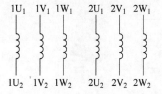

图 4-43　变压器与高、低压电网的
连接（丫/丫0 联结）

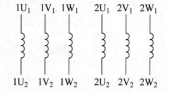

图 4-44　变压器与高、低压电网的
连接（△/丫0 联结）

第5章

直流电动机和部分特种
电动机的使用和维护

本章导读

直流电动机是将直流电能转换为机械能的电动机。它具有起动转矩和制动转矩大（容易实现快速起动、快速停车）、调速性能好（调速范围广，容易实现平滑调节）、磁干扰少等优点，广泛应用于小功率设备和大功率拖动设备中，如电力机车、卷扬机、大型可逆轧钢机等。

步进电动机、同步电动机和伺服电动机等特种电动机具有独特的功能，常用于一些专用场合。与异步电动机相比，直流电动机和特种电动机的结构复杂，使用和维护不如异步电动机方便。通过学习本章，可以掌握这些电动机的结构、基本原理、使用方法以及维护、维修方面的知识。

学习目标

1）掌握直流电动机的分解及部件认识、检测。
2）掌握直流电动机的类别及接线方法。
3）掌握直流电动机常见故障及排除方法。
4）了解直流电动机的起动、调速、制动方法。
5）理解直流电动机的常规检查和维护的内容和方法。
6）掌握直流电动机常见故障的类型及排除方法。
7）掌握步进电动机的特点和使用方法。
8）了解无刷直流电动机的特点和使用方法。
9）了解同步电动机的特点和使用方法。

学习方法建议

图文结合，对于原理，能基本理解就可以了，对于使用和保养方法也要能理解，不能死记。

5.1 直流电动机

5.1.1 直流电动机的原理、类别、接线和特点

1. 直流电动机的基本原理

直流电动机的结构如图 5-1 所示。

图中的 N、S 为定子的磁极，abcd 为转子绕组，I 为转子中的电流，F 为转子受到的磁场力，该力的方向也就是转子的旋转方向。

换向器固定在转子上（与转子绕组相连），随转子一起运转。电刷固定在机壳上，不随转子转动。

直流电动机的工作原理是，通过电刷将直流电源加到换向器上，由于换向器与转子绕组相连，所以电枢中有电流流过，转子中的电流会受到磁场力的作用，导致转子转

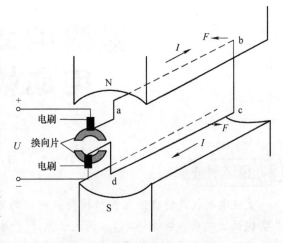

图 5-1 直流电动机的结构模型

动。由于电刷和换向器的作用，靠近每一定子极性的转子导体中的电流方向始终不变。例如，图 5-1 中当 ab 转动到上方时，电流的方向总是 a→b，受的磁场力总是向左，当 cd 转动到上方时，电流的方向总是 d→c，受到的磁场力也总是向左，所以转子的旋转方向不变。

2. 5 种直流电动机的接线方式和特点

励磁就是使直流电动机（或发电机）的定子产生磁场的装置。根据励磁方式的不同，可将直流电动机分为 5 种，详见表 5-1。

5.1.2 拆装直流电动机，认识与检测各部件

拆装直流电动机的方法与拆装交流异步电动机的方法大体相同，不同之处是电刷的拆装。现以采用串励式电动机（可以使用直流电或交流电供电）的电动工具的分解为例进行介绍。

表 5-1 5 种不同励磁方式的直流电动机

类别	说明	接线图	特点
永磁直流电动机	是指用永久磁铁作为定子来产生励磁磁场的直流电动机		结构简单、价格低廉、体积小、使用寿命长。开始主要用于电动玩具、小家电中。近年来，由于强磁性永久磁铁的应用，出现了大功率永磁直流电动机

（续）

类别	说明	接线图	特点
他励直流电动机	励磁绕组和转子绕组分别由不同的直流电源供电	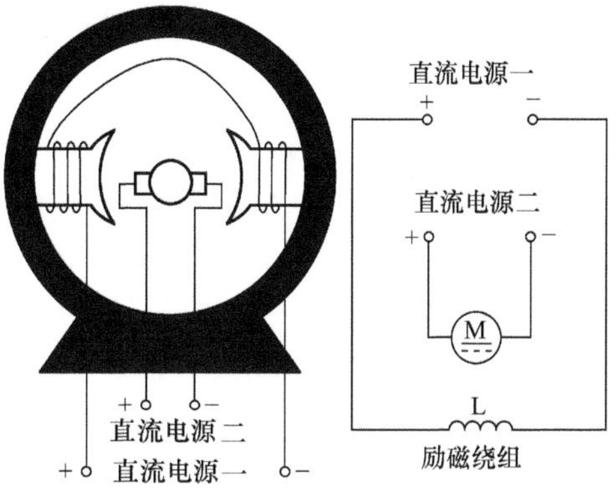	励磁电流不受转子电流的影响 在励磁电流不变的条件下，起动转矩与转子电流成正比 可以通过改变励磁电流的大小来改变电动机的转速，常用于电动车的驱动 注意：定子绕组的绕线方向，要使任意时刻相对、靠近的磁极为异名磁极（即一个为 N、另一个为 S）
并励直流电动机	励磁绕组和转子绕组并联，由同一直流电源供电	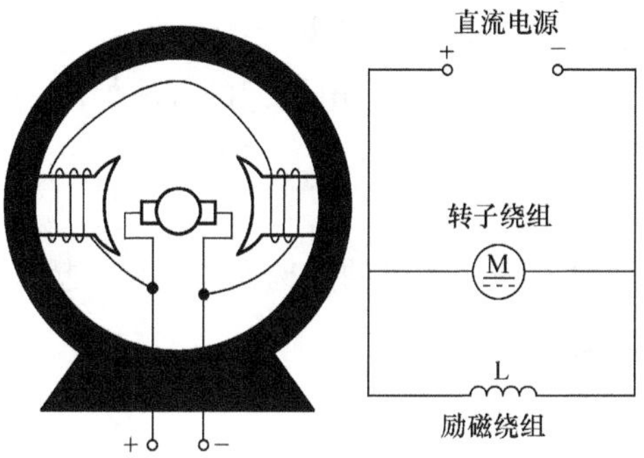	励磁绕组导线较细、匝数较多、电阻较大。电动机起动转矩与转子绕组电流成正比，起动电流约为额定电流的 2.5 倍，当负载增大时会导致转速下降、电流增大、转矩增大。短时间过载转矩为额定转矩的 1.5 倍左右
串励直流电动机	励磁绕组和转子绕组串联，由同一直流电源供电	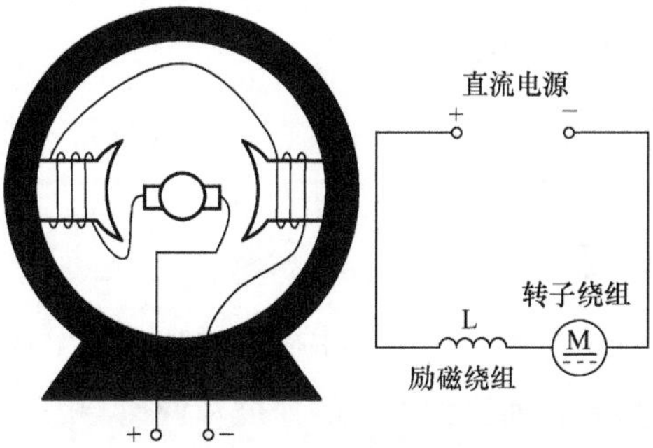	励磁绕组和转子绕组串联，导致励磁磁场随转子电流的改变而显著地变化。为了减少励磁绕组的分压，要求励磁绕组的电阻尽量小，所以励磁绕组导线较粗、匝数较少 转矩近似与转子电流的 2 次方成正比。转速随转矩（负载）和电流的增大而迅速下降。起动转矩可达额定转矩的 5 倍以上，短时间过载转矩为额定转矩的 4 倍以上 轻载或空载时转速很高，为了安全，一般不宜空载起动，不能用来拖动链条、传送带等

他励直流电动机接线图：

直流电源一
直流电源二
+ −
+ −
直流电源二
直流电源一
+ −
M
L
励磁绕组

并励直流电动机接线图：

直流电源
+ −
转子绕组
M
L
励磁绕组
+ −

串励直流电动机接线图：

直流电源
+ −
转子绕组
L
励磁绕组
M
+ −

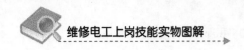

(续)

类别	说明	接线图	特点
复励直流电动机	有两个励磁绕组，一个与转子绕组串联（匝数少），另一个与转子绕组并联（匝数多）	直流电源 转子绕组 M L_2 励磁绕组 L_1 励磁绕组	两个励磁绕组产生的磁场方向相同的称为积复励直流电动机，方向相反的称为差复励直流电动机。积复励式工作更稳定，更为常用 起动转矩约为额定转矩的4倍，短时过载转矩约为额定转矩的3.5倍

1. 拆卸机壳（端盖）、认识与检测各部件

拆卸机壳（端盖）、认识与检测电刷、电刷架的方法如图5-2所示。

2. 其他直流电动机的结构

典型直流电动机的结构如图5-3所示。

从图5-3可以看出，各种直流电动机的结构大同小异，拆、装的方法也基本相同。

5.1.3 直流电动机的起动

1. 直流电动机起动的过程

把带有负载的电动机从静止起动到某一稳定速度的过程为起动过程。电动机要完成起动，必须先保证有磁场（即先通励磁电流），而后（或者同时）加电枢电压。

由于直流电动机带动生产机械起动，因此生产机械根据生产工艺的特点，对起动过程会有不同的要求。例如，对于无轨电车的直流电动机拖动系统，起动时要求平稳慢速起动，因为起动过快会使乘客感到不舒适。而对于一般的生产机械则要求有足够的起动转矩，这样可以缩短起动时间，从而提高生产效率。

2. 直流电动机的起动方法

直流电动机的起动方法详见表5-2。

5.1.4 直流电动机的调速

生产中，大量的机械要求在不同的情况下以不同的速度工作。调速是指在负载恒定的条件下，人为地改变电路的参数，而得到不同的速度。调速与因负载变化而引起的转速变化是不同的。调速是主动的，负载变化时的转速变化则是被动的，且这时电气参数未变。常用的调速方法如下。

① 拆卸手柄处机壳的固定螺钉，取下机壳，露出电刷、电刷架、换向器、开关

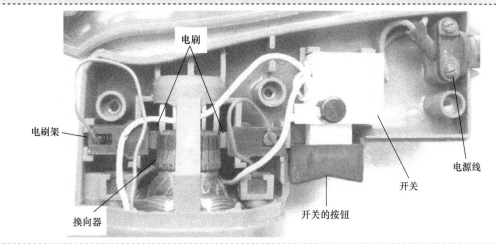

② 取下、观察电刷和电刷架组件

a) 观察电刷的金属编织导线是否断裂、
散开、电刷架是否破裂、弹簧是否无力

边缘有棱角，
应进行修正

修正成光滑
的小圆角

电刷

电刷

b) 观察电刷表面是否光滑圆润

③ 拆下、检测电源开关

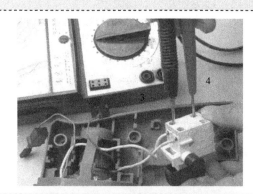

说明：将按钮按下时，接线柱1与2应能接通(电阻为0)，同时3与4也应能接通(电阻为0)，否则开关损坏

图 5-2　串励式电动机的分解与部件认识

④ 拆卸固定转子部分的螺栓，取下转子

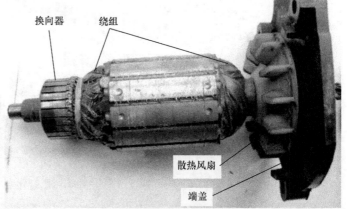

螺栓　　换向器　　绕组

散热风扇

端盖

⑤ 检测转子绕组和换向器的绝缘性能	⑥ 目测检查换向器是否光滑，片与片之间是否有电刷磨损后的大量碎屑造成的短路现象

转子绕组的每一抽头都焊在换向片的钩爪上(一个抽头对应一个钩爪)

说明：用绝缘电阻表检测，绝缘电阻应大于2MΩ；用万用表最高电阻挡检测，阻值应为∞

a) 装在转子上的换向器　　b) 换向器(配件)

⑦ 取下定子铁心，检测定子绕组(励磁绕组)	⑧ 检查轴承

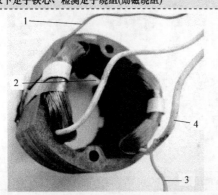

1
2
4
3

1、2为一个定子绕组的两根引出线，3、4为另一个定子绕组的两根引出线。这4根引出线可按表5-1连接成串励式电路

说明：检查轴向间隙、横向间隙，是否转动灵活，是否缺油

图5-2　串励式电动机的分解与部件认识（续）

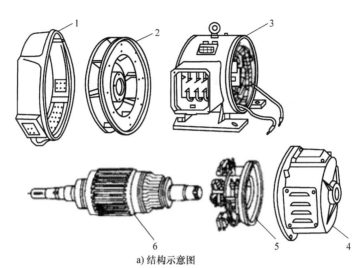

a) 结构示意图

1—前端盖　2—散热风扇　3—机座　4—后端盖　5—电刷及电刷架　6—转子

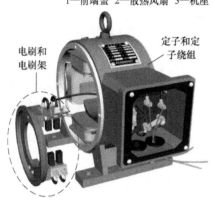

电刷和电刷架　　定子和定子绕组

转子和转子绕组

b) 实物结构示意图

图5-3　典型直流电动机的结构

表5-2　直流电动机的起动方法

起动方法	解释	备注
全压起动	为最简单的起动方法。将直流电动机直接加上额定电压的起动方法，如图所示 并励式电动机全压起动（示例）	图中 U_N 为直流电源，I_N、I_f 分别为电枢绕组、励磁绕组的电流 　　除了容量很小的电动机外，直流电动机是不允许全压起动的。因为有 $$I_a = (U_N - E_a)/r_a$$ 　　电动机在刚起动时，转速 $n = 0$，电枢绕组产生的反电动势 $E_a = 0$，大容量电动机的电枢（即转子）绕组电阻 r_a 很小，若直接加额定电压起动，电枢电流 I_a 会突增到额定电流的 $4 \sim 7$ 倍。此时，电动机的换向情况恶化，在电刷与换向器表面之间产生过大的火花，甚至产生"环火"。过大的电流冲击和转矩冲击，对电网及拖动系统也是有害的。所以，在起动过程必须设法限制电枢电流

117

（续）

起动方法	解释	备注
减压起动法	在起动过程降低电枢电压进行起动。在起动瞬间，反电动势很小，降低外加电源电压，可防止产生过大的起动电流。待电动机转速升高后，反电动势增大，电流降低，这时再逐渐增加电枢两端的外加电压，直到电动机达到要求的转速	若采用手工调节电压 U 时，U 不能升得太快，否则电流还会发生较大的冲击。为了保证限制电枢电流，手工调节必须小心地进行 　　在自动化的系统中，电压的调节及电流的限制靠一些环节自动实现，较为方便 　　当没有可调电源时，则宜采用下面介绍的串电阻起动法
串电阻起动法	在电枢电路内串入适当的外加电阻，来限制起动瞬时过大的起动电流，等电动机转速逐渐升高，反电动势增大，电枢电流相对减小后再逐级切除外加电阻，直到电动机达到要求的转速，如图所示 　　这种电阻专为限制起动电流用，又称为起动电阻 电枢电路串入电阻分级起动（示例）	对该起动方法的基本要求是，①起动电阻的阻值应当满足起动过程的要求，主要是要保证必需的起动转矩。一般希望平均起动转矩大些，这样可以缩短起动时间。但起动转矩也不能过大，因为电动机允许的最大电流，通常都是由电动机的无火花条件和生产机械的允许强度所限制，一般直流电动机的最大起动电流按规定不得超过额定电流的 1.8～2.5 倍。②从经济上要求起动设备简单、可靠。为满足这样的要求，希望起动电阻的级数越少越好，但起动电阻过小会使起动过程的快速程度和平滑性变差。因此为了保证在不超过最大允许电流的条件下尽可能满足平滑性和快速起动的要求，须设几级起动电阻，各级起动电阻都要对应相同的最大电流和切换电流

1. 机械方法调速

机械方法是通过改变传动机构的速度比（传动比）来实现的。机械变速机构较复杂。

2. 电气方法调速

电气方法调速是通过改变加到电动机上的电压来实现的。采用电气调速，电动机在一定负载情况下可获得多种转速，电动机可与工作机构同轴，或其间只用一套变速机构，机械上较简单，但电气上较复杂。电气调速一般有 3 种，下面以他励式直流电动机为例进行说明。

（1）改变电源电压调速

改变电源电压调速的方法是，升高电源电压可以提高电动机的转速，降低电源电压便可以降低电动机的转速。要改变电枢的电压，必须使用独立可调的直流电源，目前用得最多的是晶闸管整流装置，如图 5-4 所示。通过电位器可以调节触发器的控制电压→改变触发器所发出的触发脉冲的相位→改变整流器的输出电压→改变电动机的电枢电压→进而达到调速的目的。

该调速方法的特点是，①平滑性好，可实现无级调速；②属于恒转矩调速；③可以靠调节电枢两端电

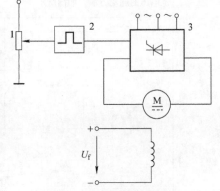

图 5-4　用晶闸管整流设备
对他励式直流电动机进行调速

压来起动电动机而不用另外添加起动设备，这就是前面所说的靠改变电枢电压的起动方法。

电源电压的变化范围是 0 到额定电压。这种调速方法属于恒转矩调速，适于恒转矩负载的生产机械。

（2）电枢回路串接电阻调速

电枢回路通过串接电阻来改变通过转子的电流，可以达到调速的目的。原理如图 5-5 所示。

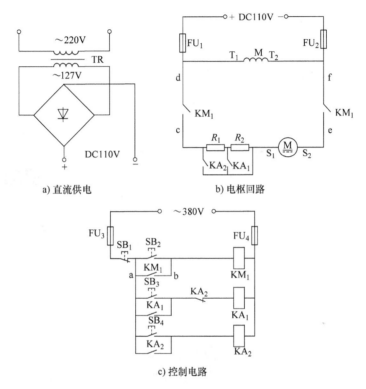

a) 直流供电　　　　　　　b) 电枢回路

c) 控制电路

图 5-5　直流电动机串接电阻调速电路

图 5-5a 中用变压器将 220V 交流电降压，再经桥式整流，输出直流电动机正常工作所需的直流电压。当图 5-5c 中的起动按钮 SB_2 按下后，交流接触器 KM_1 的线圈得到 380V 额定电压，其常开触点全部闭合。其中，KM_1（位于 c、d 之间）和 KM_1（位于 e、f 之间）闭合，使电动机得电而运转，此时有 2 个起调速作用的电阻串入电枢电路，电动机转速较慢。KM_1（位于 a、b 之间）闭合，可对 SB_2 实现自锁。当 SB_3 按下时，接触器 KA_1 的线圈得电，使其常开触点 KA_1 闭合，此时调速电阻 R_2 不接入电枢电路，电动机转速变快。同理，当按下 SB_4 时，KA_2 常开触点被闭合，调速电阻 R_1 不接入电路，电动机转速达到最大。

电枢回路串接电阻调速的优点是方法较简单，容易制作。其实物电路如图 5-6 所示，通过该图，可以增强对该电路感观上的认识。

该调速方法的特点是：简单易行，成本低廉，但由于调速是有级的，调速的平滑性较差。

调节区间只能是电动机的额定转速向下调节。当负载较小时，低速时的机械特性很软，即负载的较小变化将引起转速的较大波动。在额定负载时，其调速范围一般是 2:1 左右。然

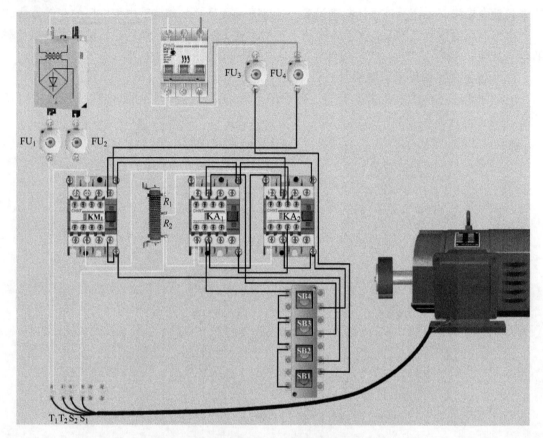

图 5-6　直流电动机串入电阻调速实物接线示意图

而当为轻负载时，调速范围很小，在极端情况下，即理想空载时，则失去调速性能。这种调速方法属于恒转矩调速性质，在调速范围内，其长时间输出额定转矩不变。

（3）改变电动机主磁通的调速方法

改变主磁通的调速方法，一般是采用增大励磁电路的电阻，使主磁通减小来实现调速。因为电动机正常工作时，磁路已经接近饱和，所以不宜采用增大磁通的方法。

普通的非调磁直流他励电动机，所能允许的减弱磁通提高转速的范围是有限的。专门作为调磁使用的电动机，调速范围可达 3~4 倍。

5.1.5　直流电动机的制动

1. 电动与制动的区别

电动机的工作状态按拖动性能可分为电动及制动两类。

1）电动状态。当电动机在外加电源的作用下，产生与系统运动方向一致的转矩，并通过传动机构拖动生产机械工作时，即为电动工作状态。在电动工作状态下，电动机的电磁转矩方向与转速的方向相同，为拖动性质的转矩，电动机把由电网取得的电能变成机械能输出。通常情况下，电动机都是工作在电动状态下。

2）制动状态。在某些情况下，也需要电动机工作在制动状态下。制动是指电动机从某一稳定的转速开始减速到停止或限制位能负载的下降速度时的一种运转过程。在制动工作状态下，电动机的电磁转矩方向与转速的方向相反，为制动性质的转矩，电动机把系统的机械能变成电能输出。由此可见，制动工作状态的实质是，电动机成为发电机，消耗机械能。

电力拖动系统之所以需要工作在制动状态，是生产机械提出的要求，主要有以下 3 种情况：

1）生产机械为加快起动和制动过程，提高生产效率。

2）当生产机械在高速工作过程中，根据需要迅速降为低速或者迅速由正转变为反转。

3）有些处于高处的负载为获得稳定的下放速度。

2. 直流电动机的制动方式

直流电动机广义的制动方式有：自由停车法、机械制动法（刹车法）、电气制动法。电气制动法是将系统的机械能转化为电能，消耗在电枢回路或回馈给电网，电气制动的具体方式见表 5-3。

表 5-3　直流电动机的电气制动方式（以他励式为例）

名称	图示（示例）	说明
能耗制动（是将转轴上的动能转化为电能，消耗在电枢回路的一种方式）	电动 制动 注：图中 n 为转子转速，T 为转子产生的电磁转矩，T_L 为负载造成的转矩，E_a 为转子绕组中的反电动势，箭头表示方向	当双掷开关 S 接至电源 U 时，为电动状态。当 S 接至电阻 R_c 时（切断了电枢电源），由于机械惯性，转速 n 的方向不变，从而反电动势 E_a 也不变。在电枢回路中靠 E_a 产生电枢电流，其方向与电动状态时相反，那么电动机转矩 T 与电动时的转矩方向相反，也与转速 n 方向相反，即 T 起制动作用，使系统减速 能耗制动有以下特点 ① 制动时，直流电动机脱离电网变成直流发电机单独运行，把系统存储的动能，或位能性负载的位能转变成电能，消耗在电枢电路的总电阻上 ② 制动时，转子转速 n 与 T 成正比，转速 n 下降时，T 也下降，所以低速时制动效果差，为加强制动效果，可减少 R_c，以增大制动转矩 T，即多级能耗制动 ③ 实现能耗制动的线路简单可靠，当 $n=0$ 时 $T=0$，可实现准确停车
反接制动		保持励磁电流 I_f 不变，将电源电压极性改变，同时电枢回路串入制动电阻 R_c，此时，转速 n 方向不变，而电磁转矩 T 的方向改变，则 T 与 n 反向，实现制动 电压反接制动有以下特点 ① 可以使电动机迅速停机 ② 需要加入足够的电阻，限制电枢电流 ③ 转速至零时，需切断电源

3. 直流电动机能耗制动电路示例

直流电动机带有能耗制动的控制电路如图 5-7 所示。当按下起动按钮 SB_2 时，接触器 KM_1

的线圈得电，KM_1 所有的常开触点变为闭合，电动机运转，同时常闭触点变为断开，电阻 R 不接入电路。当按下停止按钮 SB_1 时，接触器 KM_1 的线圈失电，其常开触点断开，切断了电枢的供电，同时常闭触点变为闭合，电阻 R 接入电枢电路，电枢绕组中的反电动势在回路中产生转矩，此时产生的电磁转矩与转子原来的旋转方向相反，从而可起到制动作用。

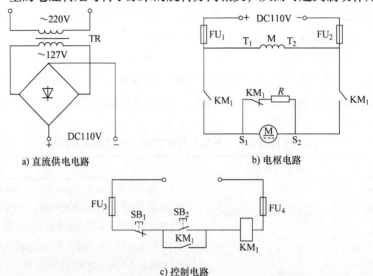

a) 直流供电电路   b) 电枢电路

c) 控制电路

图 5-7　直流电动机带有能耗制动的控制电路

直流电动机能耗制动电路实物示例如图 5-8 所示。

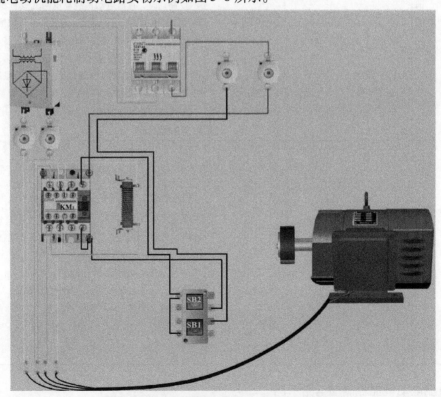

图 5-8　直流电动机能耗制动电路实物接线示例

4. 直流电动机的正反转

改变直流电动机旋转方向的方法有两种：一是改变励磁电流的方向（电枢电流方向保持不变），二是改变电枢电流的方向（励磁电流保持不变）。其中，通过改变电枢电流的方向来改变转子旋转方向的电路如图 5-9 所示。

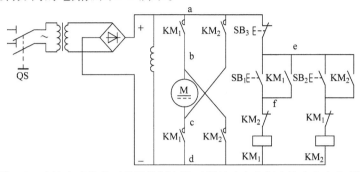

图 5-9　直流电动机的正反转控制电路（通过改变电枢电流方向来实现）

当按下 SB_1 时，接触器 KM_1 的线圈得电，位于 a、b 之间和位于 c、d 之间的两对常开触点变为闭合使电枢得电旋转，位于 e、f 之间的常开触点闭合，对 SB_1 实现自锁。常闭触点 KM_1 变为断开，可以防止在电动机运转过程中因失误按下了 SB_2 而导致的短路现象。按下 SB_3 可使电动机停转。按下 SB_2 时，转子可以反转，其过程与按下 SB_1 相似，读者自行分析。该电路的实物接线图（示例）如图 5-10 所示。

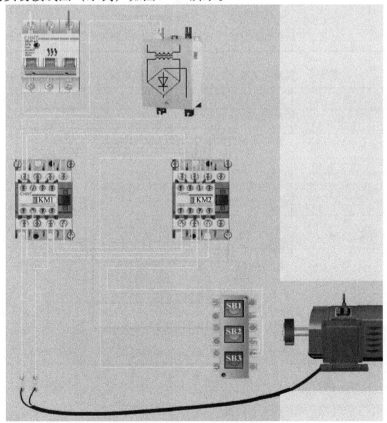

图 5-10　直流电动机的正反转控制电路（通过改变电枢电流方向来实现）实物接线示例

5.1.6 直流电动机的使用与维护

1. 直流电动机的常规检查

直流电动机的常规检查见表5-4。

表5-4　直流电动机的常规检查

序号	项目	说明
①	使用前的检查	① 用压缩空气或手动吹风机吹净电动机内部灰尘、电刷粉末等，清除污垢杂物 ② 拆除与电动机连接的一切接线，用绝缘电阻表测量绕组对机座的绝缘电阻。若小于0.5MΩ时，应进行烘干处理，测量合格后再将拆除的接线恢复 ③ 检查换向器的表面是否光洁，如发现有机械损伤或火花烧痕，应进行必要的处理 ④ 检查电刷是否严重损坏，电刷架的压力是否适当，电刷架的位置是否位于标记的位置 ⑤ 根据电动机铭牌检查直流电动机各绕组之间的接线方式是否正确，电动机额定电压与电源电压是否相符，电动机的起动设备是否符合要求，是否完好无损
②	运行过程的检查	① 除功率很小的直流电动机可以直接起动外，一般的直流电动机都要采取减压措施来限制起动电流 ② 当直流电动机采用减压起动时，要掌握好起动过程所需的时间，不能起动过快，也不能过慢，并确保起动电流不能过大（一般为额定电流的1～2倍） ③ 在电动机起动时就应做好相应的停车准备，一旦出现意外情况时应立即切除电源，并查找故障原因 ④ 在直流电动机运行时，应观察电动机转速是否正常；有无噪声、振动等；有无冒烟或发出焦臭味等现象，如有，应立即停机查找原因 ⑤ 注意观察直流电动机运行时电刷与换向器表面的火花情况（详见表5-5）

表5-5　直流电动机运行时电刷与换向器表面的火花情况

电刷下火花程度	换向器及电刷的状态	允许运行方式
无火花	换向器上没有黑痕；电刷上没有灼痕	允许长期连续运行
电刷边缘仅小部分有微弱的点状火花或有非放电性的红色小火花		
电刷边缘大部分或全部有轻微的火花	换向器上有黑痕出现，用汽油可以擦除；在电刷上有轻微灼痕	
电刷边缘大部分或全部有较强烈的火花	换向器上有黑痕出现，用汽油不能擦除；电刷上有灼痕。短时出现这一级火花，换向器上不出现灼痕，电刷不致烧焦或损坏	仅在短时过载或有冲击负载时允许出现
电刷的整个边缘有强烈的火花，即环火，同时有大火花飞出	换向器上有黑痕且相当严重；用汽油不能擦除；电刷上有灼痕。如在这一级火花短时运行，则换向器上将出现灼痕，电刷将被烧焦或损坏	仅在直接起动或逆转的瞬间允许出现，但不得损坏换向器及电刷

2. 直流电动机的维护和保养

直流电动机的常规维护和保养见表5-6。

表 5-6　直流电动机的常规维护和保养

名称	说明	备注
整体的维护和保养	应保持直流电动机的清洁，尽量防止灰沙、雨水、油污、杂物等进入电动机内部	直流电动机结构及运行过程中存在的薄弱环节是电刷与换向器部分，因此必须特别注意对它们的维护和保养
换向器的维护和保养	换向器表面应保持光洁，不得有机械损伤和火花灼痕。如有轻微灼痕时，可用 0 号砂纸在低速旋转的换向器表面仔细研磨。如换向器表面出现严重的灼痕或粗糙不平、表面不圆或有局部凸凹等现象时，则应拆下重新进行车削加工。车削完毕后，应将片间云母槽中的云母片下刻 1mm 左右，并清除换向器表面的金属屑及毛刺等，最后用压缩空气将整个电枢表面吹扫干净，再进行装配	换向器在负载作用下长期运行后，表面会产生一层坚硬的深褐色薄膜，这层薄膜能够保护换向器表面不受磨损，因此要保护好这层薄膜
电刷的维护和保养	电刷与换向器表面应有良好的接触，正常的电刷压力约为 15 ~ 25kPa，可用弹簧秤进行测量，如图所示。电刷与电刷盒的配合不宜过紧，应留有少量的间隙 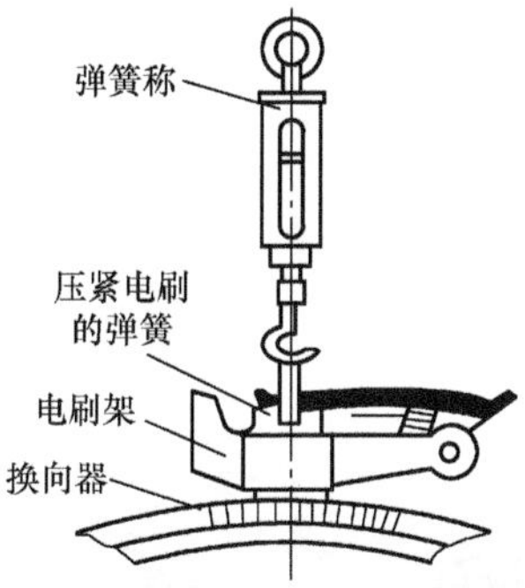 弹簧称 压紧电刷的弹簧 电刷架 换向器	电刷磨损或碎裂时，应更换牌号、尺寸规格都相同的电刷，新电刷装配好后应研磨光滑，保证与换向器表面有 80% 左右的接触面

5.1.7　直流电动机的常见故障及检修

直流电动机的常见故障及排除见表 5-7。

表 5-7　直流电动机的常见故障及排除

故障现象	可能原因	排除方法
不能起动	① 电源无电压 ② 励磁回路断开 ③ 电枢回路断开 ④ 有电源但电动机不能转动	① 检查电源及熔断器 ② 检查励磁绕组及起动器 ③ 检查电枢绕组及电刷换向器接触情况 ④ 负载过重或电枢被卡死或起动设备不合要求，应分别进行检查
转速不正常	① 转速过高 ② 转速过低	① 检查电源电压是否过高，主磁场是否过弱，电动机负载是否过轻 ② 检查电枢绕组是否有断路、短路、接地等故障；检查电刷压力及电刷位置；检查电源电压是否过低及负载是否过重；检查励磁绕组回路是否正常

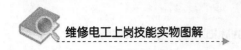

（续）

故障现象	可能原因	排除方法
电刷火花过大	① 电刷不在中性线上 ② 电刷压力不当或与换向器接触不良或电刷磨损或电刷牌号不对 ③ 换向器表面不光滑或云母片凸出 ④ 电动机过载或电源电压过高 ⑤ 电枢绕组或磁极绕组或换向极绕组故障 ⑥ 转子动平衡未校正好	① 调整刷杆位置 ② 调整电刷压力、研磨电刷与换向器接触面、更换电刷 ③ 研磨换向器表面、下刻云母槽 ④ 降低电动机负载及电源电压 ⑤ 分别检查原因 ⑥ 重新校正转子动平衡
过热或冒烟	① 电动机长期过载 ② 电源电压过高或过低 ③ 电枢、磁极、换向极绕组故障 ④ 起动或正、反转过于频繁	① 更换功率较大的电动机 ② 检查电源电压 ③ 分别检查原因 ④ 避免不必要的正、反转
机座带电	① 各绕组绝缘电阻太低 ② 出线端与机座相接触 ③ 各绕组绝缘损坏造成对地短路	① 烘干或重新浸漆 ② 修复出线端绝缘 ③ 修复绝缘损坏处

5.2　步进电动机

5.2.1　步进电动机的概述

常见步进电动机的外形如图 5-11 所示。

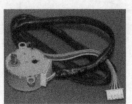
a) 整体

b) 定子　　　　c) 转子

图 5-11　常见步进电动机的外形

步进电动机是一种将电脉冲转化为角位移的执行机构，即当步进电动机的驱动器接受一个脉冲信号时，它就驱动步进电动机按设定的方向转动一个固定的角度（称为步距角）。步进电动机的旋转是以固定的角度一步一步运行的（所以称之为步进电动机）。我们可以通过控制脉冲的个数来控制电动机转过的角度，从而达到精确定位的目的，还可以通过控制脉冲的频率来控制步进电动机的转速或加速度，从而达到柔和调速的目的。

步进电动机没有积累误差。一般步进电动机的精度为实际步距角的3%～5%，且不积累。

步进电动机与其他电动机不同，其标称额定电压和额定电流只是参考值；又因为步进电动机是以脉冲方式供电，额定电压是其最高电压，而不是平均电压，所以，步进电动机可以超出其额定值范围工作。但选择时不应偏离额定值太远。

步进电动机外表允许的最高温度：步进电动机温度过高首先会使电动机的磁性材料退磁，从而导致转矩下降乃至于失步，因此电动机外表允许的最高温度应取决于不同电动机磁性材料的退磁点；一般来讲，磁性材料的退磁点都在130℃以上，有的甚至高达200℃以上，所以步进电动机外表温度在80～90℃完全正常。

步进电动机的转矩会随转速的升高而下降：当步进电动机转动时，电动机各相绕组的电感将形成一个反向电动势；频率越高，反向电动势越大。在它的作用下，电动机随频率（或速度）的增大而相电流减小，从而导致转矩下降。

步进电动机低速时可以正常运转，但若高于一定速度就无法起动，并伴有啸叫声。

步进电动机有一个技术参数：空载起动频率，即步进电动机在空载情况下能够正常起动的脉冲频率，如果脉冲频率高于该值，电动机不能正常起动，可能发生失步或堵转。在有负载的情况下，起动频率应更低。如果要使电动机达到高速转动，脉冲频率应该有加速过程，即起动频率较低，然后按一定加速度升到所希望的高频（电动机转速从低速升到高速）。

步进电动机是一种控制用的特种电动机，广泛用于各种开环控制。目前常用的步进电动机种类见表5-8。

表5-8 常用的步进电动机

名称	特点	应用领域
反应式（VR）步进电动机	反应式步进电动机，是一种传统的步进电动机，由磁性转子铁心通过与由定子产生的脉冲电磁场相互作用而产生转动 反应式步进电动机工作原理比较简单，转子上均匀分布着很多小齿，定子齿有三个励磁绕组，其几何轴线依次分别与转子齿轴线错开。电动机的位置和速度与导电次数（脉冲数）和频率成一一对应关系。而方向由导电顺序决定。市场上一般以二、三、四、五相的反应式步进电动机居多 可实现大转矩输出，步距角一般为1.5°，但噪声和振动较大	永磁式步进电动机主要应用于计算机外部设备、摄影系统、光电组合装置、阀门控制、银行终端、数控机床、自动绕线机、电子钟表及医疗设备等领域中
永磁式（PM）步进电动机	电动机由有转子和定子两部分：可以是定子是线圈，转子是永磁铁；也可以是定子是永磁铁，转子是线圈。一般为两相，体积和转矩都较小，步距角一般为7.5°或15°	
混合式（HB）步进电动机	混合了永磁式和反应式的优点。分为两相、三相和五相：两相步距角一般为1.8°，五相步进角一般为0.72°，混合式步进电动机随着相数（通电绕组数）的增加，步进角减小，精度提高，这种步进电动机应用最为广泛	

5.2.2 步进电动机的参数

1. 步进电动机固有步距角

控制系统每发出一个脉冲信号时，它就驱动步进电动机按设定的方向转动一个固定的角度，叫步距角。电动机出厂时给出了一个步距角的值，如 86BYG250A 型电动机给出的值为 0.9°/1.8°（表示半步工作时为 0.9°即半步角为 0.9°，整步工作时为 1.8°即整步角为 1.8°），这个步距角可以称之为"步进电动机固有步距角"，它不一定是电动机实际工作时的真正步距角，真正的步距角与驱动器有关。

2. 相数

相数是指电动机内部的线圈组数，目前常用的有两相、三相、四相、五相步进电动机。电动机相数不同，其步距角也不同，一般两相电动机的步距角为 0.9°/1.8°、三相的为 0.75°/1.5°、五相的为 0.36°/0.72°。在没有细分驱动器（即专用于步进电动机的驱动器）时，用户主要靠选择不同相数的步进电动机来满足自己步距角的要求。如果使用细分驱动器，则"相数"将变得没有意义，用户只需在驱动器上改变细分数，就可以改变步距角。

注：所谓半步工作和整步工作，我们以四相步进电动机为例进行说明，设四相为 A、B、C、D。电动机的运行方式有：

1）四相 4 拍。当按"A→B→C→D→A……"的顺序循环给每一相加电时，步进电动机一步一步地正转（正转、反转是相对的）；若按"D→C→B→A→D……"的顺序循环给每一相加电，则步进电动机一步一步地反转。四相 4 拍的运行方式下，每一个脉冲使步进电动机转过一个整步角，这就是整步运行方式。四相 4 拍还可以按"AB→BC→ CD→DA→AB……"的方式加电。

2）四相 8 拍。当按"A→AB→B→BC→C→CD→D→DA→A……"的方式循环给步进电动机加电时，即四相 4 拍运行方式，每一个脉冲使步进电动机转过半个步距角，这就是半步运行方式。

3. 保持转矩（Holding Torque）

保持转矩是指步进电动机通电但没有转动时，定子锁住转子的转矩。它是步进电动机最重要的参数之一，通常步进电动机在低速时的转矩接近保持转矩。由于步进电动机的输出转矩随速度的增大而不断衰减，输出功率也随速度的增大而变化，所以保持转矩就成为了衡量步进电动机最重要的参数之一。比如，当人们说 2N·m 的步进电动机，在没有特殊说明的情况下是指保持转矩为 2N·m 的步进电动机。

4. Detent Torque

Detent Torque 是指步进电动机没有通电的情况下，定子锁住转子的转矩。Detent Torque 在国内没有统一的翻译方式，容易使大家产生误解。由于反应式步进电动机的转子不是永磁材料，所以它没有 Detent Torque。

5.2.3 步进电动机的应用示例

现以亚龙 YL-236 单片机控制装置综合实训平台上的步进电动机及其驱动系统为例进行介绍。

1. 步进电动机

采用两相永磁感应式步进电动机，步距角为 1.8°，工作电流为 1.5A，电阻为 1.1Ω，电感为 2.2mH，静转矩为 2.1kg/cm，定位转矩为 180g/cm。

2. 步进电动机驱动器

驱动器为 SJ－23M2，具有高频斩波、恒流驱动、抗干扰性高、5 级步距角细分、输出电流可调的优点，供电电压为 24~40V，如图 5-12 所示。

驱动器可通过拨码开关来调节细分数和相电流。拨码开关拨向上为 0，向下为 1。拨码开关的 1、2、3 位用于调节步距角，拨码开关设定的每一个值对应着一个步距角（共有 0.9°、0.45°、0.225°、0.1125°、0.0625°五种）。在允许的情况下，应尽量选高的细分数即小的步距角，以获得更精准的定位。拨码开关的 4、5 固定为 1，6、7、8 用于调节驱动电流。做实验时可设为最小的驱动电流（1.7A），因为负载较小。

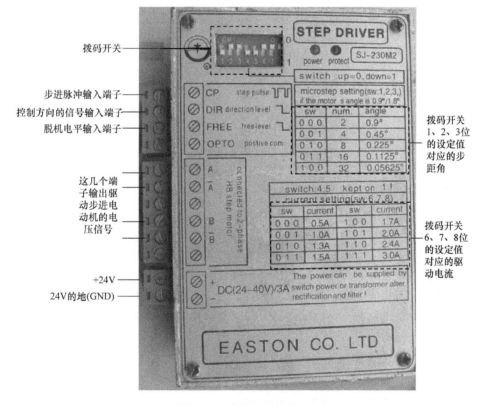

图 5-12　步进电动机驱动

步进电动机驱动器的端子说明：

1）CP：由单片机输出步进脉冲传到 CP，用于驱动步进电动机的运行位置和速度。每一个步进脉冲使步进电动机转动一个步距角。该驱动器要求 CP 脉冲是负脉冲，即低电平有效，脉冲宽度（即低电平的持续时间）不小于 5μs。

2）DIR：方向控制。DIR 取高电平或低电平，改变电平就改变了步进电动机的旋转方向。注意：改变 DIR 电平，须在步进电动机停止后且在两个 CP 脉冲之间进行。

3）FREE：脱机电平。若 FREE = 1 或悬空则步进电动机处于锁定或运行状态；若

FREE = 0，则步进电动机处于脱机无力状态（此时用手能够转动转轴）。

4）A、$\overline{A}$、B、$\overline{B}$ 为驱动器输出的用于驱动步进电动机运行的电压信号。

3. 步进电动机位移机构及保护装置

为了训练应用步进电动机进行精确定位的能力，该实训平台设有位移机构与保护装置，如图5-13所示。

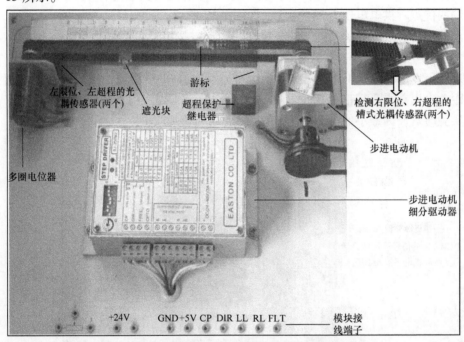

左限位、左超程的光耦传感器(两个)

游标

遮光块

超程保护继电器

检测右限位、右超程的槽式光耦传感器(两个)

步进电动机

多圈电位器

步进电动机细分驱动器

+24V　　　　　GND +5V CP DIR LL RL FLT　　　　模块接线端子

图5-13　步进电动机、驱动器、精确定位位移装置

（1）位移机构

步进电动机转轴上设有带轮，步进电动机转动时，带轮转动，拖动传送带运动。有游标固定在传送带上。另设有150mm的标尺，所以电动机运行时，游标会在标尺上移动。通过编程控制步进电动机的运行，可以实现标尺的精确定位，这一特点可以模拟很多动作机构的运行。

（2）左右限位、超程保护装置

左右限位、超程保护装置采用了槽式光耦传感器（又称光遮断器），如图5-14所示。其工作原理是，当没有物体进入槽内，传感器内的红外发光管发出的红外光没有被挡住，光

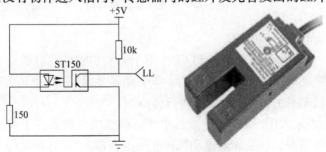

图5-14　槽式光耦传感器

敏晶体管饱和导通，传感器输出低电平；当有物体进入槽内，传感器内的红外发光管发出的红外光被挡住，光敏晶体管截止，传感器输出高电平。

在位移机构的左限位处设有两个槽式光耦传感器。一个用于通过编程的方式来限位（限制不能再向左移动）；另一个用于超程保护（即限位失败后，可通过硬件来进行保护）。在右限位处也是这样。

1）编程限位。在传送带上除固定有游标外，还固定有一个遮光块。从图 5-13 可以看出，当游标向左移动时，遮光片在向右运动。当游标运动到标尺 0 刻度时，遮光块就已接近右限位保护装置（即槽式光耦传感器）了。当遮光片再向右移动进入右限位光耦传感器时，传感器输出高电平。编程时通过检测该电平，终止步进电动机的驱动脉冲，就能使步进电动机停止。左限位的方法也是这样。限位光耦传感器电路如图 5-15 所示。

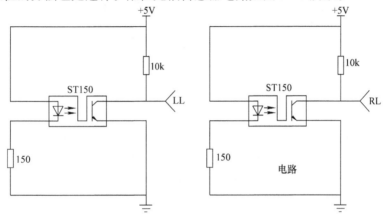

图 5-15　步进电动机模块的左、右限位光耦传感器（是一样的）

2）步进电动机的超程保护。

如果编程不当导致限位失败后，遮光片会继续沿原来的方向移动，进入用于超程保护的光耦传感器，挡住红外光，传感器会输出高电平，通过晶体管驱动继电器动作，切断给步进电动机驱动器的 +24V 供电，从硬件上保证电动机能立即停止，以实现超程保护，原理如图 5-16 所示。

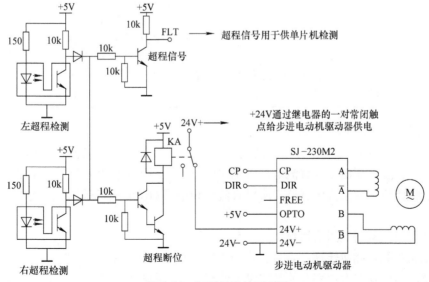

图 5-16　超程保护的原理图

5.3　无刷直流电动机

1. 无刷直流电动机的实物

无刷直流电动机的实物外形如图 5-17 所示。

a) 结构图

b) 小型无刷直流电动机及驱动器

图 5-17　无刷直流电动机

2. 无刷直流电动机的基本结构、特点

无刷直流电动机的基本结构、特点见表 5-9。

表 5-9　无刷直流电动机的结构及特点

结构特点	图示	换向方式	性能
转子由永久磁钢制成，定子为三相绕组，如图中 U_1 U_2、V_1 V_2、W_1 W_2，多数为星形联结	 说明：①定子绕组的 U_2、V_2、W_2 三个端子在电动机内连接在一起；U_1、V_1、W_1 三个端子引出到压缩机的机壳接线柱上，形成星形联结；② NS 为永磁转子	微处理器不断检测转子的位置，并控制变频模块，使变频模块输出周期性通、断的直流电，加在定子绕组上，实现了换向，使转子连续稳定地转动，无需普通直流电动机的电刷和换向器	克服了传统的直流电动机的缺陷，又具有交流电动机所不具有的一些优点，如运行效率高、调速性能好、无涡流损失等

3. 无刷直流电动机的运转和调速

检测转子的位置有两种方法：一是利用电动机内部的位置传感器（通常为霍尔元件）提供的信号；二是检测出无刷直流电动机绕组的电压，利用采样信号进行运算后得出。由于压缩机电动机无法安装位置传感器，所以直流变频空调的压缩机都采用后一种方法检测转子的位置。

运转和调速的电路框图及解释，如图 5-18 所示。

CPU 输出控制压缩机转速的信号，作用于变频控制电路，变频控制电路输出 6 路控制信号，控制驱动器中 6 个大功率开关管按设定的规则导通和截止。规则是，任一时刻 A_1、B_1、

C_1 这一组和 A_2、B_2、C_2 这一组都只能各导通 1 个，即任一时刻只导通 2 个开关管（且 A_1、A_2 不能同时导通，B_1、B_2 不能同时导通，C_1、C_2 也不能同时导通）。

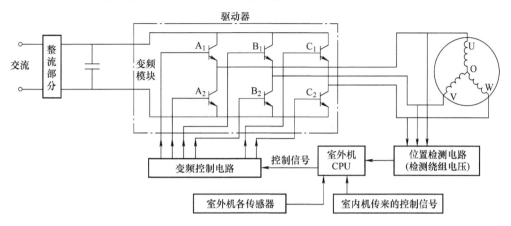

图 5-18　无刷直流电动机运转和调速的电路框图

例如，当转子在某一位置，转子的位置检测信号传给 CPU，使 A_1、B_2 两个晶体管导通，直流电由正极，依次流经晶体管 A_1、电动机 U 相绕组、电动机 V 相绕组、晶体管 B_2，回到负极，U 相和 V 相两相绕组通电，驱动转子运转（另一相线圈即 W 相不通电，但有感应电压，该感应电压可以用作该位置的位置检测信号）；当转子转过 120°时，其位置感应信号传给 CPU，CPU 输出控制信号，使 B_1、C_2 两个晶体管导通，直流电由正极流经晶体管 B_1、电动机 V 相绕组、W 相绕组、晶体管 C_2，到电源负极（U 相绕组不通电，感应电压当作该位置的位置检测信号）；转子再转过 120°时，则晶体管 C_1、A_2 导通，直流电由正极流经晶体管 C_1、电动机 W 相绕组、U 相绕组、晶体管 A_2，到电源负极（V 相绕组的感应电压当作该位置的位置检测信号），如此周期性循环。总之，驱动器输出的是断续的、极性不断改变的直流电。

加在绕组上的平均直流电压越高，电动机转速越快。加在每相绕组的电压如图 5-19 所示。

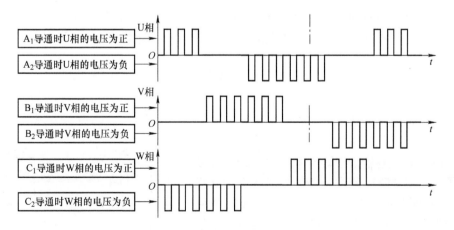

图 5-19　加在无刷直流电动机绕组上的电压（规定 U、V、W 点的电动势高时，电压为正）

4. 应用示例

直流变频空调器实质上就是压缩机采用了无刷直流电动机。全直流变频空调器就是压缩机、室内风机、室外风机都采用了无刷直流电动机。

5.4 同步电动机

同步电动机是一种转子转速与定子旋转磁场转速相同的交流电动机，对于一台同步电动机，只要电源频率不变，其转速则始终保持恒定，不会因电压和负载的变化而发生变化。

1. 同步电动机外形

同步电动机的外形（示例）如图 5-20 所示。

2. 同步电动机的结构和工作原理

同步电动机主要由转子和定子构成，其定子结构与一般的异步电动机相同，嵌有定子绕组。转子与异步电动机不同。异步电动机的转子一般为笼形，本身不具有磁性。而同步电动机的转子一般有两种形式：一种是直流励磁转子，上面嵌有转子绕组，工作时需要用直流电源为它提供励磁电流；另一种是永久磁铁转子。同步电动机的结构如图 5-21 所示。

图 5-20 同步电动机的外形

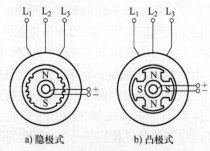

a) 隐极式　　　　b) 凸极式

图 5-21 同步电动机的结构示意图

直流励磁转子通电后也形成磁场，相当于磁铁（永久磁铁转子本身就是磁铁），当定子绕组通有三相交流电后，定子绕组会产生旋转磁场，此时的定子就像是旋转的磁铁。转子（磁铁）会被旋转的磁铁吸引而随着旋转磁场转动，并且转速与旋转磁场相同。

同步电动机的转速 n（r/min）由电动机的磁极对数 p、电源频率 f（Hz）决定，可用下面的公式计算：

$$n = 60f/p$$

3. 同步电动机的起动

（1）同步电动机无法起动的原因

同步电动机通电后一般无法运转，这是因为当定子绕组通入交流电后，立即产生顺时针的旋转磁场，转子会受到顺时针的磁场力（异名磁极相互吸引），由于转子具有惯性，不能立即以同步转速旋转，如图 5-22a 所示。当转子刚开始旋转时，由于定子的旋转转速很快，此时已转到图 5-22b 所示的位置，同名磁极相互排斥，刚开始转动的转子又受

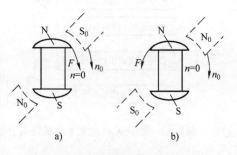

a)　　　　b)

图 5-22 同步电动机的起动示意图

134

到了与转动方向相反的作用力而无法运转。所以，转子受到的平均转矩为 0，无法起动。

（2）同步电动机的起动方法

同步电动机只有在定子旋转磁场与转子励磁磁场相对静止时，才能得到平均电磁转矩。常用的起动方法见表 5-10。

表 5-10　同步电动机的起动方法

名称	说明	备注
辅助电动机起动	通常选用和同步电动机极数相同的感应电动机（容量为主机的 5%～15%）作为辅助电动机。先用辅助电动机将主机拖到接近同步转速，然后用自整步法将其投入电网，再切断辅助电动机电源	这种方法只适用于空载起动，而且所需设备多，操作复杂
变频起动	此法实质上是改变定子旋转磁场转速利用同步转矩来起动。在起动开始时，转子加上励磁，定子电源的频率调得很低，然后逐步增加到额定频率，使转子的转速随着定子旋转磁场的转速而同步上升，直到额定转速	采用此法须有变频电源，而且励磁机与电动机必须是非同轴的，否则在最初转速很低时无法产生所需的励磁电压
异步起动	同步电动机多数在转子上装有类似于感应电动机的笼型起动绕组（即阻尼绕组）。起动时，利用转换开关先把励磁绕组接到约为励磁绕组电阻值 10 倍的附加电阻上，然后用感应电动机起动方法，将定子投入电网使之依靠异步转矩起动。当转速上升到接近同步转速时，利用转换开关将附加电阻脱开，而接通励磁电源，依靠同步电磁转矩将转子牵入同步，如右图所示	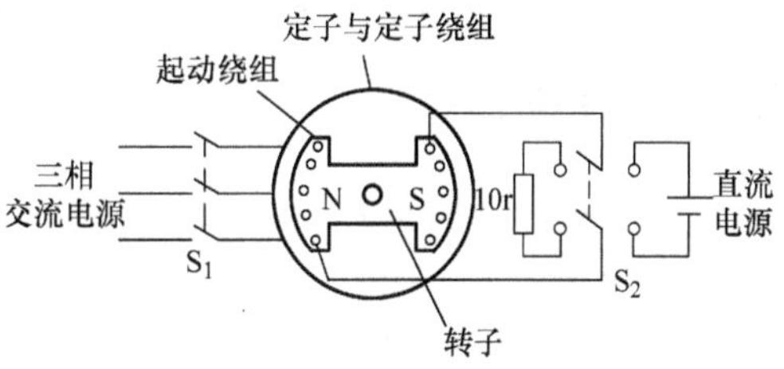 定子与定子绕组 起动绕组 三相 交流电源 S_1　10r　S_2　直流电源 转子

常用低压电器的原理和选用方法

本章导读

本章详细介绍了常用低压电器的实物外形、结构、工作原理、作用、应用场合及检测方法。学好了本章，可以为电动机的电气控制打下良好的基础。

学习目标

1）认识各种低压电器的实物外形及关键部位。

2）掌握常用低压电器的原理、电路符号、特点、作用、接入电路的方法。

3）掌握常用低压电器的检测方法。

学习方法建议

读者通过图文对照进行阅读，并联系自己在生产、生活中遇到的实物和实际问题，来理解、记忆常用低压电器的实物外形、电路符号，了解其基本结构，掌握其工作原理、作用和检测方法。

概述

低压电器是指工作在交流 1000V 及直流 1500V 以下电路中的电器。低压电器广泛用于输配电系统和电力拖动控制系统。按其作用和适用对象可分为低压配电电器和低压控制电器两大类。通过对本章的学习，可认识常用的各种低压电器的实物外形、结构、工作原理、作用、应用场合及检测方法，为学习电动机的电气控制打下良好的基础。

6.1 掌握常用低压配电电器的特点和选用方法

6.1.1 认识和选用常用熔断器

熔断器（俗称保险）主要用于低压配电网络和电力拖动系统的短路保护，是最简单最常用的一种安全保护器件。使用时，熔断器串联在被保护的电路中。熔断器的电路符号如图

6-1 所示。

1. 熔断器的基本结构

熔断器由熔体、熔管和底座组成。

FU

1）熔体。熔体由易熔金属材料铅、锡、锌、银、铜及其合金制成，通常做成丝状或片状。当通过的电流增大到一定程度时，熔体会熔化。熔 图6-1 熔断器体一般比较纤细柔软，有良好的耐热性和阻燃性。某熔体如图6-2所示。 符号

a) 丝状熔体(熔丝)

b)玻璃管内的片状熔体

图6-2 典型熔体

2）熔管。熔管是熔体的保护外壳，用耐热绝缘材料制成，在熔体熔断时具有灭弧作用。

3）底座。底座用瓷、玻璃或硬质纤维制成，用于固定熔体和外接引线。

4）灭弧材料。电力电路及大功率设备使用的熔断器，还具有灭弧装置。因为这类电路不仅工作电流较大，而且当熔体熔断时其两端的电压也较高，熔体的两个电极之间会产生电弧。电弧是一种气体放电现象，即触头间气体在强电场作用下发生电离现象，产生呈游离状态的正、负离子，使气体由绝缘状态转变为导电状态，并伴有高温、强光。电弧的危害很大，由于熔断时产生了电弧，可使电路仍然保持导通状态，延迟了电路的断开。电弧的温度也很高，很容易损坏电气元件或导线。灭弧材料必须有很强的绝缘性与很好的导热性。石英砂是常用的灭弧材料。

★提醒：有些熔断器具有熔断指示标志，作用是当熔断器动作（熔断）后，其本身发生一定的外观变化，易于被维修人员发现，例如，变色、弹出固体、指示灯变亮等。

2. 熔断器的工作原理

使用时，熔断器应串联在被保护的电路中。在正常情况下，熔断器的熔体相当于一段导线，而当电路发生短路或严重过载故障时，电流迅速增大。当电流超过熔体的额定电流时，熔体熔断，切断了电路，起到保护线路和电气设备的作用。

熔体的熔点一般在200~300℃左右，熔体熔断时间与熔体的额定电流 I_e 的关系详见表6-1。

表6-1 熔体熔断时间

熔断电流	$1.25 \sim 1.3 I_e$	$1.6 I_e$	$2 I_e$	$3 I_e$	$4 I_e$	$8 \sim 10 I_e$
熔断时间	不会熔化	1h	40s	4.5s	2.5s	瞬时

3. 熔断器的主要参数

1）额定电压：指熔断器长期工作时所能够耐受的电压，一般等于或大于电气设备的额

定电压。

2）额定电流：指在长期工作的条件下，熔断器各部件温升不超过规定值、熔体能长期流过而不被熔断的电流。熔体额定电流不能大于熔断器额定电流。

3）极限分断能力（分断电流）：当电路出现故障时，熔断器能可靠分断的最大短路电流。当电路通过的电流高于熔断器极限分断能力时，熔断器熔断时不能可靠地熄灭电弧，这样，熔断体虽已熔断，但电弧起到了短接熔断器的作用，容易损坏电气元件，甚至使导线燃烧。

4. 熔断器的型号及含义

1）常用低压熔断器的型号及含义如图6-3所示。

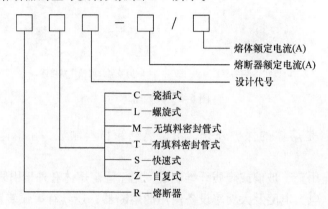

图6-3　常用低压熔断器的型号及含义

2）示例。某熔断器的型号及型号解释如图6-4所示。

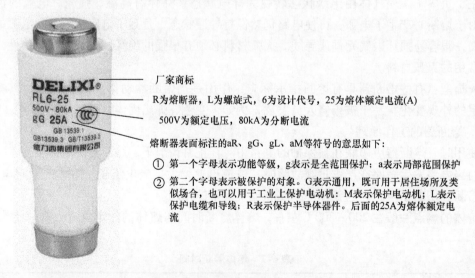

图6-4　熔断器型号的含义

说明：全范围保护是指熔断器对于被保护回路的过负荷、过电流以及短路电流都能进行保护。如果只对短路电流进行保护，或者只对短路和过电流进行保护，而过负荷需要另设保护装置进行保护，那就是局部范围保护。

5. 常见熔断器的类别

常见的熔断器有插入式、螺旋式、有填料式 、无填料式、快速熔断式等几种。下面分别介绍。

（1）插入式熔断器（RC）

插入式熔断器详见表6-2。

表6-2　插入式熔断器

概述	图示	特点及应用场合
插入式熔断器（又称瓷插式熔断器），指熔体靠导电插件插入底座的熔断器	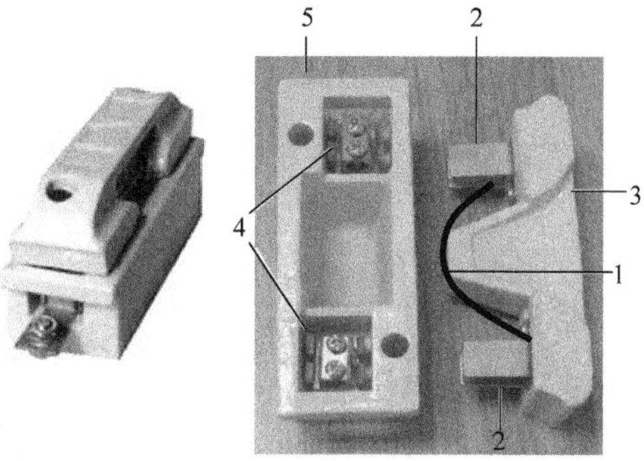 5　2 4 1 2 1—熔体　2—动触头　3—瓷盖　4—静触头（通过这两个静触头上的接线柱可将熔断器串入电路）　5—瓷座	由电阻率比较大而熔点较低的铅锑合金制成的熔体（熔丝） 插入式熔断器结构简单，价格低廉，更换方便，使用时将瓷盖插入瓷座。拔下瓷盖后可更换熔丝 广泛用于额定电压为380V及以下、额定电流为5～200A的照明电路和小容量电动机的短路保护

（2）螺旋式熔断器（RL）

1）螺旋式熔断器的实物外形、特点及应用场合详见表6-3。

表6-3　螺旋式熔断器

概述	图示	特点及应用场合
底座、中部的护圈、顶盖通过螺纹连接，所以叫螺旋式熔断器	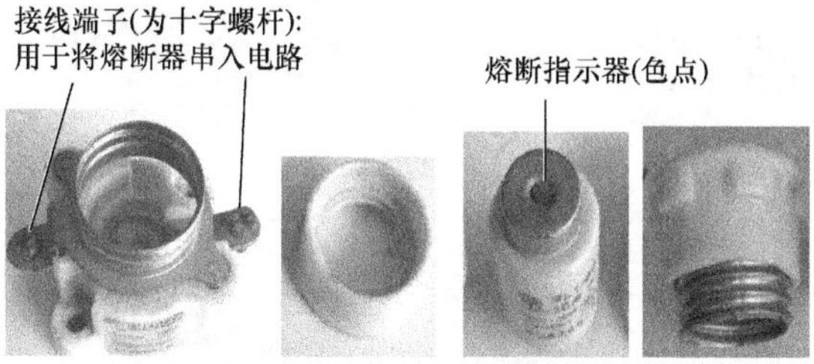 接线端子(为十字螺杆):用于将熔断器串入电路　熔断指示器(色点) a) 底座　b) 护圈(瓷材料)　c) 熔体　d) 顶盖 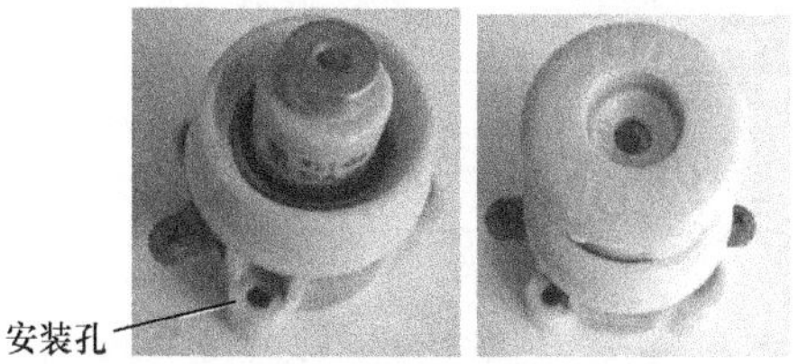 安装孔 e)　f) 结构介绍： 将瓷材料护圈（见图b）顺时针旋在底座（见图a）螺纹上，再将螺旋式熔体（见图c）放入底座和护圈内（见图e），再将顶盖（见图d）顺时针旋上，则构成了螺旋式熔断器整体（见图f） 共有两个安装孔，呈对角分布	在熔体管内装有石英砂，熔体埋于其中，熔体熔断时，电弧喷向石英砂及其缝隙，可迅速降温而熄灭 为了便于监视，熔断器一端装有色点，不同的颜色表示不同的熔体电流，熔体熔断时，色点跳出，表示熔体已熔断 熔体熔断后，只要旋开顶盖，取出已熔断的熔体，装上相同规格的熔体，再旋入顶盖即可，操作安全方便 螺旋式熔断器额定电流为5～200A，主要用于短路电流较大的分支电路或有易燃气体的场所，如控制箱、配电屏、机床设备及振动较大的场合

2）螺旋式熔断器常见类型。螺旋式熔断器的常见类型有 RL1 系列、RL6 系列等，它们的参数不同，详见表 6-4。

表 6-4 螺旋式熔断器的常见类型和参数

型号	底座额定电流/A	配用熔体的额定电流/A	额定电压/V	极限分断能力/kA
RL1－15	15	2，4，5，6，10，15		
RL1－60	60	20，25，30，35，40，50，60		
RL1－100	100	60，80，100	380	50
RL1－200	200	120，150，200		
RL6－25	25	2，4，5，6，10，16，20，25	500	80
RL6－63	63	35，50，63		

（3）有填料密封管式熔断器（RT、NT）

有填料密封管式熔断器的灭弧性能很好，用于分断电流较大或者有燃气的场所的短路或过载保护。密封管有方形和圆柱形两种。

1）有填料方形瓷管密封式熔断器。这种熔体是在两片网状紫铜片之间用锡桥连接而成，如图 6-5a 所示，熔体密封在高强度的瓷管内，管内充满了用于灭弧的石英砂。熔体的整体，如图 6-5b 所示。底座是用于支撑熔断器，由耐高温树脂底板或高强度瓷底板、楔形静触头组合而成，如图 6-5c 所示。熔体管装在底座上时，刀形动触头与楔形静触头紧密结合，如图 6-5d 所示。

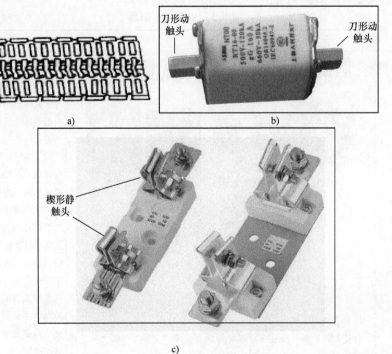

图 6-5 有填料方形管密封式熔断器

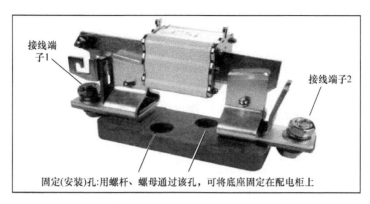

接线端子1

接线端子2

固定(安装)孔:用螺杆、螺母通过该孔,可将底座固定在配电柜上

d)

图6-5　有填料方形管密封式熔断器(续)

常见的有填料密封管式(方形管)熔断器有 RT0 系列和 RT16 系列。

RT0 系列适用于交流 50Hz,额定电压交流 380V,额定电流有多种,最大为 1000A,额定分断能力为 50kA 以内。

RT16 系列适用于交流 50Hz,额定电压交流 500V、600V、380V 几种,额定电流也有多种,最大为 1250A。

2)有填料圆柱形瓷管密封式熔断器。这类熔断器的额定电流和分断电流都小于方形瓷管类,常见产品有 RT14、RT15、RT12、RT18、RT19 系列。其图示和适用范围详见表 6-5。

表6-5　有填料圆柱形瓷管密封式熔断器的适用范围和安装方式

名称	安装方式	适用范围
RT14	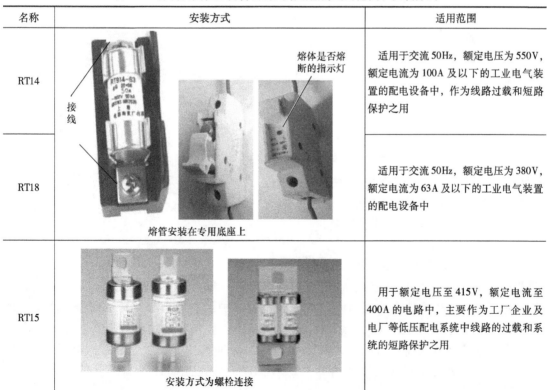 接线 熔体是否熔断的指示灯	适用于交流 50Hz,额定电压为 550V,额定电流为 100A 及以下的工业电气装置的配电设备中,作为线路过载和短路保护之用
RT18	熔管安装在专用底座上	适用于交流 50Hz,额定电压为 380V,额定电流为 63A 及以下的工业电气装置的配电设备中
RT15	安装方式为螺栓连接	用于额定电压至 415V,额定电流至 400A 的电路中,主要作为工厂企业及电厂等低压配电系统中线路的过载和系统的短路保护之用

（4）快速熔断器（RS）

1）熔体特点。普通熔体的熔丝是具有一定几何形状的金属丝，而快速熔断器的熔丝除了具有一定形状外，还在熔丝上设置了某种材质的焊点，使熔丝在过载情况下迅速断开。

2）功能特点。普通熔断器在适当的过载情况下不会立即断开，而是延时一段时间才断开（实际电流超过额定电流的值越大，则延时熔断时间就越短，反之则延时熔断时间越长）。而快速熔断器的显著特点是"快"，即灵敏度高，当电路电流一过载，熔丝的焊点迅速发热，迅速断开。

3）实物外形。快速熔断器有填料。快速熔断器主要用来保护半导体功率器件（因为这些器件的过载能力较差），上面一般有一个二极管的标识"—▷|—"，如图6-6所示。

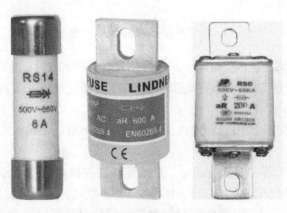

图6-6　快速熔断器（示例）

6. 熔断器的检测

（1）目测

观察熔体是否有明显的烧焦、炸裂，底座是否有明显的变形、接触不良，若有，应更换。

（2）用万用表检测

在断电的状态，用万用表测熔断器两接线柱之间（见图6-7a）的电阻。阻值为0，说明是好的。若阻值为∞，则需将熔体拆下，再测熔体（见图6-7b）两端的电阻值，若阻值为0，说明是好的，阻值为∞，说明已烧毁。

7. 熔断器的选用

1）选择熔断器的类型。熔断器主要根据负载的情况和电路断路电流的大小来选择类

图6-7　熔断器的检测点（示例）

型。例如，对于容量较小的照明线路或电动机的保护，宜采用RC1A系列插入式熔断器或RM10系列无填料密封管式熔断器，即能满足保护要求，成本也较低；对于短路电流较大的电路或有易燃气体的场合，宜采用具有高分断能力RL系列螺旋式熔断器或RT（包括NT）系列有填料封封管式熔断器；对于保护硅整流器件及晶闸管的场合，应采用快速熔断器。

2）选择熔断器的额定电压。额定电压应大于或等于线路的额定电压。

3）在配电系统中，各级熔断器应相互匹配，一般上一级熔体的额定电流要比下一级熔体的额定电流大 2～3 倍。

4）对于保护电动机的熔断器，应注意电动机起动电流的影响，熔断器一般只作为电动机的短路保护，过载保护应采用热继电器。

5）熔断器的额定电流应不小于熔体的额定电流；额定分断能力应大于电路中可能出现的最大短路电流。额定电流选择如下（用 I_{FN} 表示熔体的额定电流）：

① 对照明，电炉等电阻性负载：

$$I_{FN} \geq I_N$$

式中，I_N 为负载的额定电流。

② 对不频繁起动的单台电动机：

$$I_{FN} = (1.5 \sim 2.5)I_N$$

对于频繁起动的单台电动机：

$$I_{FN} = (2.3 \sim 3.1)I_N$$

式中，I_N 为负载的额定电流。

③ 对于多台电动机：

$$I_{FN} = (1.5 \sim 2.5)I_{Nmax} + \sum I_N$$

式中，I_{Nmax} 为最大的一台电动机的额定电流；$\sum I_N$ 为其余电动机的额定电流的总和。

6.1.2　认识和选用刀开关

1. 概述

刀开关分为高压刀开关和低压刀开关两大类。本节介绍低压刀开关。

（1）刀开关的基本结构

刀开关由底座、静触片、静触片接线柱、动触片（刀片）、动触片接线柱、灭弧罩等构成，如图 6-8 所示。

图 6-8 中各编号的含义：1—静触片；2—静触片接线柱，接电源进线；3—动触片（刀片），它与静触片结合时，接通（闭合）给负载供电的电源，如图 6-8b 所示，与静触片分离（分断）时，切断电源，如图 6-8a 所示；4—动触片接线柱，用于连接熔丝；5—用于连接电源出线（至负载）；6—手柄，向下拉可使动触片与静触片分离，切断电路，向上推可使动触片与静触片结合，闭合电路。

（2）刀开关的型号

刀开关的型号的含义如图 6-9 所示。

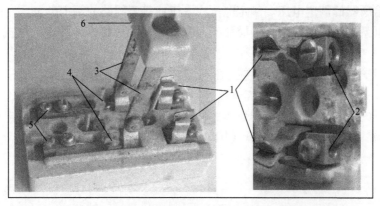

a) 动、静触片分离

b) 动、静触片闭合

图6-8　刀开关的结构

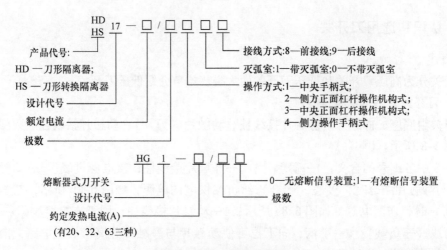

图6-9　刀开关的型号的含义

说明：极数是指刀开关能切断和闭合的导线的根数。HD为单掷刀开关，有一组电源进线接线柱和一组电源出线接线柱，例如，图6-8所示的刀开关为2极、单掷。HS为双掷刀开关，有一组电源进线接线柱和两组电源出线接线柱，用于双电源或双供电线路的转换。

（3）刀开关的分类和作用

刀开关的分类和作用详见表6-6。

表6-6 刀开关的分类和作用

项目	内容	说明
刀开关的分类	按刀的级数分	单极、双极和三极
	按灭弧装置分	带灭弧装置和不带灭弧装置
	按刀的转换方向分	单掷和双掷
	按操作方式分	手柄操作和远距离联杆操作
	按有无熔断器分	带熔断器和不带熔断器
刀开关的基本作用	隔离开关	隔离电源的开关称作隔离开关。电气设备进行维修、安装时，需要切断电源，使维修部分与带电部分脱离，并保持有效的隔离距离。隔离开关一般属于空载时进行接通、断开的电器。刀开关常用作隔离开关
	负荷开关	在正常的导电回路条件或规定的过载条件下闭合、承载和断开电流，也能在异常的导电回路条件（例如短路）下按规定的时间承载电流的开关设备。负荷开关带有灭弧装置 刀开关可以用作负荷开关，可用于直接控制5.5kW以下不频繁起动的电动机的起动或停止（对于5.5kW以上的电动机或其他负荷，刀开关只能作为隔离开关）。刀开关不能实现自动分断和远距离控制

2. 常用刀开关

（1）带熔丝式刀开关

带熔丝式刀开关常用作隔离开关，也可用作负荷开关，带有电路短路保护作用（因为刀开关串有熔丝）。实物外形及在电路图中的图形符号如图6-10所示。图中的虚线表示联动，（同时闭合、同时断开）。

a) 双极　　　　　　b) 三极　　　　　c) 电路图形符号

图6-10 带熔丝（熔断器）式刀开关

（2）不带熔断器式刀开关

不带熔断器式刀开关也叫单投刀开关，常用于不频繁地手动接通、断开电路和隔离电源用，无短路保护功能，如图6-11所示。

（3）熔断器式刀开关

刀开关和熔断器串联组合成一个单元，称为熔断器式刀开关。

刀开关的可动部分（动触头）由带熔体的载熔件组成。增装了辅助元件如操作杠杆、弹簧等，可

a) 实物外形　　　　b) 电路图形符号

图6-11 不带熔断器式刀开关

组合为负荷开关。负荷开关具有在非故障条件下，接通或分断负荷电流的能力和一定的短路保护功能。其实物外形如图 6-12 所示。

a) 实物外形   b) 电路图形符号

图 6-12 熔断器式刀开关

3. 刀开关的安装、选用及维护（见表 6-7）

表 6-7 刀开关的安装、选用及维护

科目	关键词	说明
选用	宁大勿小	刀开关的额定电流应不小于负载额定电流，额定电压应不小于负载额定电压。额定电流可参考下列公式计算： 在单相照明电路中：$P = UI$ 在单相动力电路中：$P = 0.8UI$ 在三相动力电路中：$P = 1.732UI \times 0.8$ 比如某用户使用 220V 单相交流电，最大功率为 5kW，则该用户的最大电流约为 25A，可选用额定电压 220/380V、额定电流 30/60A 的刀开关。 控制电动机时，所选刀开关额定电流应为电动机额定电流的 2～3 倍
安装	上静下动 上进下出	静触头在上、动触头（刀片）在下。电源从静触头进，从动触头出，这样可以保证开关不会在重力的作用下误动作，同时电路分断时刀片和熔断器不带电
操作	果断迅速	拉闸与合闸时动作要果断迅速，如果动作过慢，不能迅速灭弧，有可能会造成对操作者的伤害。拉闸时要让动触头快速远离静触头
检测维护		运行前应检查刀开关连接点是否有松动，防止接触不良而产生触头电阻，刀片合上时应处于两个静触头的中心位置以保证接触紧密，熔断器的熔丝必须压紧

4. 灭弧装置

电弧是在两触头之间分断或接通时，它们的空气在强电场作用下产生的导电现象，其危害：一是发光发热造成触头灼伤和氧化，二是使电路不能及时分断。所有的低压电器设备在分断电路时，或多或少都会产生电弧。

为了保护触头不被烧坏，分断较大电流的低压电器都必须设置灭弧装置，灭弧的方式很多，一般都是应用电磁力将电弧推向灭弧罩内，采用机械隔断和物理降温，使电弧熄灭。

6.1.3 认识和选用断路器

1. 断路器的功能和分类

断路器的功能、应用和分类详见表 6-8。

表6-8　断路器的功能、应用和分类

类别	内容	说明
概述	断路器是能够闭合、承载和断开正常回路条件下的电流，并能闭合、在规定的时间内承载和断开异常回路条件（包括短路条件）下的电流的开关装置	三相断路器的一相出现故障时另两相会同时动作（称为联动）
功能	相当于熔断器式开关与过热继电器等的组合	在分断故障电流后一般不需要变更零部件
应用	① 断路器可用来分配电能（即使一个主干电路分为若干个支路） ② 不频繁地起动电动机，对电源线路及电动机等实行保护	断路器的闭合由人工手动完成，分断一般也由人工手动完成，但当电路出现短路、过载、失电压、欠电压或漏电时会自动分断
分类	① 按照控制的负载使用的电源（交流或直流）分为交流断路器和直流断路器 ② 按使用电压分为低压断路器和高压断路器。前者的交流额定电压不大于1200V或直流额定电压不大于1500V。后者的额定电压在3000V及以上 ③ 按断路器灭弧介质分为油断路器、压缩空气断路器、真空断路器、磁吹断路器、空气断路器等	断路器品种繁多，其适用条件和场所、灭弧原理各不相同，结构上也有较大差异，分类有多种方式

2. 空气断路器的简介

（1）空气断路器的特点、功能和分类（见表6-9）

表6-9　空气断路器的特点、功能和分类

名称	内容
概述	空气断路器是以空气为介质的断路器，是低压配电电路中的一种重要的保护电器，主要用于保护交流500V或直流400V以下的低压配电网，也是电力拖动系统中常用的一种配电电器
功能	相当于刀开关、过电流继电器、失电压继电器、热继电器及漏电保护器等电器部分或全部的功能总和，是低压配电网中一种重要的保护电器
特点	空气断路器具有操作安全、安装使用方便、工作可靠、动作值可调、分断能力高、兼顾多种保护、动作后不需更换元件等优点，所以目前被广泛应用
分类	按极数分：单极、两极和三极 按保护形式分：电磁脱扣式、热脱扣器式、复合脱扣器式（常用）和无脱扣器式 按全分断时间分：一般式和快速式。快速式先于脱扣机构动作，脱扣时间在0.02s以内 按结构型式分：塑壳式、框架式、限流式、直流快速式、灭磁式和漏电保护式。电力拖动与自动控制线路中常用的断路器为塑壳式

（2）空气断路器的型号

不同厂家的空气断路器的型号有所不同，但都包含极数、额定电压、额定电流、瞬时脱扣电流等主要参数。常见空气断路器的型号（示例）及参数解释如图6-13所示。

注：空气断路器的极限分断能力和熔断器的极限分断能力是相同的概念，当短路电流超

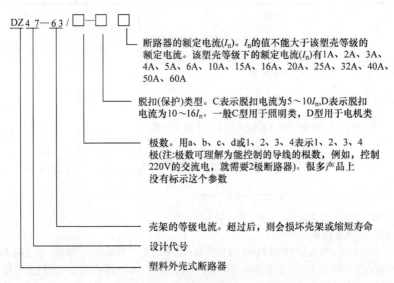

图6-13 常见空气断路器的型号（示例）

过该值时，空气断路器会失去分断能力，也就不具备保护能力了。极限分断能力一般也标明在空气断路器的铭牌上。例如，某空气断路器的铭牌及参数如图6-14所示。

图6-14 空气断路器铭牌及参数（示例）

（3）常见空气断路器的实物外形和开关作用

1）常见的空气断路器有单极、二极、三极和四极，它们的实物外形和电路符号如图6-15所示。

2）空气断路器的开关作用。以四极为例，将手柄向上推（合上）时，接线柱1与2、3与4、5与6、7与8都分别接通，当将手柄向下推（断开）时，1与2、3与4、5与6、7与8都分别断开。

（4）空气断路器的工作原理

空气断路器具有短路分断、过载分断和失电压（或欠电压）分断的功能，其内部结构原理图及工作原理详见表6-10。

a) 单极(用于单根导线的控制)

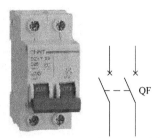

b) 双极(用于一根相线和一根零线的控制)

c) 三极(用于三根相线的控制)

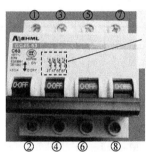

d) 四极(用于三根相线和一根零线的控制)

图 6-15　空气断路器的实物外形和电路符号

表 6-10　空气断路器的工作原理

科目	内容
结构示意图	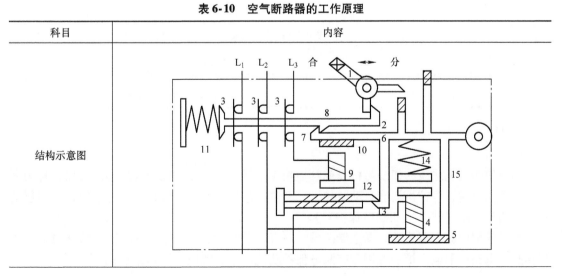

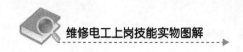

（续）

科目	内容
合闸	如图所示，将分合手柄 1 推向合（ON），带动触头连杆 2，与触头连杆 2 相连的三块动触片 3 接通主电路，同时失电压脱扣器线圈 4 得电，吸引衔铁 5，带动脱扣器连杆 6，扣 7 与扣 8 相扣自锁，主电路接通
短路脱扣器的工作原理	当电路短路时，短路脱扣器线圈 9 产生较大的磁力，吸引衔铁 10，带动扣 7 与扣 8 脱扣，复位弹簧 11 带动主触头分断主电路。断路器从收到短路信号到脱扣器推动扣 7、扣 8 的挂钩动作，用时在 0.01s 左右，整个电路能得到有效的保护
热脱扣器的工作原理	当电路过载时，过载电流使绕在由铜片和镍铬合金片铆接而成的双金属片 13 上的电阻丝发热，由于不同的金属热膨胀系数不同，双金属片因为受热而向镍铬合金片一侧弯曲，推动扣 13，使扣 7 与扣 8 脱扣，主电路分断。只有较长时间的过载电流才会分断，因此过载保护不能代替短路保护
失电压脱扣器的工作原理	停电或电压不足时，失电压脱扣器线圈 4 的磁力减小，复位弹簧 14 带动脱扣器连杆 15，使扣 7 与扣 8 脱扣，主电路分断

（5）空气断路器的选用、维护和检测（见表 6-11）

表 6-11　空气断路器的选用、维护和检测

科目	关键词	说明
额定电压和额定电流的选择	不小于负荷的额定电压和最大电流	① 三相负荷的额定电流可根据以下公式计算： $$P = 1.732UI\cos\varphi$$ ② 单相负载额定电流中按以下公式计算： $$P = UI\cos\varphi$$ 以上两式中 P、U、I、$\cos\varphi$ 分别为额定功率（W）、额定电压（V）、额定电流（A）、功率因数。关于 $\cos\varphi$，阻性负载可取 1，感性负载可取 0.7～0.85 之间。电动机为感性负载 保护性断路器的选择应根据负载电流来选取，一般来说，保护性断路器的容量比负载电流大 20%～30% 为宜
试验	经常试验	运行前应先按下试验按钮（又称为手动脱扣器按钮），检查其是否能正常脱扣。一般每 1 个月试验 1 次
常见故障	触头氧化或烧蚀	防止触头氧化而造成接触不良，对于灭弧装置损坏或触头损坏的空气断路器必须及时更换
检测		当合上断路器时，对应该接通的接线柱，用万用表测它们之间的电阻，若阻值为 0，为正常，否则说明触头接触不良。当断路器断开时，测各接线柱之间的电阻，阻值均应为∞，否则，说明触头有粘连现象

3. 漏电断路器

（1）概述

用户使用的电源线的相线与机壳或其他物体接触，会造成相线与大地形成回路，称为漏电。发生漏电后，保护机构能自动脱扣、分断电路的功能叫漏电保护，具有漏电保护功能的断路器叫漏电断路器（也叫漏电保护器）。

常见的漏电断路器为单相漏电断路器（一相一零，两进两出，共有四个接线柱）。对于三相交流电路的漏电保护一般用含有漏电保护功能的三相漏电断路器来实现。

漏电保护器的主要参数有：额定电压（U_e）、额定电流（I_n）、额定漏电动作电流（也叫额定剩余动作电流，很多新产品用 $I\Delta_n$ 表示）、分断时间（用 T 表示）等。

（2）三相漏电断路器的简介

1）三相漏电断路器的工作原理如图 6-16 所示。

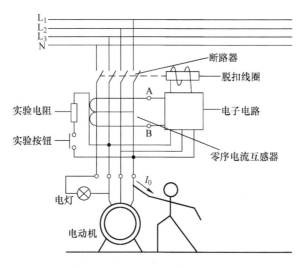

图 6-16　三相漏电断路器的工作原理

在被保护电路没有发生漏电时，不管三相负载是否平衡，同一时刻通过零序电流互感器（原理和一般电流互感器一样）的 4 根线（即互感器一次侧）的电流的相量和等于 0，二次侧两端即 A、B 两点之间不产生感应电动势，漏电断路器不会动作，维持正常供电。

当被保护电路发生漏电或有人触电时，通过零序电流互感器一次侧的电流的相量和不再为 0，即产生了漏电电流，则二次侧两端之间有感应电动势产生，该电动势经电子电路放大后，加在脱扣线圈上，线圈产生吸力，驱动断路器跳闸，断开电路。

2）常见的三相漏电断路器的种类、特点详见表 6-12。

表 6-12　常见的三相漏电断路器的种类、特点

类型	图示	说明
3P 型（三极）		有三个进线、三个出线接线柱 适用于三相三线配电系统，或要求负载必须保持平衡运行的三相四线系统中，可作为对电机的三相平衡保护 不能作为照明系统（包括其他任何可能存在三相不平衡现象的系统）的总开关，因为照明系统肯定存在三相负载不平衡的情况，使用这类产品会导致一接入负载就跳闸

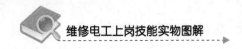

（续）

类型	图示	说明
3P + N 型（N 为零线）	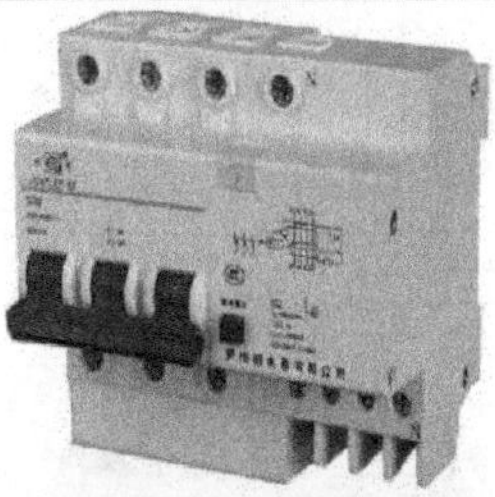	进、出接线柱各有八个，三个接相线，一个接零线 适用于三相四线系统，作为照明配电的总开关，或作为三相四线负载的保护开关，可在三相负载不平衡的系统中工作 不带零线保护，即断路器动作后，不能切断零线
4P 型（四极）	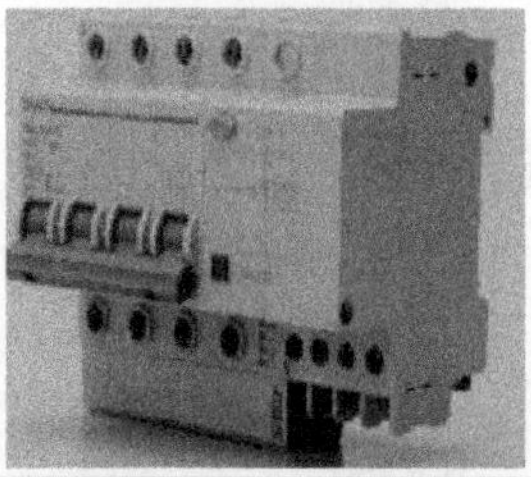	进、出接线柱各有八个，三个接相线，一个接零线 适用于三相四线系统，作为照明配电的总开关，或作为三相四线负载的保护开关，可在三相负载不平衡的系统中工作 断路器动作后，也切断了零线

6.2 掌握常用低压控制电器的特点和选用方法

6.2.1 认识和选用交流接触器

1. 交流接触器的概述

交流接触器的概述详见表6-13。

表 6-13 交流接触器的概述

项目	概述	补充说明
接触器	接触器是利用电磁铁的电磁力来接通或分断大电流电路的一种低压电器，实现小电流控制大电流。可用于频繁地接通和分断较大负载	可分为交流接触器和直流接触器两类
交流接触器	如果所用的电磁铁是交流电磁铁，称为交流接触器，如果所用的电磁铁是直流电磁铁，称为直流接触器 交流接触器的电磁铁用交流电为线圈供电，直流接触器的电磁铁只能用直流电给线圈供电。两者分别用于控制交流电路的通断或者直流电路的通断	交流接触器主要由触头系统、电磁系统、灭弧系统等构成。在机床电气自动控制中用它频繁地接通和切断交流电路，具有停电保护和低电压释放保护性能，控制容量大，能远距离控制等
交流接触器的触头（有两类）	主触头：串接在电动机的主电路中，通过的电流较大	每一对触头都有常开和常闭两种状态 常开触头：在自然状态（指线圈未加上电压并且没有人工按压动触衔铁）处于断开状态的一对触头
	辅助触头：串接在控制电路中，通过的电流较小	常闭触头：在自然状态处于闭合状态的一对触头
交流接触器的型号	交流接触器产品型号规格繁多，不同的型号有不同的含义，但一般来说，型号包含接触器代号、设计序号、在 AC - 3 使用类别（即笼形电动机的起动、运行和中断）采用额定工作电压380V下的额定工作电流值、常开辅助触头数、常闭辅助触头数等	例如 "CJX1 - 16/22" 的含义为：C 表示接触器，J 表示交流，X 表示小型，1 为设计序号，16 表示额定工作电流，第一个 "2" 表示常开（NO）辅助触头有 2 对，第二个 "2" 表示常闭（NC）辅助触头有 2 对

2. 只有主触头的交流接触器的结构和控制原理

只有主触头的这一类交流接触器有单极、双极和三极这三种，常用于对电动机的控制较简单的场合，如控制制冷设备的压缩机等。

1) 控制单相供电的交流接触器为双极型，如图 6-17 所示。

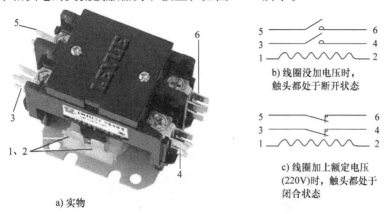

图 6-17　双极型交流接触器

控制原理：线圈没加电压时，3、4 之间、5、6 之间处于断开状态，线圈加上额定电压后，线圈产生磁力，衔铁被吸引而动作，3、4 之间、5、6 之间都处于闭合状态。双极型用于同时控制相线和零线的通、断。

2) 控制三相供电的交流接触器为三极型，如图 6-18 所示。

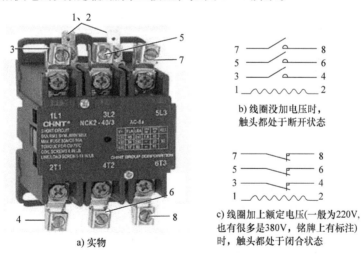

图 6-18　三极型交流接触器

三极型交流接触器的工作原理与双极型交流接触器完全一样。线圈 1、2 没加电压时，3、4 之间、5、6 之间、7、8 之间处于断开状态，线圈加上额定电压后，线圈产生磁力，衔铁被吸引而动作，使 3、4 之间、5、6 之间、7、8 之间都处于闭合状态。三极型用于同时控制三根相线的通、断（具体的电磁原理详见本章表 6-14）。

3. 既有主触头也有辅助触头的交流接触器的结构和工作原理

（1）既有主触头也有辅助触头的交流接触器的结构和控制（动作）的实质

这类交流接触器一般具有3～5对能承受较大的电流的主触头、2对或2对以上常开辅助触头和2对常闭辅助触头（注：辅助触头用于控制本接触器或其他接触器的线圈的通电或失电，通过的电流较小），常用于电流较小的控制电路。常见交流接触器实物外形、控制原理和电路符号如图6-19所示。

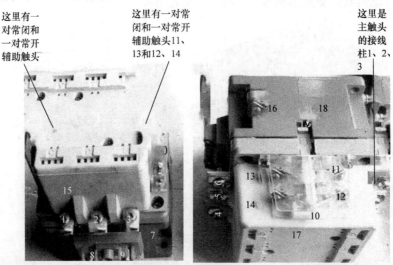

1、2、3、4、5、6为三对主触头的接线柱，7为安装固定孔(共4个)8、9为线圈电源输入接线柱，10为辅助触头的护盖，12、14为一对常闭触头的接线柱，11、13为一对常开触头的接线柱，16为底座，15、17为灭弧罩，18为试验按钮

a) 实物外形(不同的侧面)

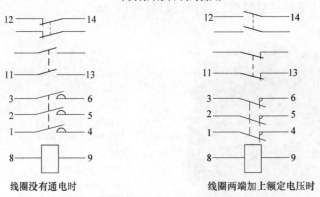

线圈没有通电时　　　　　　　　　　线圈两端加上额定电压时

b) 触头动作原理图(注:编号与图a是一致的)

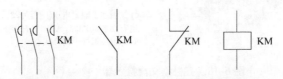

主触头　　　常开辅助触头　常闭辅助触头　线圈

c) 电路符号(注: 主触头、辅助触头、线圈根据需要可以绘制在电路中的不同地方)

图6-19　交流接触器的实物外形、控制原理和电路符号

控制（动作）的实质：图6-19b中，线圈未加电压时，每一对常开触头（包括主触头）的接线柱都处于断开状态（如1与4、2与5、3与6、11与13），每一对常闭触头的接线柱（如12与14）都处于接通状态。当给线圈加上电压时，每一对常开触头的接线柱都变为处

于接通状态，并且每一对常闭触头的接线柱都变为处于断开状态。

（2）既有主触头也有辅助触头的交流接触器的工作原理

1）电磁系统的工作原理见表6-14。

表6-14 交流接触器电磁系统工作原理

科目	图示或说明
交流接触器电磁系统工作原理	电磁系统由底座、静衔铁（静铁心）、线圈、复位弹簧、动衔铁（动铁心）、短路铜环等构成。线圈是交流接触器的唯一耗能元件，电阻在50～1500Ω左右、功率在几十瓦到几百瓦之间。线圈两端加相应的电压（380V和220V两种）后产生的电磁力吸合动衔铁，与动衔铁连接在一起的触头系统动作，从而达到操作触头系统的目的 交流接触器的静铁心上必须置有1～2个短路铜环，如果没有短路铜环，当交流电流为零的瞬间，动衔铁会在复位弹簧的作用下短时间离开静衔铁而产生振动和噪声 交流接触器的电磁系统与电磁铁的区别是电磁铁没有动铁心
交流接触器电磁系统工作原理示意图	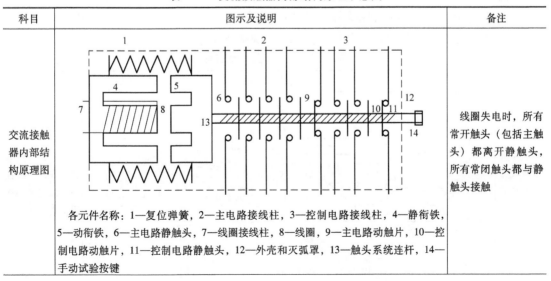

2）触头系统工作原理如下：

① 触头的动作过程：电磁铁线圈得电后吸引动衔铁，动衔铁带动触头系统动作，常闭辅助触头先断开，紧接着主触头和常开辅助触头闭合；电磁线圈失电后在复位弹簧的作用下，动衔铁复位，即主触头和常开辅助触头先断开，紧接着常闭辅助触头闭合，见表6-15。

表6-15 交流接触器内部结构原理示意图

科目	图示及说明	备注
交流接触器内部结构原理图	各元件名称：1—复位弹簧，2—主电路接线柱，3—控制电路接线柱，4—静衔铁，5—动衔铁，6—主电路静触头，7—线圈接线柱，8—线圈，9—主电路动触片，10—控制电路动触片，11—控制电路静触头，12—外壳和灭弧罩，13—触头系统连杆，14—手动试验按键	线圈失电时，所有常开触头（包括主触头）都离开静触头，所有常闭触头都与静触头接触

155

（续）

科目	图示及说明	备注
交流接触器线圈得电动作后内部动触片位置变化示意图	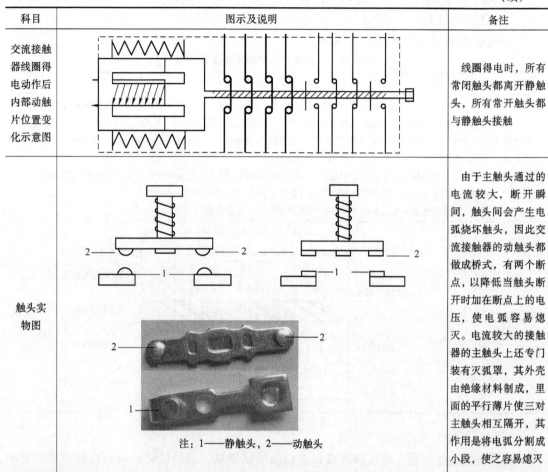	线圈得电时，所有常闭触头都离开静触头，所有常开触头都与静触头接触
触头实物图	注：1——静触头，2——动触头	由于主触头通过的电流较大，断开瞬间，触头间会产生电弧烧坏触头，因此交流接触器的动触头都做成桥式，有两个断点，以降低当触头断开时加在断点上的电压，使电弧容易熄灭。电流较大的接触器的主触头上还专门装有灭弧罩，其外壳由绝缘材料制成，里面的平行薄片使三对主触头相互隔开，其作用是将电弧分割成小段，使之容易熄灭

② 灭弧原理：流过交流接触器主触头的电流很大，分断时必须灭弧。一般采用双断头桥式动触片磁吹灭弧，同时所有触头接触面上镶嵌银片，减小触头电阻，因为黑色的氧化银仍有很好的导电性能。对于分断电流大于 10A 的交流接触器除了采用双断头桥式动触片磁吹灭弧以外，还要加装灭弧栅，并加装灭弧罩，见表 6-16。

表 6-16　灭弧装置示意图表

科目	图示	备注
双断头桥式磁吹灭弧原理示意图	银片　动触片　磁场　电弧　电弧受力方向　静触片　电流方向	用电磁力把电弧挪开，保护触头不被烧坏，然后将电弧拉断

（续）

科目	图示	备注
双断头桥式磁吹灭弧加装灭弧栅原理示意图	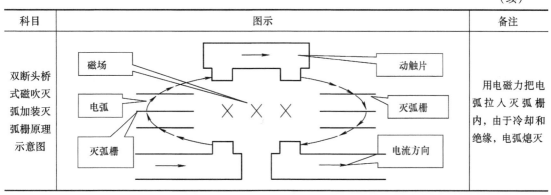	用电磁力把电弧拉入灭弧栅内，由于冷却和绝缘，电弧熄灭

4. 交流接触器的选择

所选交流接触器的额定电压必须大于或等于负荷额定电压，所选交流接触器额定电流必须大于负荷额定电流（电动机的起动电流是额定电流的 4～7 倍，根据起动情况做适当选择）。交流接触器线圈的额定电压有 220V 和 380V 等几种，加上线圈上的电压必须为额定电压。

选择交流接触器时，要注意其额定电压、额定电流、线圈电压、额定操作频率、动作值等，见表 6-17。

表 6-17　交流接触器的选择

科目	说明
额定电压	指触头额定电压，交流有 220V、380V 和 660V，在特殊场合下，有触头电压高达 1140V 的交流接触器，直流主要有 110V、220V 和 440V 等
额定电流	指主触头的额定工作电流
线圈电压	指吸合线圈的额定工作电压，交流有 36V、127V、220V 和 380V，直流有 24V、48V、220V 和 440V 等，注意线圈电压与触头工作电压不一定相同
额定操作频率	指每小时允许操作次数，有 300 次/h、600 次/h、1200 次/h 等
动作值	指吸合电压和释放电压，规定加在接触器线圈上的电压大于线圈额定电压的 85% 时应可靠吸合，加在接触器线圈上的电压小于线圈额定电压的 70% 时应可靠释放

5. 交流接触器的检测

交流接触器的检测方法详见表 6-18。

表 6-18　交流接触器的检测方法

步骤	方法	测量结果处理
① 测线圈的阻值	用万用表检测线圈两端子间的电阻值	正常一般为几百欧至 1000 多欧（不同的类型阻值有差异），若测得阻值为 0 或 ∞，说明线圈短路或断路，要更换接触器
② 测接触器各触头的分断性能	线圈不加电压时，测各端子的电阻	各常开触头之间的电阻值都应为 ∞，否则说明触头粘连。各常闭触头之间的电阻值均应为 0，否则说明触头接触不良
③ 测触头的接触性能	用手将接触器的衔铁按下去或者给线圈加上额定电压使衔铁动作，测相应各端子间的电阻	每一对主触头接线柱之间的电阻应为 0，每一对常开触头接线柱之间的电阻也应为 0，否则说明触头接触不良。每一对常闭触头之间的电阻应为 ∞，否则说明触头有粘连现象 对接触不良的触头可用细砂纸轻轻打磨后再检测合格后可使用，或者更换接触器

6.2.2　认识和选用热继电器

1. 概述

电动机在运行中，常会遇到过载情况。但只要过载不严重，或者过载较严重但时间短，绕组不超过允许的温升，这种过载是允许的。如果过载严重，或者过载不严重但时间长，则会加速电动机绝缘的老化，甚至烧毁电动机，热继电器就是用来对电动机进行过载保护的。

2. 热继电器的结构和控制（动作）实质

1）热继电器的实物外形、关键部位以及电路符号如图 6-20 所示。

a) 实物外形及应用中需注意的关键

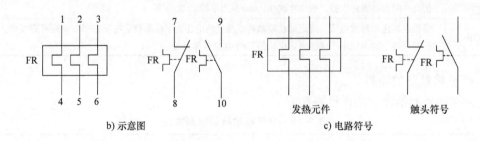

b) 示意图　　　　　　　　　　c) 电路符号

图 6-20　热继电器的实物、关键点和电路符号

2）热继电器的控制（动作）实质。如图 6-20 所示，三相交流电从接线柱 1、2、3 输入，经发热元件后从接线柱 4、5、6 输出，再接到负载上。当负载过载到一定程度（发热元件产生的热量达到了一定的程度），热量使热继电器内部的双金属片变形（动作），推动导板，在导板的推动作用下使常闭触头 7、8 的接线柱之间断开、常开触头 9、10 的接线柱之间接通。

说明：

1）在应用中将两个常闭接线柱串入交流接触器的线圈，当负载过载后常闭触头断开时，接触器的线圈也就失电，接触器发生动作，从而切断了电路，实现了保护作用。

2）将一对常开触头串入指示灯或电铃等报警装置的电路，当常开触头闭合时，报警装置鸣响。

3）热继电器动作后的复位（即恢复初始状态）有手动和自动两种方式。手动复位一般要过 2min 后（等双金属片冷却后）按下复位按钮 11 即可。自动复位一般需 5min 左右。

3. 热继电器的工作原理、选用和使用方法

热继电器的工作原理、选用和使用方法，详见表 6-19。

表 6-19　热继电器的工作原理、选用和使用方法

科目	图示及说明	备注
热继电器原理图	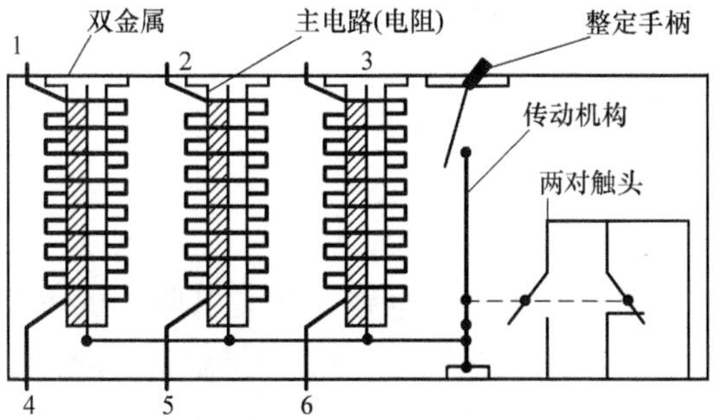 	组成热继电器的元件有发热元件（电阻丝）、触头、双金属片、动作机构、复位按钮、整定电流装置、温度补偿装置、接线柱等
工作原理	① 过载保护：电动机过载时，过载电流使绕在双金属片（一半为铜片，另一半为镍铁合金片，并铆在一起）上的电阻丝发热，双金属片因为受热而向镍铁合金一侧弯曲，使传动机构推动两对触头动作，实现保护 ② 断相保护：三相中若一相断路，则该相电流为零，该相双金属片不会受热弯曲。另两相电流相等且比平常运行电流要大，这两相双金属片迅速弯曲，通过机械方式将这三相双金属片变形的不平衡性作用于触发机构上，使其迅速动作，实现了断相保护	不是所有的热继电器都有断相保护装置
整定电流的调节	如图 6-20a 所示，用螺丝刀转动"整定电流调节盘"，就能改变触发装置的动作条件，从而改变了热继电器的整定电流值	整定电流是热元件在正常持续工作中不引起热继电器动作的最大电流值
温度补偿调节螺钉的调节	当整定电流调整完毕后，如果热继电器与被保护的电器处在不同的温度环境，就会使热继电器的动作发生偏差。为了补偿该偏差，在热继电器侧面设有一个螺钉（见图 6-20a）。拧动此螺钉就可作用于触发装置上，改变其触发条件，从而补偿了该偏差	热继电器的环境温度和被保护器件的环境温度的差别最大不宜超过 25℃。温度补偿螺钉需调到什么位置需经试验来确定

（续）

科目	图示及说明	备注
热继电器的选用	对于一般电动机，热继电器额定电流整定值应大于或等于电动机的额定电流；对于过载能力较差的电动机，电流整定值应等于或者略小于电动机的额定电流 热继电器的调整：投入使用前，必须对热继电器的整定电流进行调整，以保证热继电器的整定电流与被保护电动机的额定电流匹配。例如，对于一台10kW、380V的电动机，额定电流为19.9A，可使用JR20-25型热继电器，发热元件整定电流为17~21~25A，先按一般情况整定在21A，若发现经常动作，而电动机温升不高，可将整定电流改至25A继续观察；若在21A时，电动机温升高，而热继电器滞后动作，则可改在17A观察，以得到最佳的配合	对于不能自动复位的热继电器触头动作后，应按下手动复位按钮以使触头复位
热继电器接入电路的方法	当热继电器的整定电流在30A以下时，一般采用热继电器热元件串联在主电路中，对于30A以上（15kW以上）的电路过载保护，常采用电流互感器与热继电器热元件串联的方法	

6.2.3　认识和选用按钮

　　按钮属主令电器，是一种短时接通或分断小电流电路（控制电路）的电器。它不直接去控制主电路的通断，而是在控制电路中发出"指令"，去控制接触器、断路器等电器，再由它们去控制主电路。

　　按钮的实物图、工作原理、在电路中的图形符号和字母符号、常见故障及维修见表6-20。

表6-20　按钮的实物图、工作原理、在电路中的图形符号和字母符号、常见故障及维修

科目	图示	说明
按钮实物图	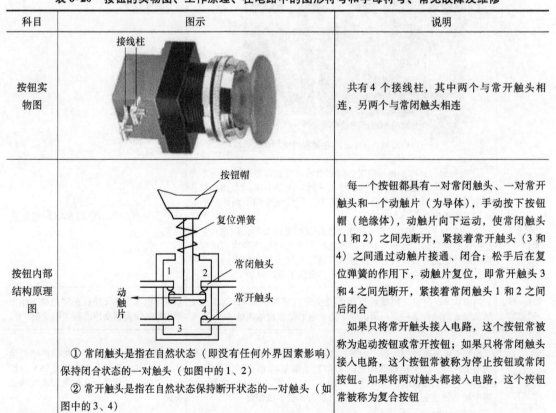	共有4个接线柱，其中两个与常开触头相连，另两个与常闭触头相连
按钮内部结构原理图	① 常闭触头是指在自然状态（即没有任何外界因素影响）保持闭合状态的一对触头（如图中的1、2） ② 常开触头是指在自然状态保持断开状态的一对触头（如图中的3、4）	每一个按钮都具有一对常闭触头、一对常开触头和一个动触片（为导体），手动按下按钮帽（绝缘体），动触片向下运动，使常闭触头（1和2）之间先断开，紧接着常开触头（3和4）之间通过动触片接通、闭合；松手后在复位弹簧的作用下，动触片复位，即常开触头3和4之间先断开，紧接着常闭触头1和2之间后闭合 　　如果只将常开触头接入电路，这个按钮常被称为起动按钮或常开按钮；如果只将常闭触头接入电路，这个按钮常被称为停止按钮或常闭按钮。如果将两对触头都接入电路，这个按钮常被称为复合按钮

（续）

科目	图示	说明
LA10－3H型三联按钮外形图	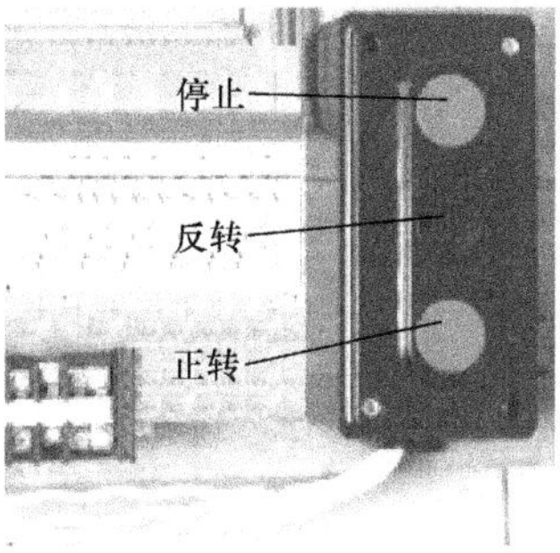 停止 反转 正转	含有三个独立的按钮。为了使用方便和防止误操作，常在按钮帽上注有"起动""停止"或"正转""反转""停止"等提示语，或者将按钮帽做成不同的颜色，以示区别，一般绿色用于起动，红色用于停止，其他颜色可自定义 在安装电路时必须使按钮的控制功能与提示语或者对应的颜色一致
LA10－3H型三联按钮内部结构图	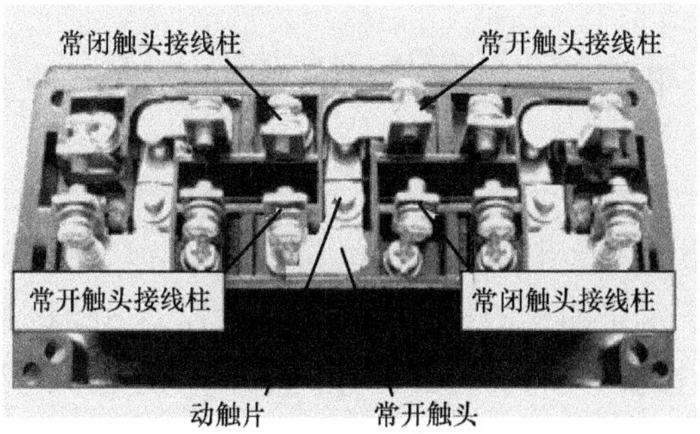 常闭触头接线柱 常开触头接线柱 常开触头接线柱 常闭触头接线柱 动触片 常开触头	左图只标出了处于中间的一个按钮的各个部件的名称
按钮在电路中的符号	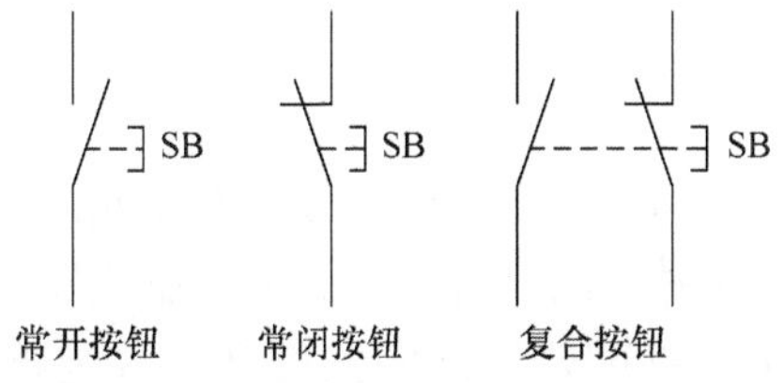 SB SB SB 常开按钮 常闭按钮 复合按钮	左图是按钮在电路中的图形符号，在电路图中按钮用字母符号 SB 表示
检测和维护	常见故障为接触不良。检测方法是用万用表测触头闭合时阻值是否为0，为0则正常 按钮的失灵或接触不良的主要原因是触头氧化而形成较大的触头电阻，维护时可适当打磨触头	

6.2.4 认识和选用倒顺开关

1. 倒顺开关的接线方法

倒顺开关也叫顺逆开关。它的作用是手动实现单相、三相小功率异步电动机正转、停止、反转之间的转换，其实物、接线方法如图 6-21 所示。

161

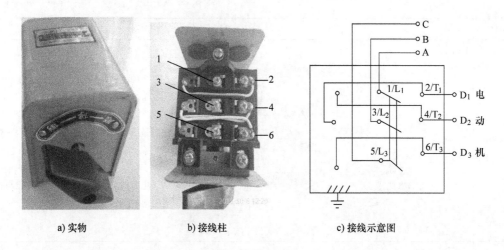

| a) 实物 | b) 接线柱 | c) 接线示意图 |

图 6-21　倒顺开关

图 6-21b 中 1、3、5 接线端子接三相交流市电的三根相线，2、4、6 接线端子与三相电动机相连。

2. 倒顺开关的基本工作原理

当开关拨到"停"时，2、4、6 端子与三相交流市电（L_1、L_2、L_3）断开，电动机停止。当开关拨到"顺"时，与 2、4、6 端子相连的相线是 L_1、L_2、L_3，电动机正转，则当开关拨到"倒"时，与 2、4、6 端子相连的相线则变为 L_2、L_1、L_3（实现了交换两根相线），电动机反转。

6.2.5　认识和选用行程开关

1. 概述

行程开关又称为位置开关或限位开关，其作用是把工件限制在一定范围内运动。其内部结构除了比按钮多一个储能弹簧以外，其他结构、工作原理与按钮基本相同。与按钮的区别在于，由于储能弹簧的作用，行程开关从一对触头断开过渡到另一对触头闭合用时极短，能保证电路及时动作。其动作过程是，和加工工件同步运动的挡板（又称为挡铁）推动（撞击）行程开关的传动臂，传动臂发生移动，导致常闭触头断开、常开触头闭合，发出使电动机停止、反转，或停止、正转指令，达到把加工工件限制在一定范围内运动的目的。

2. 常见的行程开关

常见的行程开关如图 6-22 所示。

注：双轮行程开关，内部没有复位弹簧，所以没有复位功能。当工件靠近并推动行程开关的一臂时使其动作，即常闭触头先断开，紧接着常开触头后闭合；当工件推动行程开关的另一臂时，动触片复位，即常开触头先断开，紧接着常闭触头后闭合，可根据需要做相应选择。

3. 行程开关的结构和工作原理

行程开关的结构和工作原理详见表 6-21。

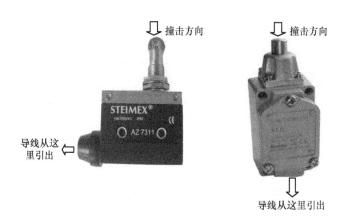

a) 挡板的撞击方向宜与传动臂的轴线重合

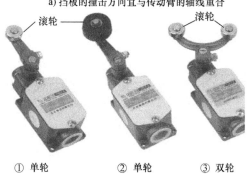

① 单轮　　　　② 单轮　　　　③ 双轮

b) 挡板的撞击方向宜与传动臂的轴线垂直

图 6-22　常见的行程开关

表 6-21　行程开关的结构和工作原理

科目	图示	说明
内部结构		图中 1、3 为常开触头，5、6 为常闭触头，2、7、8、4 为接线柱。1 与 2、3 与 4、5 与 7、6 与 8 分别通过铜片相连通，9 为传动机构的撞击点，10 为动触片（铜片）。由图可看出，2、4 为两个常开触头的接线柱，7、8 为两个常闭触头的接线柱
内部结构实物图（没受外力作用前）		动触片（10）将常闭触头（5、6）接通，常开触头（1、2）处于断开状态

163

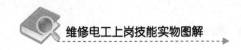

（续）

科目	图示	说明
内部结构实物图（受外力作用后）	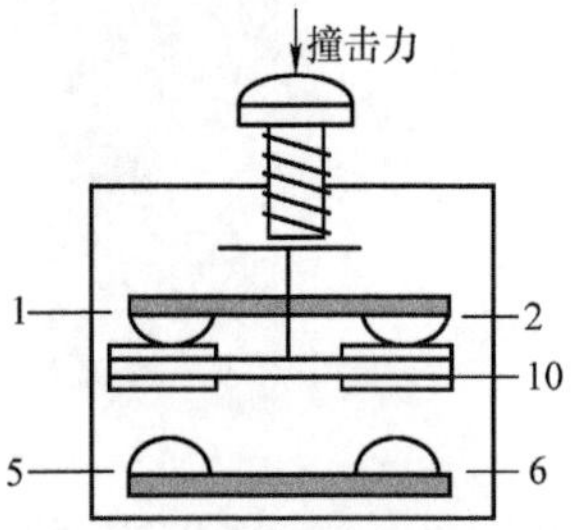	动触片在储能弹簧的作用下，向上运动，上面的一对常开触头（1、2）闭合，下面的一对常闭触头（5、6）断开
行程开关的安装	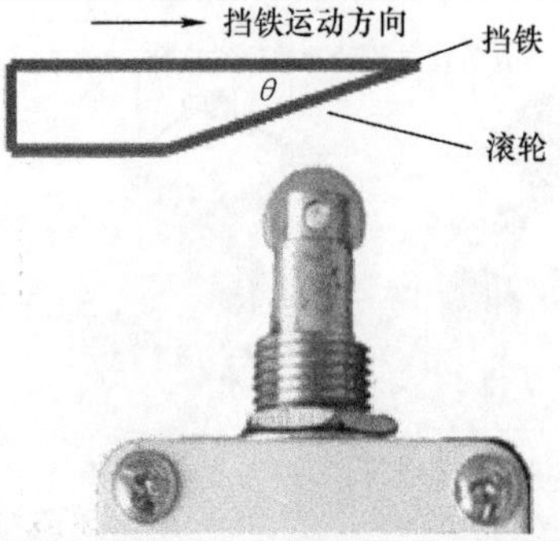	行程开关的动作是利用运动方向与行程开关传动杆垂直的挡铁斜面推动行程开关滚轮，传动杆推动储能弹簧，储能弹簧推动动触片，实现控制电路的接通和断开 注意挡铁斜面倾角必须小于30°
电路符号和字母符号	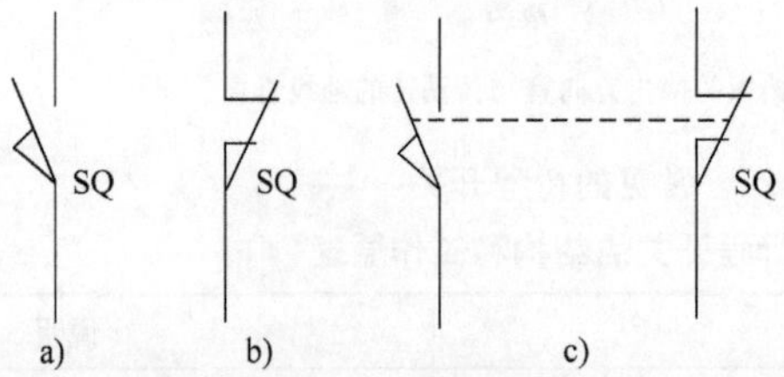	左图是行程开关在电路中的图形符号。（a）行程开关常开触头，（b）行程开关常闭触头，（c）复合行程开关。在电路中行程开关常用字母符号SQ表示

4. 应用举例

JKXK1型行程开关与加工工件（挡板）配合控制电动机的实物图见表6-22。

表6-22　JKXK1型行程开关与加工工件（挡板）配合控制电动机的实物图

科目	图示	说明
JKXK1型行程开关与加工工件（挡板）实物图	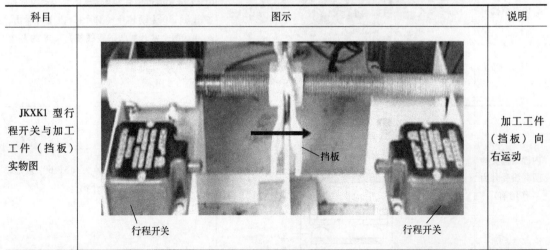	加工工件（挡板）向右运动

（续）

科目	图示	说明
JKXK1 型行程开关与加工工件（挡板）实物图	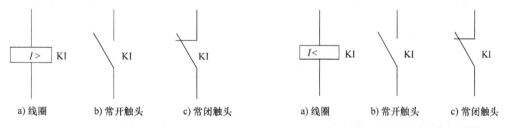	挡铁推动行程开关按钮帽（即前面所述的滚轮），接通电动机反转电路，然后向左运动。工件被限制在两个行程开关之间运动

6.2.6 认识和选用电流继电器

电流继电器的最主要特点是线圈截面积较大、匝数较少，电流继电器分为过电流继电器和欠电流继电器两种，结构及工作原理与交流接触器类似。

它的电磁线圈与主电路串联，主电路电流越大，电流继电器的线圈产生的磁力就越强，电流继电器的触头系统的通、断受主电路的电流控制。

1. 电流继电器工作原理

1）过电流继电器的原理。当负载电流过大（过电流）时，继电器线圈的磁力会增大，使与触头系统相连的动衔铁产生运动，然后继电器动作并发出指令（常开触头闭合、常闭触头断开），电路做相应的动作。过电流继电器相当于一个可自动修复的快速熔断器。它不直接断开主电路，而是利用其辅助触头断开交流接触器线圈的电源，实现断开主电路。当主电路电流下降后各个触头自动复位。其电路符号如图 6-23 所示。

2）欠电流继电器的工作原理。当负载电流过小（欠电流）时，继电器线圈产生的引力会减小，当减小到不足以吸引住与触头系统相连的动衔铁时，继电器衔铁产生运动，并发出指令（常开触头断开、常闭触头闭合），电路作相应的动作。其电路符号如图 6-24 所示。

a) 线圈　　b) 常开触头　　c) 常闭触头　　　　a) 线圈　　b) 常开触头　　c) 常闭触头

图 6-23　过电流继电器的电路符号　　　　图 6-24　欠电流继电器的电路符号

2. 电流继电器的实物外形、特征

1）实物外形和关键部位。电流继电器的种类很多，外形虽然有差异，但基本组成部分是一样的，都有线圈和触头系统。某电流继电器（如 JL12 系列）的实物外形和关键部位如图 6-25 所示。

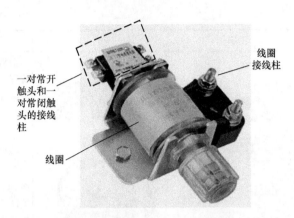

图 6-25   电流继电器实物外形及关键部位（示例）

2）电流继电器的型号及意义。不同厂家的产品型号的表示方法不一样。现以 JL12 系列为例进行介绍，如图 6-26 所示。

3）应用。不同的电流继电器各有最适宜的应用场合，如 JL12 系列过电流延时继电器适用于电压为 380V，电流从 5A 至 300A，频率为 50Hz 的线

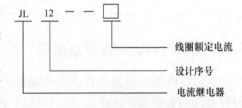

图 6-26   电流继电器的型号示例

路中，该继电器主要用于起重机械设备中绕线转子电动机的起动过程的过载过电流保护。其触头额定电流为 5A，线圈额定电流规格有：5A、10A、15A、20A、30A、40A、50A、60A、75A、100A、150A、200A、300A 等规格。

该过电流继电器在环境温度 −25 ~ +40℃时动作特点见表 6-23。

表 6-23   JL2 型过电流继电器的动作特点

动作电流	动作时间	起始状态
I_e	长期不动作	
$1.5I_e$	3min 以内	热态
$2.5I_e$	10s ± 6s	热态
$6I_e$	1 ~ 3s	

3. 电流继电器的选择

在选择电流继电器时，对于小容量直流电动机和绕线转子异步电动机，所选电流继电器的电流整定值与电动机的最大工作电流相等；对于起动频繁的异步电动机，所选电流继电器的电流整定值略大于电动机的最大工作电流。

6.2.7   认识和选用电压继电器

电压继电器的线圈截面积较小、匝数较多（6000 匝左右）、电磁系统与交流接触器基本相同。电压继电器分为过电压继电器和欠电压继电器两种，它的电磁线圈与主电路并联。电压继电器没有主触头，只有辅助触头。一般有 4 对常开辅助触头，4 对常闭辅助触头。电压继电器特点、工作原理、选用、在电路中的符号，见表 6-24。

表 6-24　电压继电器特点、工作原理、选用、在电路中的符号

科目	图示及说明	备注
电压继电器工作原理	过电压继电器的工作原理： 当负载电压过大（过电压）时，并联在主电路里的过电压继电器的电磁系统收到过电压信号（电磁铁的引力大到足够吸引与触头系统相连的动衔铁），然后继电器动作并发出指令（常开触头闭合、常闭触头断开），电路做相应的动作 欠电压继电器的工作原理： 当负载电压过小（欠电压），并联在电路里的欠电压继电器的电磁系统收到欠电压信号，（电磁铁的引力小到不足以吸引与触头系统相连的动衔铁，触头系统在复位弹簧作用下复位），然后继电器发出指令（常开触头断开、常闭触头闭合），电路作相应的动作	电压继电器的触头系统的通、断受主电路的电压控制
过电压继电器在电路中的图形符号和字母符号	$U>$ KV　　　KV　　　KV a) 线圈　　　b) 常开触头　　　c) 常闭触头	电压继电器在电路中常用字母符号 KV 表示 其中过电压继电器常开触头又称为过电压闭合触头、常闭触头又称为过电压断开触头。即当过电压时，继电器产生动作，常开触头变为闭合，常闭触头变为断开
欠电压继电器在电路中的图形符号和字母符号	$U<$ KV　　　KV　　　KV a) 线圈　　　b) 常开触头　　　c) 常闭触头	欠电压继电器常开触头又称为欠电压断开触头、常闭触头又称为欠电压闭合触头。当电压正常时，继电器是吸合的，当电压减小到某一整定值以下时，继电器释放，此时常开触头变为断开，常闭触头变为闭合

6.2.8　认识和选用中间继电器

中间继电器与电压继电器一样没有主触头，只有辅助触头，原理和交流接触器相同，用于接通或断开控制电路。给中间继电器输入一个信号（线圈通电或线圈断电），它的所有常开触头都会输出相同的信号（接通该触头所控制的电路或断开该触头所控制的电路），它的所有常闭触头都会输出相反的信号（断电或通电）。

中间继电器可用于转换信号、放大信号（改变信号电压）、传递信号和过渡信号。

如果交流接触器的触头数目不够用，可同时并联一个或几个中间继电器补充触头，有时直接用小型交流接触器代替中间继电器。中间继电器在电路中也用符号 KA 表示，如图 6-27 所示。

6.2.9　认识和选用时间继电器

1. 概述

电路从得到信号（线圈得电或失电）起，需经过一定的延时后才输出信号（触头闭合或断开）的继电器称为时间继电器。

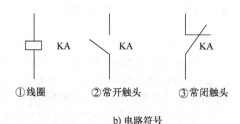

①线圈　　　　②常开触头　　　　③常闭触头

a) 实物外形(JZ7系列)　　　　　　　　b) 电路符号

图 6-27　中间继电器

时间继电器种类很多，有电磁式、电动式、晶体管式等；触头动作形式也很多，有通电延时闭合（常开）、通电延时断开（常闭）、断电延时闭合（常闭）、断电延时断开触头（常开）。

所有通电延时触头通电时不动作，均延时后再动作，断电时触头立即复位；所有断电延时触头通电时都立即动作，断电后触头延时复位。

2. JS14－P 型晶体管式时间继电器

该时间继电器所有触头通电瞬间都不动作，其中通电延时闭合触头从通电前到通电后的整定时间内保持断开状态，达到整定时间后触头闭合；通电延时断开触头从通电前到通电后的整定时间内保持闭合状态，达到整定时间后触头断开。所有触头断电后均立即复位。

JS14－P 型晶体管式时间继电器的实物图、接线方法、在电路中的符号见表 6-25。

表 6-25　JS14－P 型晶体管式时间继电器的实物图、接线方法、在电路中的符号

科目	图示	说明
JS14－P 型晶体管式时间继电器实物图	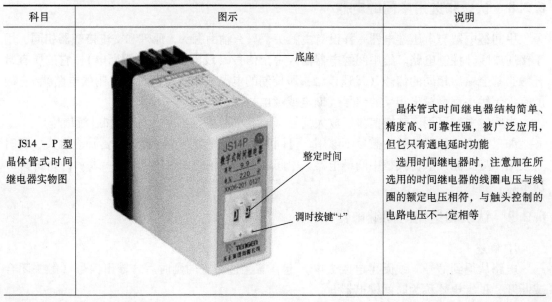 底座　整定时间　调时按键"+"	晶体管式时间继电器结构简单、精度高、可靠性强，被广泛应用，但它只有通电延时功能 选用时间继电器时，注意加在所选用的时间继电器的线圈电压与线圈的额定电压相符，与触头控制的电路电压不一定相等

（续）

科目	图示	说明
JS14－P 型晶体管式时间继电器底座实物图和仰视实物图	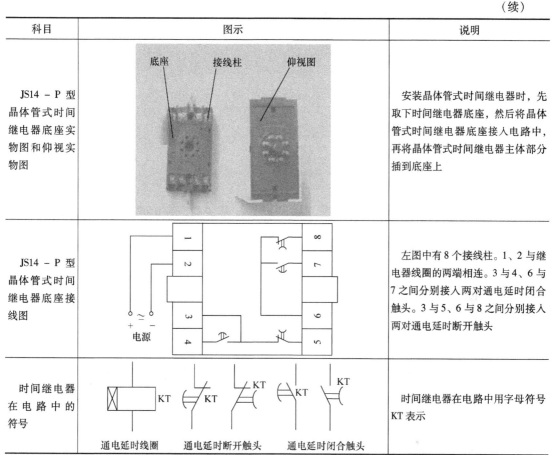	安装晶体管式时间继电器时，先取下时间继电器底座，然后将晶体管式时间继电器底座接入电路中，再将晶体管式时间继电器主体部分插到底座上
JS14－P 型晶体管式时间继电器底座接线图		左图中有 8 个接线柱。1、2 与继电器线圈的两端相连。3 与 4、6 与 7 之间分别接入两对通电延时闭合触头。3 与 5、6 与 8 之间分别接入两对通电延时断开触头
时间继电器在电路中的符号		时间继电器在电路中用字母符号 KT 表示

6.2.10　认识和选用固态继电器

固态继电器是由电子元器件构成的隔离型无触头继电器，内部由电子开关元件的导通和截止来代替触头的闭合和断开。

1. 固态继电器的基本结构

固态继电器是一个集成件，其内部基本组成部分如图 6-28 所示。

图 6-28　固态继电器的基本组成

1）输入电路：为输入控制信号提供一个回路，一般为直流输入。直流输入电路又可分为阻性（即纯电阻性质）输入和恒流输入。

2）隔离、耦合电路：多采用专用光耦（光→光敏晶体管，或光→光敏双向晶闸管结构等），也有的采用高频变压器。

3）触发电路的作用是给输出电路提供触发信号，使输出电路发生动作。

4）输出电路：在触发信号的作用下实现负载的通、断切换。输出电路的主要器件为晶体管、单向晶闸管、双向晶闸管、MOS 场效应晶体管开关器件（工作在开关状态）。

2. 工作原理

当输入端加上控制信号（即额定电压）时，光耦合器内的发光二极管导通→光耦合器内光敏器件受光后导通→触发电路动作→无触头开关器件被触发，由截止变为导通。当输入端没有加上电压时，开关器件则由导通变为截止。

3. 固态继电器的优点和缺点

（1）优点

1）在数控和自动控制方面得到了广泛应用。

由于采用了光耦合器，使控制信号所需的功率极低，而所需的控制电平与 TTL、HTL、CMOS 等常用集成电路兼容，可直接连接。在数控和自动控制方面有广泛应用。在很多场合可取代传统的"线圈 – 簧片触头式"继电器。

2）工作可靠、长寿命。

固态继电器在工作中也没有任何机械动作，没有触头，无动作噪声、无火花、耐振。

3）位置无限制。

4）很容易用绝缘防水材料灌封做成全密封形式，具有良好的防潮、防霉、防腐性能；在防爆和防止臭氧污染方面的性能也极佳。这些特点使固态继电器可在军事（如飞行器、火炮、舰船、车载武器系统）、化工、井下采煤和各种工业、民用电控设备的应用中大显身手，具有超越触头继电器的技术优势。

5）固态继电器还能承受额定电流 10 倍左右的浪涌电流。

（2）缺点

1）存在通态压降。这是由于 PN 结导通时，两端存在一定的电压。固态继电器的通态压降一般为 1 ~ 2V。

2）存在断态漏电流。这是由于 PN 结截止时，仍有一定的反向电流通过。断态漏电流一般为数微安。

使用中要考虑通态压降和断态漏电流，以免控制大功率执行器件时产生误动作。

4. 认识常用固态继电器

常用固态继电器及其特点见表 6-26。

表 6-26　常用固态继电器及其特点

名称	图示	说明
单相固态交流继电器		① "INPUT" 为输入端，"OUTPUT" 为输出端 ② 工作过程：当 A、B 之间加上控制电压（铭牌标示为直流 10 ~ 18V）时，输出端（C、D）由截止（断开）状态变为导通（闭合）状态

（续）

名称	图示	说明
单相固态直流继电器	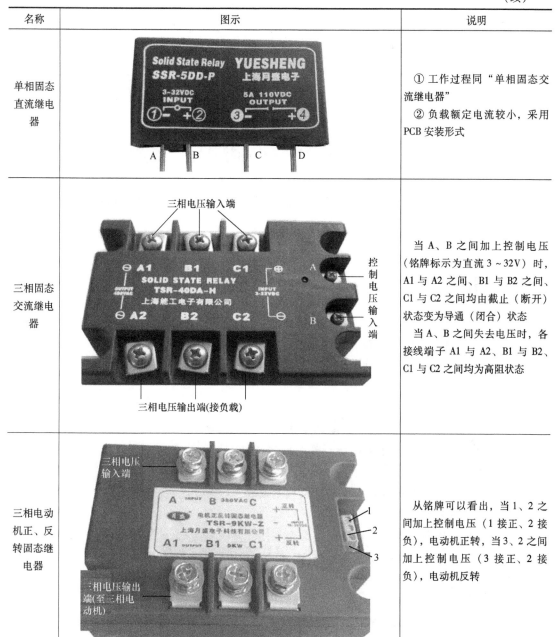	① 工作过程同"单相固态交流继电器" ② 负载额定电流较小，采用 PCB 安装形式
三相固态交流继电器		当 A、B 之间加上控制电压（铭牌标示为直流 3 ~ 32V）时，A1 与 A2 之间、B1 与 B2 之间、C1 与 C2 之间均由截止（断开）状态变为导通（闭合）状态 当 A、B 之间失去电压时，各接线端子 A1 与 A2、B1 与 B2、C1 与 C2 之间均为高阻状态
三相电动机正、反转固态继电器		从铭牌可以看出，当1、2 之间加上控制电压（1 接正、2 接负），电动机正转，当3、2 之间加上控制电压（3 接正、2 接负），电动机反转

5. 继电器的检测

继电器的种类很多，主要是根据继电器的原理和动作规律来进行检测。首先在静态时（即不给继电器加上动作的条件），检测线圈电阻、触头之间的电阻等，再给继电器加上动作的条件（即给继电器的线圈或固态继电器的输入端加上额定电压），检测触头或输出端是否完成了动作。

第7章
三相异步电动机控制线路
制作与检修（基础篇）

生产实践中，电动机常采用按钮、接触器等低压电器来进行控制。这种控制方式成本低、制作容易、维修方便，因而有较广泛的应用。通过学习本章，可以理解电动机的控制原理，掌握电动机控制线路的制作方法和技能技巧。

学习目标

1）熟悉三相异步电动机控制线路的基本流程和工艺要求。

2）理解三相异步电动机的点动、单向连续运转、正反转、自动往复运转、顺序起动、多地控制线路的工作原理。

3）会制作与检修点动与单向连续运转控制线路。

4）会制作与检修双重联锁正反转控制线路。

5）会制作与检修行程开关控制运动部件自动往复控制线路。

6）会制作与检修顺序起动的控制线路。

学习方法建议

阅读本章，理解控制线路的基本原理，对每一节最后所附的实物连线图用铅笔连线，连接成相应的控制线路，起到模拟制作的作用。然后画出布线图，根据布线图来进行实物制作。

7.1 三相异步电动机点动控制线路的制作与检修

三相异步电动机点动控制线路是最简单的控制线路。本节通过介绍该线路的制作和检修，使我们对常用控制线路的制作流程和工艺要求形成一个较为清晰的认识，为制作和检修较复杂的控制线路打好基础。

7.1.1　低压电器设备的选用与检测

1. 低压控制电器和配电电器的选用与检测

在制作基本控制线路时，首先应清楚需要一些什么规格的低压电器（元件），并会对所选择的低压电器元件进行检测。详见第 6 章。

2. 根据额定电流选择导线

学生实训，一般只进行短时通电试车，可选 2.5mm² 的铝芯线。但在实际生产中所选导线的额定电流不能小于电动机的额定电流。表 7-1 介绍线路额定电流的估算方法，供参考。

表 7-1　线路额定电流的估算方法

科目	每千瓦额定电流	说明（口诀）
220V 单相照明电路（不含单相电动机）	4.5A	单相二百二十伏，千瓦电流四点五
380V 三相异步电动机	2A	三相电机三百八，电流两安一千瓦
660V 三相异步电动机	1.2 A	六百六十伏高压，一点二安一千瓦

表 7-2 列出了供电距离小于 10m 时，导线的额定电流，仅供参考。当供电距离大于 10m、小于 50m 时，所选导线截面积应增大一个等级，如果散热条件不好，也可考虑将所选择的导线的截面积增大一个等级。如果供电距离大于 50m，所选导线截面积应大两个等级。

表 7-2　导线载流量

导线截面积等级/mm²	1.5	2.5	4	6	10	16	25	35	50	70	95	120
铜芯线额定载流量/A	15	23	38	50	70	100	120	150	190	238	300	350
铝芯线额定载流量/A	10	15	23	38	48	76	95	115	145	185	230	280

根据电流选择导线，还可以参阅本书的附录 A。

3. 接线端子排的选择

接线端子排的实物图和作用见表 7-3。

表 7-3　接线端子排

名称	图示	说明
常见的接线端子排		制作控制线路时，大部分元件都固定在电路板上或控制柜里，但按钮一般要安装在操作者方便操作的地方，比如操作台上或车床的专用位置，从电路板或控制柜到电源、电动机、按钮等的接线必须通过接线端子排 大电流主电路导线（铝排、铜缆）用特定接线端子固定

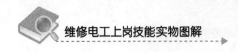

（续）

名称	图示	说明
常见的接线端子排	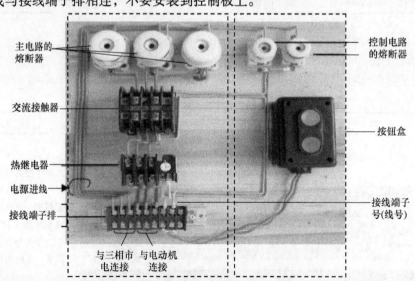	制作控制线路时，大部分元件都固定在电路板上或控制柜里，但按钮一般要安装在操作者方便操作的地方，比如操作台上或车床的专用位置，从电路板或控制柜到电源、电动机、按钮等的接线必须通过接线端子排 大电流主电路导线（铝排、铜缆）用特定接线端子固定

7.1.2 三相异步电动机控制线路的表示方法（以点动为例）

三相异步电动机控制线路的表示方法有：实物接线图、接线示意图、电气原理图、元件布置图（布线图）。下面分别介绍。

1. 三相异步电动机点动控制线路的实物接线图

图7-1所示是三相异步电动机点动控制线路实物图（示例）。左边虚线框内为主电路，右边虚线框内为控制电路。安装时要注意各个低压电器元件的摆放位置，并注意按钮盒通过多股软铜线与接线端子排相连，不要安装到控制板上。

图 7-1　三相异步电动机点动控制实物接线图（示例）

2. 三相异步电动机点动控制线路接线示意图

按钮、交流接触器控制电动机的点动控制线路的接线示意图如图7-2所示，使用的低压电气元件有：刀开关 QS、交流接触器 KM、熔断器 FU_1、FU_2、热继电器 FR、电动机 M、按钮 SB、接线端子排、导线等。刀开关 QS 是一个隔离开关（分断电路后能让使用者看出明显的断点），熔断器 FU₁、FU₂ 起短路保护作用，热继电器 FR 起过载保护作用，交流接触器 KM 用于接通或分断主电路，按钮 SB 用于接通或分断控制电路。

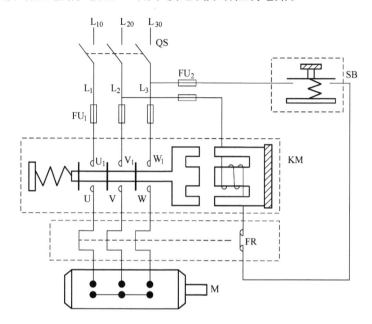

图 7-2　三相异步电动机点动控制线路的接线示意图

三相异步电动机点动控制线路工作原理：合上隔离开关 QS。起动过程：按下 SB→ KM 因线圈得电而吸合→KM 主触头闭合→电动机 M 得电运行；停止过程：松开 SB→KM 因线圈失电而释放→ KM 主触头断开→电动机 M 失电停止。

3. 三相异步电动机点动控制线路原理图

图 7-2 所示的接线示意图，虽然直观易懂，但画起来很麻烦，因此电动机控制线路通常不画接线示意图，而是用国家标准规定的电气图形符号和字母符号，画出控制线路原理图。点动控制线路原理图如图 7-3 所示。

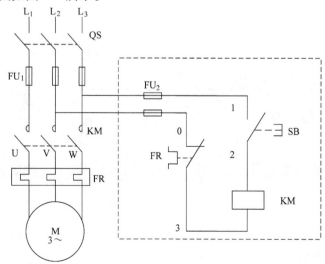

图 7-3　电动机点动控制线路原理图（注：虚线框内为控制电路，虚线框外为主电路）

175

三相异步电动机控制线路原理图的绘制原则和方法见表7-4。

表7-4　控制线路原理图的绘制

序号	关键词	说明
1	原理图绘制的基本要求	控制线路原理图是根据工作原理绘制的，具有构图简单，层次分明，便于研究和分析电路的工作原理等优点。在各种生产机械的电器控制中，无论在设计部门或生产现场都得到广泛的应用，电器控制线路常用的图形符号、字母符号都必须符合最新国家标准
2	·主电路与控制电路要分开，强电电路（220V、380V 或 660V）与弱电电路（36V 以下）要分开　左强右弱、左交右直、左高右低、左主右辅	电器控制线路根据电路通过的电流大小可分为主电路和控制电路。主电路包括从电源到电动机的电路，是大电流通过的部分，画在原理图的左边。控制电路是通过小电流的电路，一般由按钮、电器元件的线圈、接触器的辅助触头、继电器的触头等组成，画在原理图的右边 电气原理图绘制原则：大电流在左、小电流在右；交流在左、直流在右；高压在左、低压在右；控制电路在左、信号电路在右 主电路和控制电路可以分开绘制
3	同一电器的各个元件画展开图	采用电器元件展开图的画法，同一电器元件的各部件可以不画在一起，但必须用相同字母符号标出。若有多个同类电器，可在字母符号后加上数字序号，如 KM_1、KM_2 等
4	按钮、接触器、热继电器等各触头的画法	所有按钮、接触器、继电器等的触头均按没有外力作用和没有通电时的原始状态画出，控制电路的分支线路原则上按动作先后顺序排列，两线交叉且相连的电气连接点用黑点标出

4. 三相异步电动机控制线路布线图

绘制三相异步电动机控制线路布线图的方法：在控制线路原理图上标出主电路和控制线路的各个接线端子号。端子号就是在每根导线两端套一个白色塑料筒，然后在白色塑料筒上用数字或字母标出该导线的名称（线号）。在控制工程线路中，电路端子号和布线图中的接线端子号一一对应，在电路维修中，如果要更换某个低压电路元件，有了接线端子号，就会十分方便。图7-4 为按钮盒内的接线端子号。

图7-4　按钮盒内的接线端子号

书写或打印端子号时应注意，为了防止维修人员将6 和 9、01 和 10 等易混端子号混淆，一般在这些端子号下面打出下画线，如01、06、08、09、10、16、18、19、66、68、80、86 等，不易混的端子号不必打下画线，如02、03、04 等。

　　绘制布线图的实质就是在纸上模拟制作控制线路。一般只须绘制接线板（控制柜）和按钮的布线，到电动机的出线和电源进线可以不绘制。控制线路布线图的绘制步骤见表7-5。

表 7-5　控制线路布线图的绘制方法（以电动机点动控制线路为例）

步骤	图示	说明
① 画绘制元件布置图	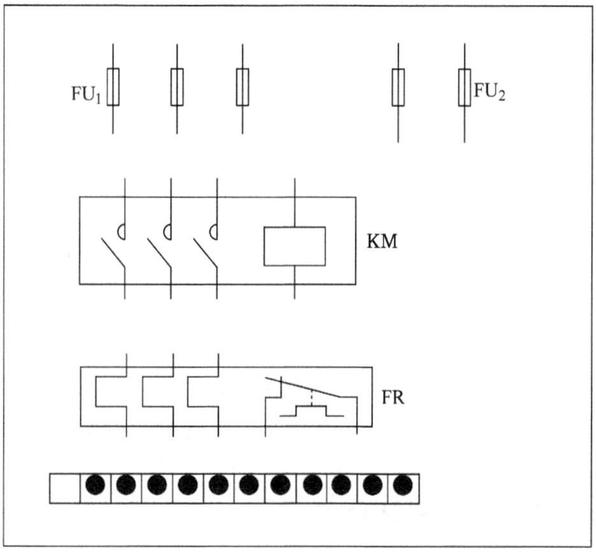	第一排：熔断器，从左向右依次安装主电路熔断器、控制电路熔断器、信号电路熔断器。第二排：从左向右依次安装交流接触器、中间继电器、时间继电器，如果交流接触器太多，则将继电器布置到第三排。第三排：热继电器。第四排：接线端子排
② 绘制布线图（在各元件上标出接线端子号）	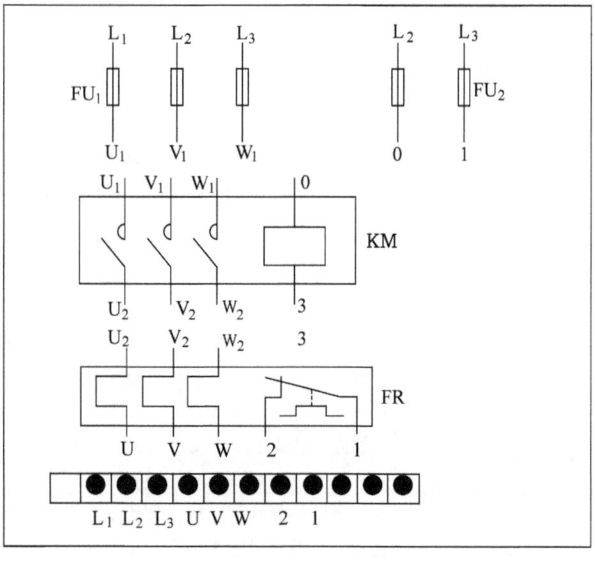	在布线图上标出控制线路的各个接线端子号，其方法是，用导线直接相连的接线端子须用相同的标号 注意：电源进线（L_1、L_2、L_3）、到电动机的出线（U、V、W）以及连接到按钮盒的导线都必须经过接线端子排

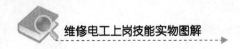

（续）

步骤	图示	说明
③ 实际接线示意图	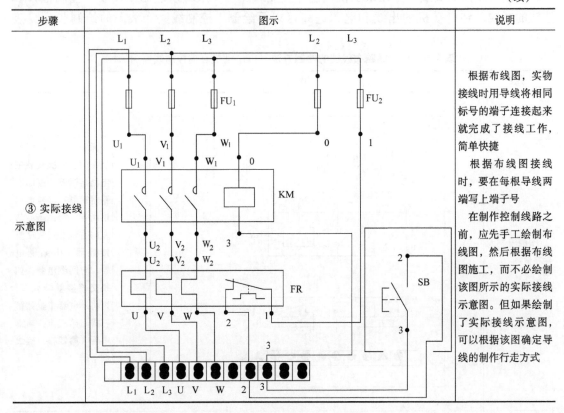	根据布线图，实物接线时用导线将相同标号的端子连接起来就完成了接线工作，简单快捷 根据布线图接线时，要在每根导线两端写上端子号 在制作控制线路之前，应先手工绘制布线图，然后根据布线图施工，而不必绘制该图所示的实际接线示意图。但如果绘制了实际接线示意图，可以根据该图确定导线的制作行走方式

7.1.3 三相异步电动机控制线路的制作工艺及检测方法

1. 三相异步电动机控制线路的制作工艺（见表7-6）

表7-6 控制线路的制作工艺

	名称	关键词	说明
1	主电路与控制电路	主电路与控制电路分开	大功率电动机控制线路的主电路电流大（百安级或千安级），制作主电路的导线一般采用铝条（铝排）或铜电缆，控制电路电流小（5A 以下），制作控制电路的导线一般采用多股硬铜线。主电路与控制电路分开走线 实训时，小功率电动机控制线路主电路的导线一般采用 4.0mm² 或 2.5mm² 铝芯线，控制电路的导线一般采用 2.5mm² 或 1.5mm² 铝芯线，主电路与控制电路必须用不同颜色的导线加以区别，并分开走线。从接线端子排到按钮盒的接线一般采用多股硬铜线，实训也可以采用多股软铜线
2	线路制作	横平竖直	线路制作工艺要求必须做到横平竖直，不允许斜线走线。弯线成 90°时，不能损伤弯角处的绝缘层
3	线路走向	便于维修节省空间	主电路尽量走架空线，便于散热。控制电路中两个接线柱之间的连接导线要尽量沿板面行走，尽量不要架飞线，当然如果两个接线点特别近时除外。多根线要尽量并排进，便于捆扎
4	剥线	剥线长度适当	剥出的金属长度是接线柱压线板宽度的 1.3 倍左右，压线板所压的金属应与其等长，裸露金属体长为压线板宽度的 0.3 倍左右

2. 三相异步电动机控制线路的检测方法

（1）不通电检测

线路制作完毕后，必须先进行不通电检测。根据控制原理，取下交流接触器的灭弧罩，分别按下交流接触器的触头系统，或者按下起动按钮或者停止按钮，用万用表的直流电阻档检测主电路和控制电路的通电、断电情况。不通电检测如图7-5所示。

对于控制电路的检测，具体做法是，①测出控制电路两根电源引入线之间的电阻。②测出各个交流接触器线圈的直流电阻，以及时间继电器线圈的直流电阻。③根据原理图中各个线圈的连接（串联或

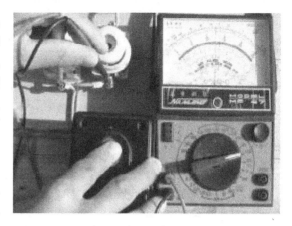

图 7-5　不通电检测

并联）情况计算出两根电源引入线之间的电阻值，将该值与测量值比较，如果相等或者基本相等，则控制电路正常。对于主电路的检测，主要检测能否正常闭合或断开。

（2）通电检测

1）试车前再次检查所选用的熔体是否与电动机的额定电流匹配，读电动机的铭牌并弄清楚电动机是丫联结还是△联结。

2）试车时，如果不成功，则应进行及时的检修，电动机电气控制中使用的电器较多，除了触头系统故障和电磁故障外，还有本身的特有故障。表7-7列举了一些常见低压电器故障和检修方法。

表 7-7　低压电器故障和检修方法

名称	关键词	说明
接触器	断相	由于某相触头接触不良或连接螺钉松脱，使电动机断相运行，此时电动机或是不转并发出嗡嗡声，或是能转动，但转速明显不够且噪声较大，若出现上述现象，应立即停车检修
	触头熔焊	当按下"停止"按钮，电动机不停，且接触器发出嗡嗡声，此类故障是由于两相或三相触头因电流过大，而引起的熔焊现象。遇此情况应立即切断前一级开关停车检查修理
热继电器	热继电器不动作	通常是电流整定值偏大，以致过载很久，仍不动作。处理方法是根据负载工作电流，重新整定热继电器动作电流值
	热继电器的维护	热继电器要定期整定，校验其可靠性；热继电器因执行保护，动作脱扣，应待双金属片冷却后再复位，按复位按钮用力不能过猛，否则会损坏操作机构。注意，有些热继电器能自动复位
时间继电器	故障特征	机床电路中使用的时间继电器仍有很多是空气阻尼式时间继电器，其电磁机构和触头系统故障与上述其他继电器大致相同，其特殊故障是延时不准
断路器	故障及处理	断路器的常见故障有不脱扣、整定值不准、触头氧化、触头熔焊、其他机械故障等。总的来说就是首先要弄清出现这一故障的原因，然后排除故障

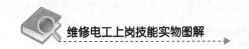

3）在生产实践中，对于运行已久的电气电路，故障有来自于电气方面的原因，也有来自机械方面的原因，常用的检修方法有询问用户法、感官判断法、外观检查法、操作检查法等，见表7-8。

表7-8　电气电路故障检测

科目	关键词	说明
询问用户法		询问用户，就同医生询问病人一样，是观察和分析故障的重要线索来源之一
		询问的内容主要有：故障现象如何，故障何时何地开始，故障前后有无异常
		若按下起动按钮，电动机只是嗡嗡响而不转。从机械上来讲，可能是机械卡住不能转；从电气上来说，或是电动机卡死，或是断相运行，这就应该首先检查电源的熔断器情况或用万用表检查电源电压，检出具体原因，确定修复方案
感官判断法	看	看熔丝是否熔断，接线是否脱落，开关的触头是否接触良好，撞块是否能碰到行程开关，继电器动作是否正常。如果继电器动作情况不正常，故障点就在控制电路中；如果继电器动作正常而执行电器不正（电动机转动），故障点就在主电路中
	听	即用耳朵去听电器的动作情况。例如，电动机是否嗡嗡发响但不转动，如果有嗡嗡声，则表明电动机断相或机械卡住
	闻	有时故障出现时会伴有特殊气味产生，通过辨别，可作为判断故障性质或地点的重要依据。例如，出现焦味，就可确定某电路线圈烧坏或电器短路烧损
	摸	用手去摸电器（应在低压或有安全保护或断开电源的情况下操作）。例如，检查中发现因限位开关没有发出信号而使动作中断时，可估计有两种故障：一是撞块没有碰撞限位开关或是碰撞不到位；二是限位开关本身损坏，这时可用手去碰一下限位开关，如果动作和复位时有"滴嗒"声，一般情况，限位开关是好的，如果没有"滴嗒"声，说明限位开关损坏，应予更换
万用表检查法	测试电压法	用万用表的交流电压500V档去测量电路中各点的电位，与正确值进行比较，从而确定故障点的位置
	直流电阻法	若电路导通，且被测电路中若没有耗能元件，电阻应为0，若有耗能元件（线圈），电阻在50～1500Ω左右
		若被测电路中的电气元件在未动作时是断开状态，电阻应为无穷大

7.1.4　点动控制线路的制作实训

1. 模拟实训

画线，将图7-6所示的低压电器连接成三相异步电动机的点动控制线路。

2. 实际操作

制作电动机点动控制线路所需器材。

读者训练电动机点动控制线路的制作可采用表7-9所述的器材。表中的器材也可以灵活改变。首先独立画出布线图，再根据布线图完成线路的制作。

图 7-6　点动控制线路所需的低压电器

表 7-9　制作点动运行控制线路的器材准备

科目	数量	备注	科目	数量	备注
三相异步电动机	1	3kW 以下小型电动机	交流接触器	1	
主电路导线		4mm² 或 2.5mm² 铝芯线	热继电器	1	
控制电路导线		2.5mm² 或 1.5mm² 铝芯线	接线端子排	1	10 对接线端子
断路器	1	也可用带熔丝的刀开关	按钮	1	

7.2　三相异步电动机单向连续运行控制线路的制作与检修

三相异步电动机单向连续运行控制线路在生产实践中应用最广。我们可以在点动控制线路的基础上利用接触器的一对常开触头来实现对按钮的"自锁"，从而实现电动机的连续运转。

7.2.1　单向连续运行控制线路的原理、制作与检修

单向连续运行控制线路的实物图、原理图、工作原理、元件布置图和布线图、接线示意图、适用场合、保护功能和检测方法等见表7-10。

表 7-10　单向连续运行控制线路的制作方法和检测方法

科目	图示及说明	备注
线路实物图		按钮盒不要安装到电路板上，按钮盒到端子排之间用多股硬铜线连接并捆扎
线路原理图	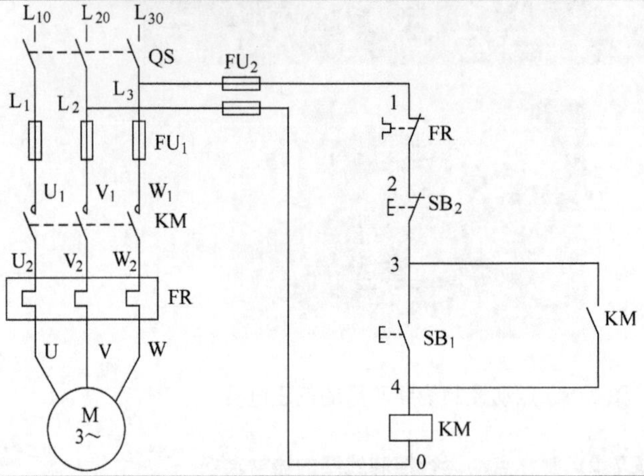	控制电路中，一般用绿色按钮帽的按钮作为起动按钮，用红色按钮帽的按钮作为停止按钮，或在按钮帽上标注"起动""停止"等字样
工作原理	合上电源开关 QS 起动工作原理：按下 SB₁，KM 线圈得电，1—KM 主触头闭合，接通电动机主电路，2—KM 常开辅助触头闭合，自锁，由于结果 1 和 2 的共同作用，电动机单向运行 停止工作原理：按下 SB₂，KM 线圈失电，3—KM 常开辅助触头断开，解锁，4—KM 主触头断开，断开电动机主电路。由于结果 3 和 4 的共同作用，电动机停止运行	用一个数字表示一个现象或过程，有利于表述。后面相同 自锁：当起动按钮松开后，控制电路仍能保持接通状态称为自锁。与起动按钮 SB₁ 并联的 KM 常开辅助触头称为自锁触头

（续）

科目	图示及说明	备注
元件布置图（布线图）	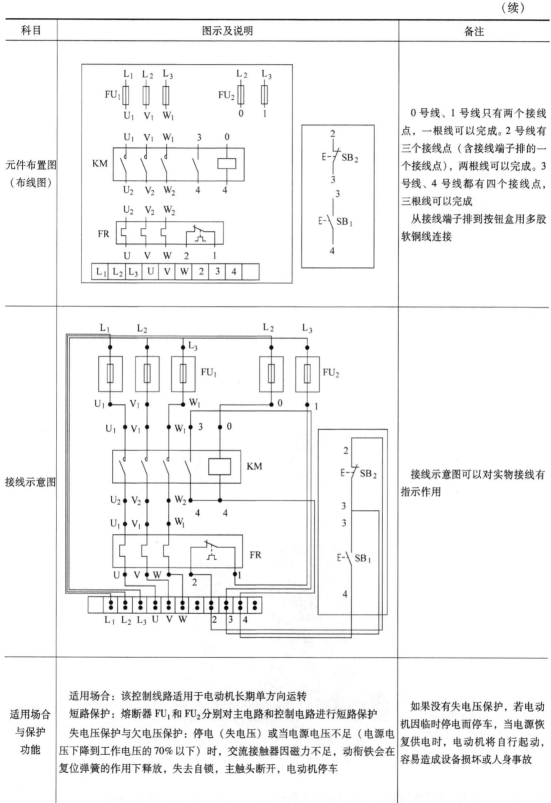	0号线、1号线只有两个接线点，一根线可以完成。2号线有三个接线点（含接线端子排的一个接线点），两根线可以完成。3号线、4号线都有四个接线点，三根线可以完成 从接线端子排到按钮盒用多股软铜线连接
接线示意图		接线示意图可以对实物接线有指示作用
适用场合与保护功能	适用场合：该控制线路适用于电动机长期单方向运转 短路保护：熔断器 FU₁ 和 FU₂ 分别对主电路和控制电路进行短路保护 失电压保护与欠电压保护：停电（失电压）或当电源电压不足（电源电压下降到工作电压的70%以下）时，交流接触器因磁力不足，动衔铁会在复位弹簧的作用下释放，失去自锁，主触头断开，电动机停车	如果没有失电压保护，若电动机因临时停电而停车，当电源恢复供电时，电动机将自行起动，容易造成设备损坏或人身事故

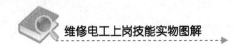

（续）

科目	图示及说明				备注
检测	控制电路	检查动作形式	现象	结论	阻值	用万用表测控制电路两根电源引入线之间的电阻 R 为交流接触器的直流电阻值
		手按下 SB$_1$	通路	起动按钮接法正确	R	
		手按下 SB$_1$，然后按下 SB$_2$	断路	停止按钮接法正确	无穷大	
		取下交流接触器灭弧罩，按下触头系统	通路	自锁电路接法正确	R	
	主电路	取下交流接触器灭弧罩，按下触头系统，分别测 L$_1$ 与 U、L$_2$ 与 V、L$_3$ 与 W 之间的电阻	通路	主电路接法正确	0Ω	

7.2.2 单向连续运行控制线路的制作实训

1. 模拟训练

画线，将图 7-7 所示的低压电器连接成单向连续运行控制线路。

图 7-7　电动机单向连续运行控制线路所需的低压电器

2. 实物操作

读者进行电动机单向连续运行控制线路的制作实训，所需的器材详见表 7-11。和 7.1

节一样，先自行画出布线图，再根据布线图进行实训操作。下面其他各节的实训也是这样。

表 7-11　制作单向连续运行控制线路的器材准备

科目	数量	备注	科目	数量	备注
三相异步电动机	1	3kW 以下小型电动机	交流接触器	1	
主电路导线		4mm² 或 2.5mm² 铝芯线	热继电器	1	
控制电路导线		2.5mm² 或 1.5mm² 铝芯线	接线端子排	1	接线端子（10 对接线端子）
断路器	1	也可用带熔丝的刀开关	按钮	2	

7.3　三相异步电动机点动与连续控制线路的制作与检修

既能使三相异步电动机连续运行，又能使它点动运行的控制线路称为点动与连续控制线路。该线路虽然复杂一些，但实质上，将 7.1 和 7.2 节的内容合并即可。

三相异步电动机点动与连续控制线路原理图、工作原理、元件布置图、布线图、适用场合、保护功能及电路检测方法见表 7-12。

表 7-12　三相异步电动机点动与连续控制线路的原理、制作与检修

科目	图示及说明	备注
原理图	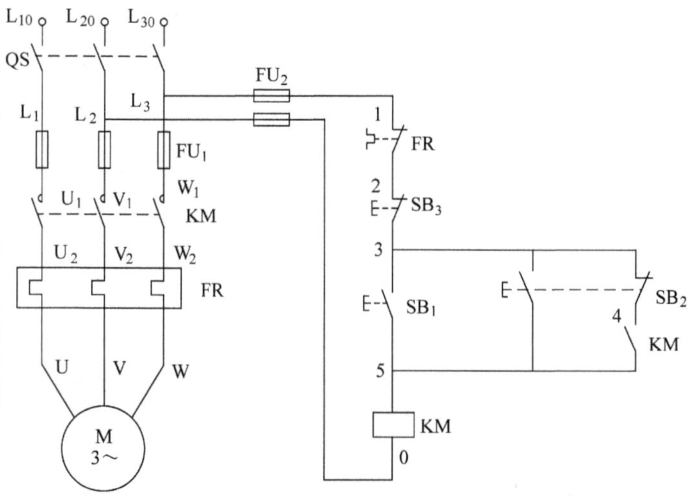	常开按钮 SB₁ 为连续运行起动按钮，复合按钮 SB₂ 为点动运行起动按钮，常闭按钮 SB₃ 为停止按钮
连续控制工作原理	合上电源开关 QS 起动工作原理：按下 SB₁，KM 线圈得电，1—KM 常开辅助触头闭合，自锁，2—KM 主触头闭合，接通电动机主电路。由 1 和 2 的共同作用，电动机单向运行 停止工作原理：按下 SB₃，KM 线圈失电，3—KM 常开辅助触头断开，解锁，4—KM 主触头断开，断开电动机主电路。由 3 和 4 的共同作用，电动机停止运行	用 1、2、3、4 表示一个现象或过程，有利于表述

185

（续）

科目	图示及说明	备注
点动控制工作原理	合上电源开关 QS 按下 SB$_2$，1—SB$_2$ 常闭触头先断开，2—SB$_2$ 常开触头后闭合，KM 线圈得电 由 2 得，3—KM 常开辅助触头不闭合，4—KM 主触头闭合，接通电动机主电路，电动机点动运行 松开 SB$_2$，5—SB$_2$ 常开辅助触头先断开，KM 线圈失电。6—SB$_2$ 常闭触头后闭合 由于 5 发生在 6 之前，电动机停止	用 1、2、3、4、5、6 表示一个现象或过程，有利于表述
元件布置图（布线图）		控制线路中，1 号线一根，2 号线两根，3 号线三根，4 号线二根，5 号线三根，0 号线一根

不通电检测	检查控制线路的总电阻	检查动作形式	现象	结论	本实验所用交流接触器线圈的直流电阻为 1500Ω 主电路检查可参考表 7-10
		起动功能：分别按下 SB$_1$ 或 SB$_2$	测量值为 1500Ω	起动功能正常	
		停止功能：按下 SB$_1$ 或 SB$_2$ 后，再按下停止按钮 SB$_3$，	测量值由 1500Ω 变为 ∞	停止功能正常	
		自锁功能：不按下 SB$_1$ 或 SB$_2$，按下接触器的触头系统	测量值为 1500Ω	自锁功能正常	

| 适用场合与保护功能 | 当系统需要较长时间运行时，用连续控制；当系统需要较短时间运行或微调时，用点动控制，如行车、升降机等
熔断器 FU$_1$ 和 FU$_2$ 分别对主电路和控制电路进行短路保护
交流接触器对电动机进行失电压保护与欠电压保护
热继电器对电动机进行过载保护 | |

7.4 接触器联锁正反转控制线路的制作与检修

电动机正反转控制线路应用极广，例如工件往返运行、开门与关门等。倒顺开关虽然也能实现控制电动机正反转，但只能控制功率较小的电动机，并且不能实现自动化控制。所以在生产实践中主要采用接触器来控制电动机的正反转运行。为了保证线路的安全性，需加联锁机构。联锁的方式有接触器联锁、按钮联锁、接触器和按钮双重联锁。

7.4.1 改变相序的方法

三相异步电动机转子旋转的方向与定子磁场的旋转方向相同，要想实现电动机的反转，就必须改变定子磁场的旋转方向。任意交换两根进入电动机的三相交流电源的进线（称为改变相序），就可以实现改变定子磁场的旋转方向。

7.4.2 接触器联锁正反转控制线路的制作方法

接触器联锁正反转控制线路实物图、电路原理图、工作原理、元件布置图、布线图、适用场合及保护功能见表 7-13。

表 7-13 三相异步电动机接触器联锁正反转控制线路的制作与检修方法

科目	图示及说明	备注
接触器联锁正反转控制线路实物图	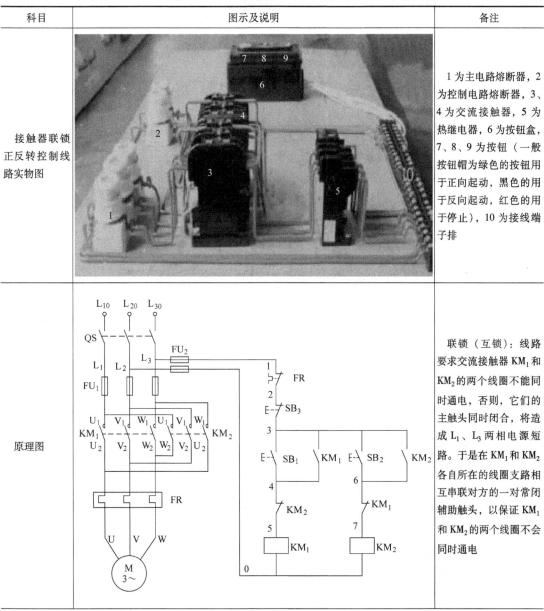	1 为主电路熔断器，2 为控制电路熔断器，3、4 为交流接触器，5 为热继电器，6 为按钮盒，7、8、9 为按钮（一般按钮帽为绿色的按钮用于正向起动，黑色的用于反向起动，红色的用于停止），10 为接线端子排
原理图		联锁（互锁）：线路要求交流接触器 KM_1 和 KM_2 的两个线圈不能同时通电，否则，它们的主触头同时闭合，将造成 L_1、L_3 两相电源短路。于是在 KM_1 和 KM_2 各自所在的线圈支路相互串联对方的一对常闭辅助触头，以保证 KM_1 和 KM_2 的两个线圈不会同时通电

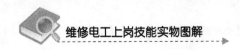
（续）

科目	图示及说明	备注
正转起动工作原理	起动前，合上电源开关 QS 按下 SB_1，KM_1 线圈得电，1—KM_1 常闭辅助触头断开，联锁，2—KM_1 常开辅助触头闭合，自锁，3—KM_1 主触头闭合，接通电动机主电路 由于结果 2 和 3 的共同作用，电动机正向运行	电动机的正反转过程应为起动、停止、反转、停止、正转…… 一般不能使电动机从正转直接变为反转或由反转直接变为正转，以免电动机损坏或缩短使用寿命
正转停止工作原理	按下 SB_3，KM_1 线圈失电，1—KM_1 常开辅助触头断开，解锁，2—KM_1 主触头断开，断开电动机主电路。由于结果 1 和 2 的共同作用，电动机停止正转，同时 KM_1 常闭辅助触头复位，为 KM_2 得电做准备	
反转起动工作原理	按下 SB_2，KM_2 线圈得电，1—KM_2 常闭辅助触头断开，联锁，2—KM_2 常开辅助触头闭合，自锁，3—KM_2 主触头闭合，接通电动机主电路 由于结果 2 和 3 的共同作用，电动机反向运行	
反转停止	反转停止工作原理与正转停止原理相同，请读者自己分析	
元件布置图（布线图）		按照布线图接线，快捷、不易出错
检测	检测前，先断开 QS，用万用表测控制电路两电源进线之间的电阻： 按下 SB_1→测得阻值应为 1500Ω，说明正转起动接线正确 按下 SB_2→测得阻值应为 1500Ω，说明反转起动接线正确 同时按下 SB_1 和 SB_2→测得阻值为 750Ω，按下 SB_1（或者 SB_2）后再按下 SB_3→测得阻值电阻从 1500Ω 变为无穷大，说明停止按钮接线正确	不同型号的交流接触器，其线圈的直流电阻不同，本实训用的小型交流接触器线圈的直流电阻为 1500Ω 左右，大型交流接触器线圈的直流电阻不到 100Ω
适用场合与保护功能	适用于电动机由正转变为反转的转换过程要求不高的场合 熔断器 FU_1 和 FU_2 分别对主电路和控制电路进行短路保护，交流接触器对电动机进行失电压保护与欠电压保护，热继电器对电动机进行过载保护	
线路特点	相互联锁，线路安全。如果一个接触器触头熔焊、粘连，不能可靠分断，则当按下另一个按钮时，另一个接触器的线圈不可能接通	

7.4.3　接触器联锁正反转控制线路的制作实训

1. 模拟

将图 7-8 所示的低压电器连接成三相异步电动机接触器联锁正反转控制线路。

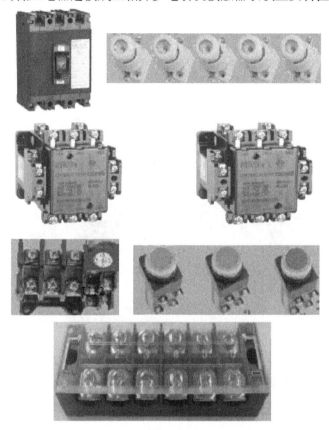

图 7-8　三相异步电动机接触器联锁正反转控制线路所需低压电器

2. 实物操作

读者进行接触器联锁正反转控制线路制作的训练所需器材详见表 7-14。

表 7-14　接触器联锁正反转控制线路所需器材准备

名称	数量	备注	名称	数量	备注
电动机	1	3kW 以下小型电动机	交流接触器	2	CJX2 – 910 型
主电路导线		4mm^2 或 2.5mm^2 铝芯线	热继电器	1	
控制电路导线		2.5mm^2 或 1.5mm^2 铝芯线	接线端子排	1	12 对接线端子
断路器	1	也可用带熔丝的刀开关	按钮	3	
主电路熔断器	3		万用表	1	M47
控制电路熔断器	2		电工工具		

7.5　按钮联锁正反转控制线路的制作与检修

在 7.4 节的接触器联锁正反转控制线路的基础上，可将联锁不设置在接触器上而设置在

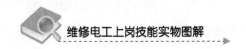

按钮上，从而制作按钮联锁控制的正反转控制线路。该线路也有一定的应用价值。

7.5.1 元件准备

按钮联锁正反转控制线路电器元件准备与接触器联锁正反转控制线路电器元件准备完全相同。

7.5.2 按钮联锁正反转控制线路的制作方法

按钮联锁正反转控制线路实物图、电路原理图、工作原理、元件布置图、布线图、适用场合、保护功能及优缺点见表7-15。

表7-15 按钮联锁正反转控制线路的制作方法

科目	图示及说明	备注
按钮联锁正反转控制线路实物图	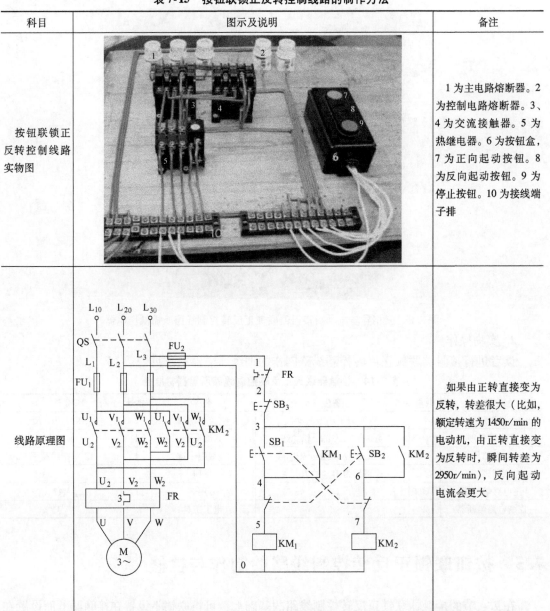	1为主电路熔断器。2为控制电路熔断器。3、4为交流接触器。5为热继电器。6为按钮盒，7为正向起动按钮。8为反向起动按钮。9为停止按钮。10为接线端子排
线路原理图		如果由正转直接变为反转，转差很大（比如，额定转速为1450r/min的电动机，由正转直接变为反转时，瞬间转差为2950r/min），反向起动电流会更大

（续）

科目	图示及说明	备注
正转工作原理	按下 SB_1，1—SB_1 常闭触头先断开，切断反转控制电路，联锁。2—SB_1 常开触头后闭合，KM_1 线圈得电 由 2 得，3—KM_1 常开辅助触头闭合，自锁，4—KM_1 主触头闭合，电动机正向运行	
直接反转工作原理	按下 SB_2，1—SB_2 常闭触头先断开，KM_1 线圈失电，2—SB_2 常开触头后闭合，KM_2 线圈得电 由 1 得，3—KM_1 主触头断开，电动机正转停止，4—KM_1 常开辅助触头断开，解锁 由 2 得，5—KM_2 常开辅助触头闭合，自锁，6—KM_2 主触头闭合，电动机反向运行	
停止	按下 SB_3，所有触头复位，电动机停止	
元件布置图（布线图）	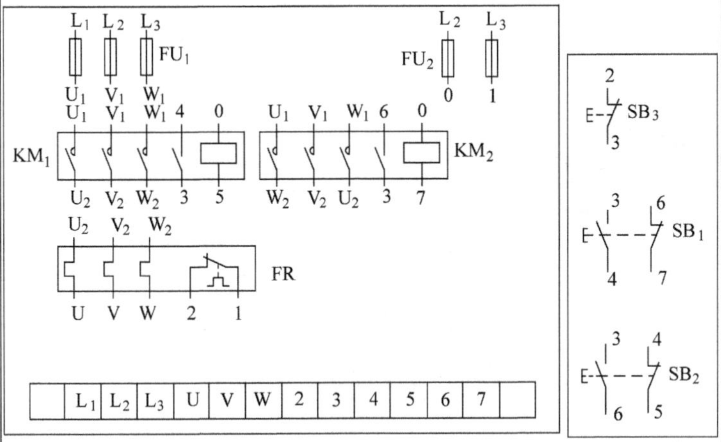	警告：该线路在运行过程中，不允许手动直接按下交流接触器的触头系统，否则会造成主电路短路
检测	断开 QS，然后测控制电路两电源进线之间的电阻： 按下 SB_1→若测量电阻为 1500Ω，接线正常 按下 SB_2→若测量电阻为 1500Ω，接线正常 先按下 SB_1，然后按下 SB_2 或先按下 SB_2，然后按下 SB_1→电阻从 1500Ω 变为无穷大，则接线正常	所选用的两个交流接触器线圈直流电阻均为 1500Ω
适用场合与保护功能	适用于电动机由正转变为反转的转换过程要求较高的场合 熔断器 FU_1 和 FU_2 分别对主电路和控制电路进行短路保护，交流接触器对电动机进行失电压保护与欠电压保护，热继电器对电动机进行过载保护	
线路特点	线路安全性不够。若一个接触器触头熔焊、粘连，不能可靠分断，当按下另一个按钮时，另一个接触器的线圈仍然能接通，存在造成短路的可能性	

7.5.3　按钮联锁正反转控制线路的制作实训

1. 模拟训练

将图 7-9 所示的低压电器连接成三相异步电动机按钮联锁正反转控制线路。

图7-9 三相异步电动机按钮联锁正反转控制线路所需低压电器

2. 实物训练

按钮联锁正反转控制线路实训所需器材与表7-15相同。

7.6 按钮－接触器双重联锁正反转控制线路的制作与检修

将7.5节和7.4节的联锁装置综合在一起，就形成了按钮－接触器双重联锁正反转控制线路。该线路虽然比较复杂，但安全性能好，用于频繁地正反转并且安全性能要求较严格的场合。

7.6.1 双重联锁正反转控制线路的制作方法

1. 电器元件准备

与接触器联锁正反转控制线路电器元件准备完全相同，见表7-14。

2. 双重联锁正反转控制线路的制作方法

按钮－接触器双重联锁正反转控制线路的原理图、工作原理、元件布置图、布线图、适用场合、保护功能及优缺点见表7-16。

表 7-16 按钮－接触器双重联锁正反转控制线路的制作与检修方法

科目	图示及说明
原理图	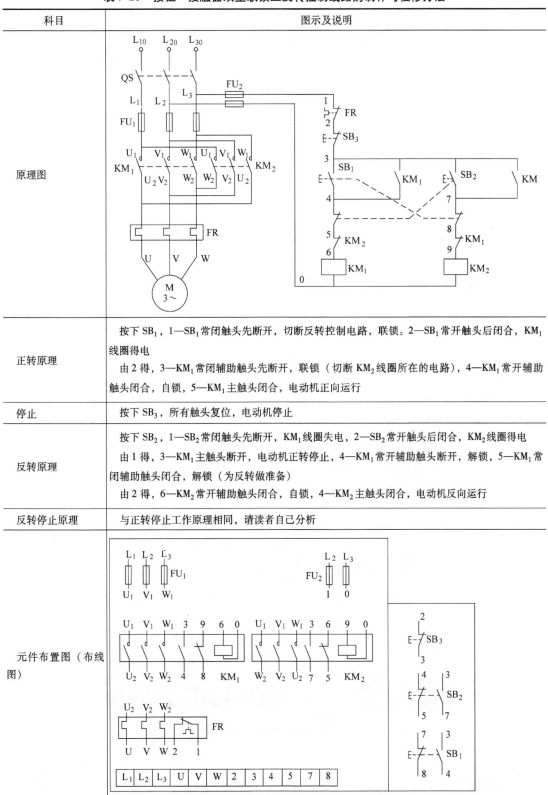
正转原理	按下 SB$_1$，1—SB$_1$ 常闭触头先断开，切断反转控制电路，联锁。2—SB$_1$ 常开触头后闭合，KM$_1$ 线圈得电 由 2 得，3—KM$_1$ 常闭辅助触头先断开，联锁（切断 KM$_2$ 线圈所在的电路），4—KM$_1$ 常开辅助触头闭合，自锁，5—KM$_1$ 主触头闭合，电动机正向运行
停止	按下 SB$_3$，所有触头复位，电动机停止
反转原理	按下 SB$_2$，1—SB$_2$ 常闭触头先断开，KM$_1$ 线圈失电，2—SB$_2$ 常开触头后闭合，KM$_2$ 线圈得电 由 1 得，3—KM$_1$ 主触头断开，电动机正转停止，4—KM$_1$ 常开辅助触头断开，解锁，5—KM$_1$ 常闭辅助触头闭合，解锁（为反转做准备） 由 2 得，6—KM$_2$ 常开辅助触头闭合，自锁，4—KM$_2$ 主触头闭合，电动机反向运行
反转停止原理	与正转停止工作原理相同，请读者自己分析
元件布置图（布线图）	

（续）

科目	图示及说明
线路优点	操作方便。可控制电动机实现迅速反转 安全可靠。如果一个接触器触头熔焊，另一个线圈不能接通，不存在造成短路
适用场合与保护功能	该线路由于安全可靠、操作方便，因此被广泛应用于电动机的正反转控制 熔断器 FU_1 和 FU_2 分别对主电路和控制电路进行短路保护，交流接触器对电动机进行失压保护与欠压保护，热继电器对电动机进行过载保护
检测	参照前面介绍的接触器联锁或按钮联锁正反转控制线路的检测方法

7.6.2　双重联锁控制线路的制作实训

1. 模拟训练

将图 7-10 所示的低压电器连接成三相异步电动机按钮 – 接触器双重联锁正反转控制线路。

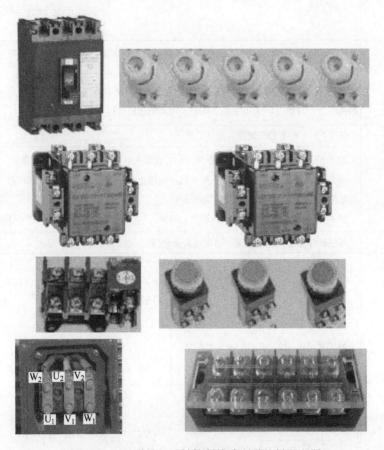

图 7-10　双重联锁正反转控制线路所需的低压电器

2. 实物操作训练

双重联锁正反转控制线路实训所需的器材见表 7-15。

7.7　行程开关控制运动部件自动往复运行控制线路的制作与检修

有些机械或加工工件必须限制在一定范围内做往复运动（如刨床、车床溜板、铣床溜板），我们通常用两个行程开关（又称位置开关）来实现这种控制。方法是将两块挡铁安装、固定在往复运动的工件上，挡铁与安装在运动路径上的两个行程开关碰撞，导致行程开关的触头发生动作，从而控制电动机改变转动方向，实现往复运动。

7.7.1　制作行程开关控制动力部件往复运动控制线路的方法

行程开关控制运动部件自动往复控制线路的实物图、线路原理图、工作原理、元件布置图、布线图、注意事项见表 7-17。

表 7-17　制作行程开关控制动力部件往复运动控制线路的方法

科目	图示及说明
实物图	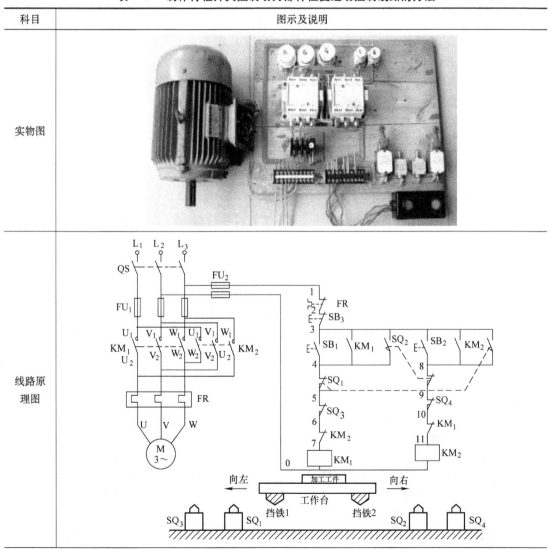
线路原理图	

（续）

科目	图示及说明
控制电路工作原理	按下 SB_1，KM_1 线圈得电，1—KM_1 常闭辅助触头先断开，联锁，2—KM_1 常开辅助触头后闭合，自锁，3—KM_1 主触头闭合，电动机正向运行（工作台左移），移至限位位置，挡铁 1 碰 SQ_1 由 3 得，4—SQ_1 常闭触头先断开，KM_1 线圈失电，5—SQ_1 常开触头后闭合 由 4 得，6—KM_1 常开辅助触头先断开（复位），解锁，7—KM_1 主触头断开，电动机停止正向运行（工作台停止左移），8—KM_1 常闭辅助触头闭合（复位） 由 5、8 得，9—KM_2 线圈得电 由 9 得，10—KM_2 常闭辅助触头先断开，联锁，11—KM_2 常开辅助触头后闭合，自锁，12—KM_2 主触头闭合，电动机反向运行（工作台右移），移至限位位置，挡铁 2 碰 SQ_2 由 12 得，13—SQ_2 常闭触头先断开，KM_2 线圈失电，14—SQ_2 常开触头后闭合 由 13 得，15—KM_2 常开辅助触头断开（复位），解锁，16—KM_2 主触头断开，电动机停止反向运行（工作台停止右移），17—KM_2 常闭辅助触头后闭合（复位） 由 14、17 得，KM_1 线圈得电 SQ_3、SQ_4 的作用：SQ_3、SQ_4 用作二次限位保护，用于限制工作台的极限位置，挡铁 1 因故（SQ_1 常闭触头不能正常分断）运动到 SQ_3，挡铁 2 因故运动到 SQ_4，线路将二次断开
布线图	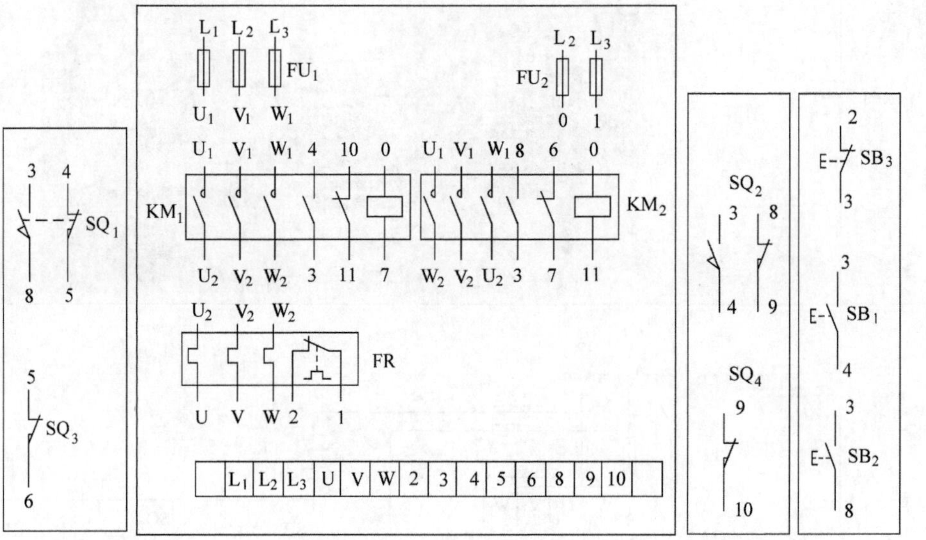 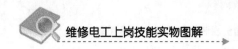
保护功能	熔断器 FU_1 和 FU_2 分别对主电路和控制电路进行短路保护。交流接触器对电动机进行失电压保护与欠电压保护 当 SQ_1、SQ_2 出现故障，常闭触头不能分断时，SQ_3、SQ_4 可自动实现紧急停车
注意事项	SQ_3、SQ_4 所安装的位置不是挡铁所能到达的极限位置，如果电动机没有安装制动设备，遇到突然停电，机车由于惯性，还会继续前进，所以在安装 SQ_3 时，工作台左边应预留一定的空间，在安装 SQ_4 时，工作台右边也应预留一定的空间

7.7.2　行程开关控制线路的制作实训

1. 模拟训练

将图 7-11 所示的低压电器连接成行程开关控制工件往返运动的线路。

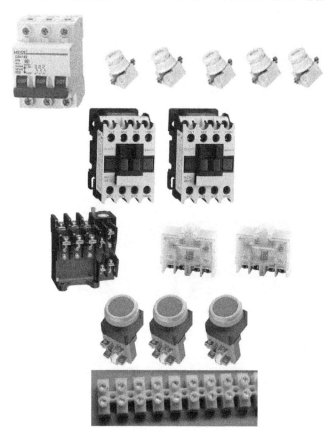

图 7-11　行程开关控制工件往返运动控制线路所需的低压电器

2. 实物操作训练

读者进行该控制线路的制作实训，所需器材可参考表 7-18。

表 7-18　制作行程开关控制运动部件自动往复控制线路时的电器元件准备

名称	数量	备注	名称	数量	备注
电动机	1	3kW 以下小型电动机	交流接触器	2	
主电路导线		4mm² 或 2.5mm² 铝芯线	热继电器	1	
控制电路导线		2.5mm² 或 1.5mm² 铝芯线	接线端子排	1	20 对接线端子
断路器	1	也可用带熔丝的刀开关	按钮	3	
主电路熔断器	3		电工工具		
控制电路熔断器	2		万用表	1	
按钮式行程开关	4	也可用单臂行程开关			

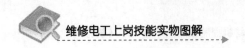

7.8　多台电动机顺序起动控制线路的制作与检修

在安装有多台电动机的生产机械上，有时需要按一定的顺序起动，才能保证操作过程的合理性和安全性（例如，冷库的冷凝水泵或风机起动后，压缩机才能起动）。下面介绍的控制线路起动顺序是，先起动电动机 M_1，后起动电动机 M_2，即只有当电动机 M_1 起动后，电动机 M_2 才能起动。

7.8.1　顺序起动控制线路的制作方法

顺序起动控制线路的制作方法详见表 7-19

表 7-19　顺序起动控制线路的制作与检修方法

名称	图示及说明	备注
实物图		
控制线路主电路原理图及控制电路原理图1		左图控制电路中，SB_1 控制电动机 M_1 起动，SB_2 控制电动机 M_2 起动，SB_3 控制电动机 M_1 和 M_2 同时停止

（续）

名称	图示及说明	备注
控制电路原理图2		左图控制电路中，SB$_1$控制电动机 M$_1$起动。SB$_4$控制电动机 M$_2$停止。SB$_3$控制电动机 M$_2$起动，SB$_2$控制电动机 M$_1$和 M$_2$同时停止，如果电动机 M$_2$未起动，则控制电动机 M$_1$停止
控制电路原理图1工作原理	合上电源开关 QS 按下 SB$_1$，KM$_1$线圈得电，1—KM$_1$常开辅助触头闭合，自锁，2—KM$_1$主触头闭合。由于1和2的共同作用，电动机 M$_1$起动 按下 SB$_2$，由于 KM$_1$常开辅助触头已经闭合，3—KM$_2$常开辅助触头闭合，自锁，4—KM$_2$主触头闭合。由于3和4的共同作用，电动机 M$_2$起动 按下 SB$_3$，电动机 M$_1$和 M$_2$同时停止	
电动机顺序控制的接线规律	要求接触器 KM$_1$动作后接触器 KM$_2$才能动作，则将接触器 KM$_1$的常开辅助触头串接于接触器 KM$_2$的线圈电路中 要求接触器 KM$_1$动作后接触器 KM$_2$不能动作，则将接触器 KM$_1$的常闭辅助触头串接于接触器 KM$_2$的线圈电路中	读者根据规律，可按需要自行设计各种顺序控制线路

7.8.2 顺序起动控制线路的制作实训

1. 模拟训练

将图7-12所示的低压电器连接成两台电动机的顺序起动控制线路。

图7-12 两台电动机的顺序起动控制线路所需的低压电器

2. 实物操作训练

读者进行顺序起动控制线路制作实训所需器材可参考表7-20。

表7-20　制作两台电动机顺序起动控制线路所需元件

名称	数量	备注	名称	数量	备注
电动机	2	3kW以下小型电动机	交流接触器	2	
主电路导线		4mm² 或 2.5mm² 铝芯线	热继电器	2	
控制电路导线		2.5mm² 或 1.5mm² 铝芯线	接线端子排	1	16~20 对接线端子
断路器	1	也可用带熔丝的刀开关	按钮	3	
主电路熔断器	3		电工工具		螺丝刀、尖嘴钳、剥线钳
控制电路熔断器	2		万用表	1	

7.9　电动机的多地控制

有些加工机械，为了操作方便，人们希望在多处地点都能进行起动或停止操作，即多地控制。两地控制的原理图、工作原理、布线图及电路特点见表7-21。

表7-21　多地控制原理图、工作原理、布线图及电路特点

科目	图示及说明
单台电动机多地控制原理图	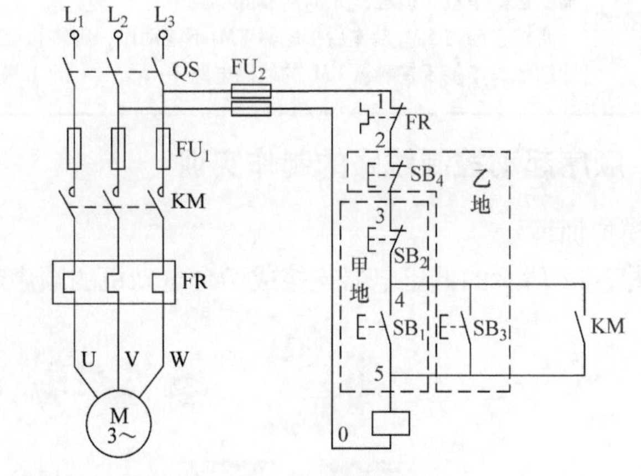 SB₁、SB₂安装在甲地，SB₃、SB₄安装在乙地。
工作原理	合上电源开关 QS 起动工作原理：在甲地按下 SB₁ 或在乙地按下 SB₃，KM 线圈得电，1—KM 常开辅助触头闭合，自锁，2—KM 主触头闭合，接通电动机主电路 由 1 和 2 的共同作用，电动机单向运行 停止工作原理：在甲地按下 SB₂ 或在乙地按下 SB₄，KM 线圈失电，3—KM 常开辅助触头断开，解锁，4—KM 主触头断开，断开电动机主电路 由 3 和 4 的共同作用，电动机停止运行

（续）

科目	图示及说明
多地控制布线图	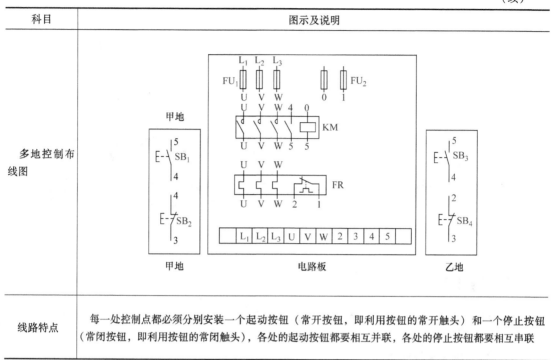
线路特点	每一处控制点都必须分别安装一个起动按钮（常开按钮，即利用按钮的常开触头）和一个停止按钮（常闭按钮，即利用按钮的常闭触头），各处的起动按钮都要相互并联，各处的停止按钮都要相互串联

第 8 章

三相异步电动机控制线路制作与检修（提高篇）以及低压配电设备装配

本章导读

功率较大的三相异步电动机如果采用直接起动，由于起动电流较大，会使供电线路的电压降低，影响其他设备的运行。所以要采用减压起动。有些设备在停机时，需要对电动机进行制动，以达到迅速停机的目的。

通过学习本章，可掌握三相异步电动机的常用减压起动以及能耗制动控制线路的装配与检修方法。另外，本章还介绍了配电屏（柜）的装配方法和相关知识。本章相对于第 7 章来说，难度有一定的提高。

学习目标

1）理解星形 – 三角形减压起动控制线路的基本原理。
2）会装配与检修星形 – 三角形减压起动控制线路。
3）理解反接制动、能耗制动控制线路的基本原理。
4）掌握反接制动控制线路的装配与检修方法。
5）掌握能耗制动控制线路的装配与检修方法。
6）掌握软起动器的使用方法。
7）掌握配电柜、配电箱等设备的装配方法。

学习方法建议

要理解各控制电路的工作原理。着重做好星形 – 三角形减压起动控制线路的制作实训。

8.1 三相异步电动机星形 – 三角形减压起动控制线路的装配与检修

电动机起动电压低于额定电压的起动方式称为减压起动。三相异步电动机直接起动时（全压起动），起动电流根据所带负载不同，一般是额定电流的 4~7 倍，如果直接起动，会对同网的其他负载或用户的正常工作产生影响。但是减压起动的结果，会使起动转矩下降较多，所以减压起动只适用于空载或轻载情况下起动电动机。

容量较小的电动机，可以直接起动，对于电动机的容量（视在功率）大于变压器容量的 8% 以上或 30kW 以上的电动机都必须采用减压起动。常用的减压起动为星形 – 三角形减压起动，也就是起动时采用星形联结，待电动机达到正常转速后，切换成三角形联结，全压运行。

8.1.1　星形 – 三角形减压起动基本控制线路的装配与检修方法

1. 实物图示例

时间继电器自动切换三相异步电动机星形 – 三角形减压起动控制线路实物图见表 8-1。

表 8-1　星形 – 三角形减压起动控制线路的实物图与原理图

名称	图示及说明	备注
工厂实物图（示例）		1、2、3 是交流接触器，4 是时间继电器，5 是中间继电器，6 是电流互感器，7 是热继电器 其中中间继电器用于补充交流接触器的辅助触头数量的不足
实训作业成品		1 是主电路熔断器，2 是控制电路熔断器，3、4、5 是交流接触器 KM、KM△、KM丫，6 是热继电器，7 是时间继电器，8 是接线端子排，9 是按钮盒，10 是停止按钮，11 是起动按钮，12 是主电路导线，13 是控制电路导线

2. 原理图

时间继电器自动切换三相异步电动机星形 – 三角形减压起动控制线路原理图如图 8-1

所示。

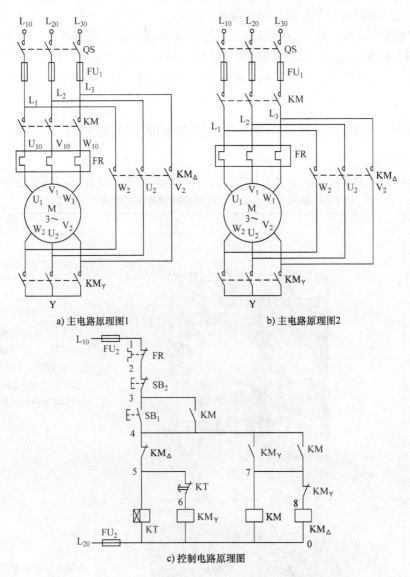

a) 主电路原理图1　　　　b) 主电路原理图2

c) 控制电路原理图

图 8-1　三相异步电动机星形－三角形减压起动控制线路原理图

　　主电路原理图 1 更便于制作，同时 KM 可与 $KM_\triangle$ 选同一规格，主电路原理图 2 中，所选用的 KM 的额定电流应比 $KM_\triangle$ 大。

　　3. 星形－三角形减压起动基本控制线路的工作原理

闭合断路器 QS。

按下 SB_1，1—时间继电器 KT 的线圈得电，计时开始；2 —KM_Y 线圈得电。

由 2 得，3— KM_Y 常闭辅助触头（位于图中 7 与 8 之间）断开，联锁（$KM_\triangle$ 线圈所在电路断开）；4— KM_Y 常开辅助触头闭合；5—KM_Y 主触头闭合。

由 4 得，6—KM 线圈得电。

由 6 得，7—KM 两个常开辅助触头（位于图中 4 与 7、3 与 4 之间）闭合，实现了对 KM_Y 和 SB_1 的自锁；8—KM 主触头闭合。

由 5 和 8 的共同作用，电动机 M 以星形联结方式起动。

由 1，达到整定时间得，9—时间继电器 KT 通电延时断开触头断开。

由 9 得，10—KM_Y 线圈失电。

由 10 得，11—KM_Y 主触头断开，电动机暂时失电；12— KM_Y 常闭辅助触头（位于图中 7 与 8 之间）闭合，$KM_\triangle$ 线圈得电；13—KM_Y 常开辅助触头断开，由于有结果 8 的存在，结果 13 对电路没有影响。

由 12 得，14—$KM_\triangle$ 主触头闭合，电动机以三角形联结运行；15—$KM_\triangle$ 常闭辅助触头断开，时间继电器 KT 线圈失电，KT 通电延时断开触头复位（闭合）。

停止工作原理：按下 SB_2，各个触头全部复位，电动机失电停止。

4. 星形 – 三角形减压起动基本控制线路的布线图

星形 – 三角形减压起动的控制线路有一定的复杂性，因此事先画出布线图（见图 8-2），有利于快速、正确地完成该控制线路的实物制作。

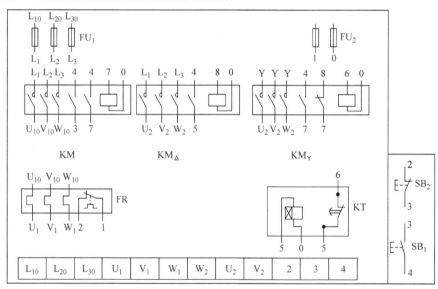

图 8-2　星形 – 三角形减压起动的控制线路的布线图

5. 星形 – 三角形减压起动的控制线路的特点

优点：该控制线路制作成本低，因此被广泛应用。

缺点：减压比固定（0.58 倍），不能根据需要调节减压比。起动转矩较小（只有全压起动转矩的 1/3），当起动负荷较大时，可能不符合要求。

8.1.2　星形 – 三角形减压起动正反转控制线路的制作（装配）

星形 – 三角形减压起动正反转控制线路，既能实现电动机正反转，同时每次起动都是减压起动，控制线路实物图、电路原理图、工作原理、元件布置图、布线图、优缺点见表 8-2。

表8-2　星形－三角形减压起动正反转控制线路实物图、原理图、工作原理、布线图、优缺点

名称	图示及说明	说明
实物图	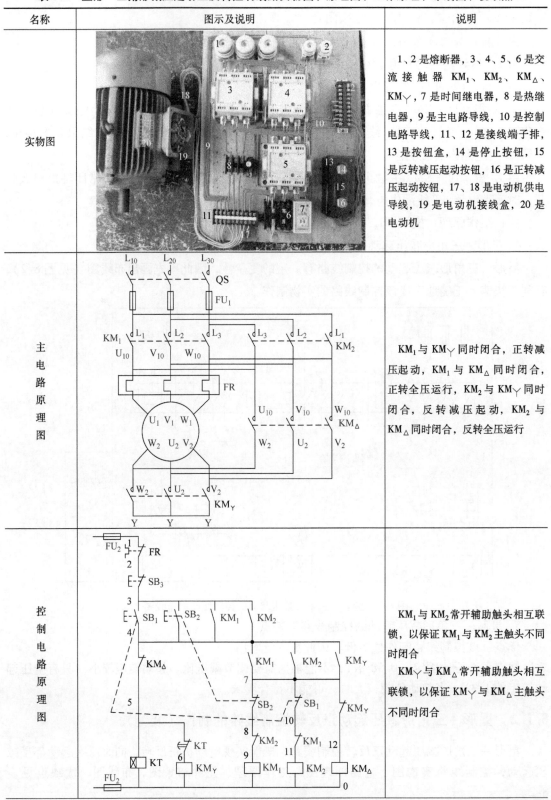	1、2是熔断器，3、4、5、6是交流接触器 KM₁、KM₂、KM△、KM▽，7是时间继电器，8是热继电器，9是主电路导线，10是控制电路导线，11、12是接线端子排，13是按钮盒，14是停止按钮，15是反转减压起动按钮，16是正转减压起动按钮，17、18是电动机供电导线，19是电动机接线盒，20是电动机
主电路原理图		KM₁与KM▽同时闭合，正转减压起动，KM₁与KM△同时闭合，正转全压运行，KM₂与KM▽同时闭合，反转减压起动，KM₂与KM△同时闭合，反转全压运行
控制电路原理图		KM₁与KM₂常开辅助触头相互联锁，以保证KM₁与KM₂主触头不同时闭合 KM▽与KM△常开辅助触头相互联锁，以保证KM▽与KM△主触头不同时闭合

（续）

名称	图示及说明	说明
正向减压起动工作原理	闭合断路器 QS 　按下 SB$_1$，1—SB$_1$ 常闭触头先断开，断开 KM$_2$ 线圈所在电路，联锁。2—时间继电器 KT 得电，计时开始；3—KM$_\curlyvee$ 线圈得电 　由 3 得，4—KM$_\curlyvee$ 主触头闭合；5—KM$_\curlyvee$ 常闭辅助触头断开，联锁（KM$_\triangle$ 线圈所在电路断开）；6—KM$_\curlyvee$ 常开辅助触头闭合 　由 6 得，7—KM$_1$ 线圈得电 　由 7 得，8—KM$_1$ 主触头闭合；9—两个 KM$_1$ 常开辅助触头闭合，自锁。10—KM$_1$ 常闭辅助触头断开，联锁 　由 4、8 的共同作用，电动机 M 以星形联结方式正向起动 　由 2 得，11—时间继电器 KT 通电延时断开触头断开 　由 11 得，12—KM$_\curlyvee$ 线圈失电 　由 12 得，13—KM$_\curlyvee$ 主触头断开，电动机暂时失电；14—KM$_\curlyvee$ 常闭辅助触头闭合；KM$_\triangle$ 线圈得电；15—KM$_\curlyvee$ 常开辅助触头断开，由于 9 的存在，15 对电路没有影响 　由 14 得，16—KM$_\triangle$ 主触头闭合，电动机以三角形联结正向运行。15—KM$_\triangle$ 常闭辅助触头断开，时间继电器 KT 线圈失电。KT 通电延时断开触头复位（闭合）	
直接反向减压起动工作原理	按下 SB$_2$，1—SB$_2$ 常闭触头先断开，KM$_1$ 线圈失电。2—时间继电器 KT 得电，计时开始；3—KM$_\curlyvee$ 线圈得电。4—SB$_2$ 常开触头后闭合 　由 1 得，5—两个 KM$_1$ 常开辅助触头断开，整个控制电路全部触头复位，正转停止。由于结果 5，起动反向减压起动程序	
警告	要先停止，再改变旋转方向。直接改变旋转方向（电动机由正向三角形联结直接变为星形联结瞬间），转差特别大，起动电流也很大。非特殊情况，一般应尽量不直接改变旋转方向	
停止原理	按下 SB$_3$，各个触头全部复位，电动机失电停止	
元件布置图与布线图	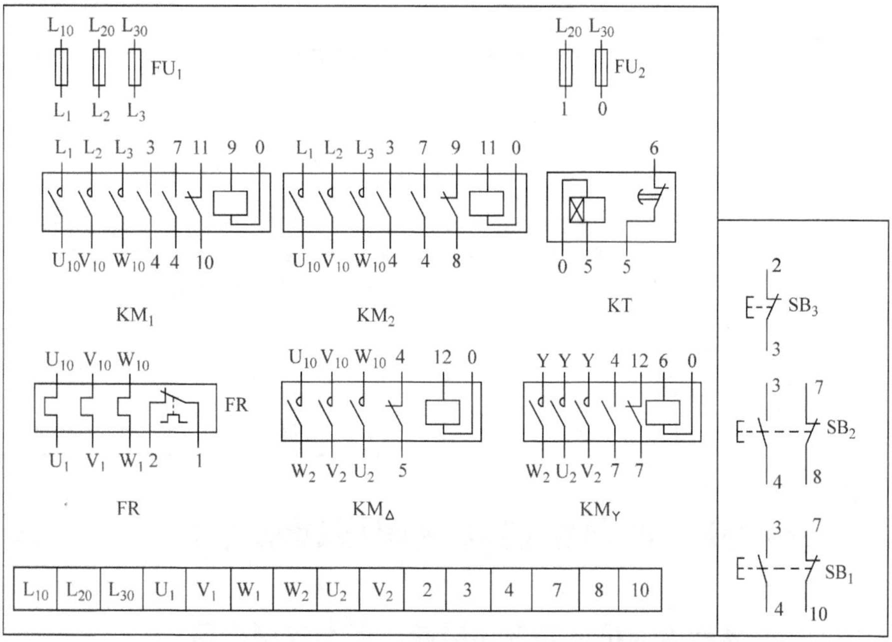	
优缺点	与时间继电器自动切换三相异步电动机星形－三角形减压起动控制线路相似	

8.1.3 星形－三角形减压起动控制线路的实训

实训所需元器件可参考表 8-3。

表 8-3 制作时间继电器自动切换三相异步电动机星形－三角形减压起动控制线路所需元件

名称	数量	备注	名称	数量	备注
电动机	1	3kW 以下小型电动机	交流接触器	3	
主电路导线		4mm² 或 2.5mm² 铝芯线	热继电器	1	JR10－10 型
控制电路导线		2.5mm² 或 1.5mm² 铝芯线	接线端子排	1	16～20 对接线端子
断路器	1	也可用带熔丝的刀开关	按钮	2	
主电路熔断器	3	RL1－60/20	电工工具		螺丝刀、尖嘴钳、剥线钳
控制电路熔断器	2	RL1－15/5	万用表	1	M47 型
三相异步电动机	1	三角形联结方式	时间继电器	1	JS14－P

实训步骤可参考表 8-4。

表 8-4 制作时间继电器自动切换星形－三角形减压起动控制线路的实训步骤

步骤	关键词	实训操作
1	选取元件	根据电路原理图和电动机的额定电流、额定电压，配齐符合电路要求的元件，然后检测各元件的好坏 如果流过干路的电流为 I，按图 8-1a 的主电路原理图接线时，流过 KM、KM△、KM丫 主触头的电流和热继电器热元件的电流分别为 $0.58I$、$0.58I$、$0.33I$、$0.58I$，选择 KM、KM△、KM丫 和 FR 时可按"中、中、小、中"的原则选取相应低压电器。 按图 8-1b 主电路原理图接线时，流过 KM、KM△、KM丫 主触头的电流和热继电器热元件的电流分别为 I、$0.58I$、$0.33I$、$0.58I$，选择 KM、KM△、KM丫 和 FR 时可按"大、中、小、中"的原则选取相应低压电器
2	绘制元件布置图和布线图	根据配电柜的实际尺寸和绘制元件布置图和布线图
3	布置元件	将元件安装到配电柜或配电板上
4	静态检测（检测制作的电路是否有明显的故障）	首先断开 QS，测出每个交流接触器线圈的直流电阻 R。时间继电器电阻约为 6000Ω，然后完成以下测试 ① 主电路的检测。用万用表电阻挡检测三相之间是否有短路，然后同时按下 KM 和 KM丫，检测三相之间是否有短路，再同时按下 KM 和 KM△，检测三相之间是否有短路 ② 控制电路的检测。按下 SB₁，测控制电路两端（图 8-1 中的 L₁₀、L₂₀ 之间）的电阻，若为 0，则有短路
5	（动态检测）通电试车	取 FU₂ 的熔体，将电动机接入电路，然后闭合 QS，先按下 KM 和 KM丫 观察电动机运行情况。然后按下 KM 和 KM△ 观察电动机是否明显加速，若有，则为正常 断开 QS，给 FU₂ 安装熔体，然后闭合 QS，再然后按下 SB₁，观察电动机的运行情况

8.2 三相异步电动机的其他减压起动方式

8.2.1 三相异步电动机自耦变压器减压起动控制线路

自耦变压器减压起动是利用自耦变压器来降低起动时加在定子绕组上的电压，达到限制起动电流的目的。

如果你选择电压比为 0.8（抽头 80%），则起动时，干路电流是全压起动电流的 0.64 倍，起动转矩是全压起动转矩的 0.64 倍；如果你选择电压比为 0.7（抽头 70%），则起动时，干路电流是全压起动电流的 0.49 倍，起动转矩是全压起动转矩的 0.49 倍。

所选的自耦变压器的容量（视在功率）应与电动机的容量相当，用于减压起动的两个交流接触器工作时间短，为了节约成本，可选择小于主电路的交流接触器。

1. 电器元件准备

三相异步电动机自耦变压器减压起动控制线路的电器元件准备见表 8-5。

表 8-5　三相异步电动机自耦变压器减压起动控制线路的电器元件准备

名称	数量	备注	名称	数量	备注
电动机	1	3kW 以下小型电动机	自耦变压器	1	三相，抽头 80% 为宜
主电路导线		4mm² 或 2.5mm² 铝芯线	交流接触器	3	
控制电路导线		2.5mm² 或 1.5mm² 铝芯线	热继电器	1	
断路器	1	也可用带熔丝的刀开关	接线端子排	1	20～24 对接线端子
主电路熔断器	3		按钮	2	
控制电路熔断器	2		电工工具		螺丝刀、尖嘴钳、剥线钳
时间继电器	1	JS14－P 型	万用表	1	
电流互感器	2		中间继电器	1	

2. 三相异步电动机自耦变压器减压起动控制线路实物图、电路原理图、工作原理、元件布置图、布线图、优缺点（见表 8-6）

表 8-6　三相异步电动机自耦变压器减压起动控制线路说明

名称	图示及说明	备注
自耦变压器		1、2、3 为铝排（导线），4 为自耦变压器铁心（局部），5、6、7 为自耦变压器绕组，8、9、10 为铜缆（导线） 1、8 为自耦变压器绕组 5 的两根出线，2、9 为自耦变压器绕组 6 的两根出线，3、10 为自耦变压器绕组 7 的两根出线 各个绕组的抽头在图中各绕组后面（图中看不见）
电流互感器与局部主电路		1～9 为铝排（1、4、7 为 L_{12}，2、5、8 为 L_{22}，3、6、9 为 L_{32}） 10、11 电流互感器 T 12、13 交流接触器（12 是原理图中的 KM_3，13 是原理图中的 KM_2）

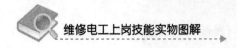

（续）

名称	图示及说明	备注
实物图（工厂三相异步电动机自耦变压器减压起动控制线路实物图）	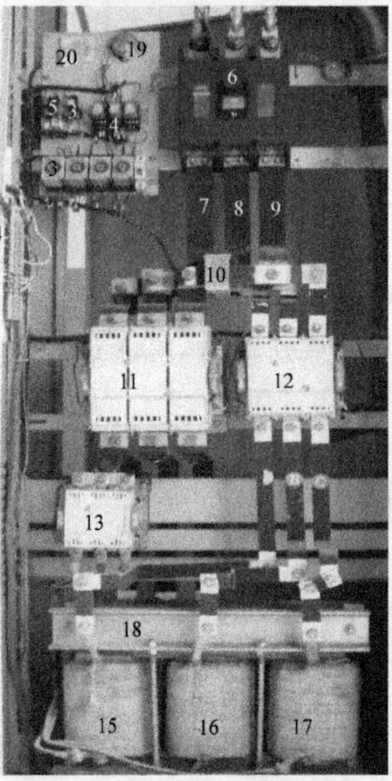 （实物照片）	1、2 是按钮 SB_1、SB_2（按钮帽在门外） 3 是时间继电器 KT（4 个，其中一个用于减压起动，另外几个用于保护电路） 4 是中间继电器 KA（3 个，其中一个用于减压起动控制电路，另外 3 个用于保护电路） 5 是热继电器 FR 6 是断路器 QS 7、8、9 是铝排 10 是电流互感器 T_1、T_2（图中只能看到 1 个，套在主电路导线上，用于测主电路电流），给热继电器提供电能 11、12、13 是交流接触器（KM_3、KM_2、KM_1） 14 是控制电路熔断器 FU_2 15、16、17、18 是三相自耦变压器 19 是报警器（电铃）20 是时间累计器（记录电动机运行总时间）
主电路原理图	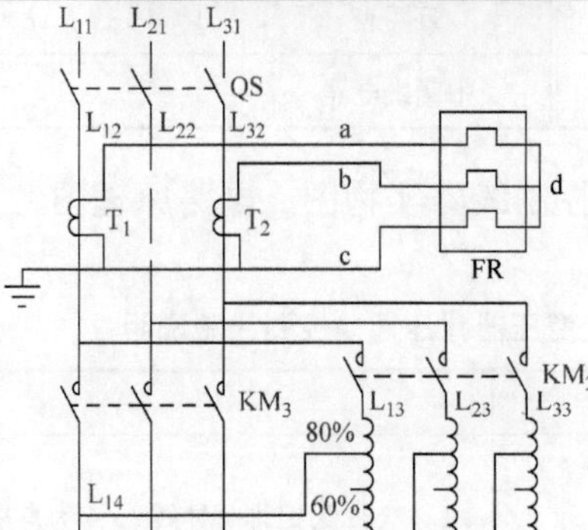 （原理图）	电流互感器 T_1、T_2 通过三根导线 a、b、c 与热继电器 FR 相连接，d 为短接线，其中接地线可以省略。若选取 50/5 的电流互感器，热继电器的整定值为干路电流的 1/10 自耦变压器各相绕组有 80%、60% 两组抽头，该电路使用 80% 抽头 主电路导体的规格选择要根据电流大小决定，可分别选用铝排或铜缆 KM_1、KM_2 主触头闭合，减压起动；KM_3 主触头闭合，全压运行，这时 KM_1 必须断开，否则自耦变压器未能脱离电源，电路将会出现不必要的铜耗和铁耗
控制电路原理图	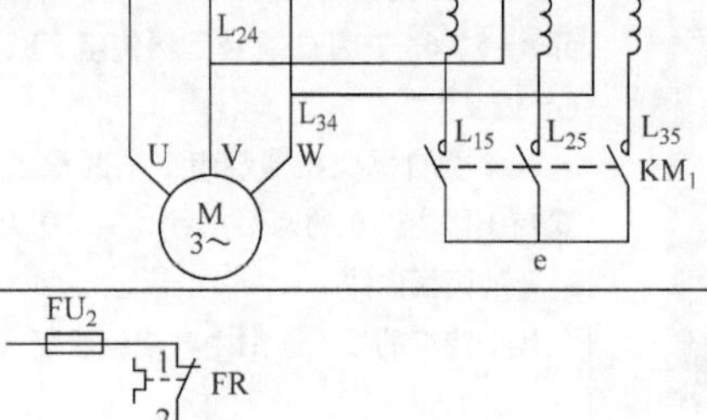 （原理图）	

（续）

名称	图示及说明	备注
工作原理	合上电源开关 QS 按下 SB_2，KM_1 线圈得电，1—KM_1 常闭辅助触头断开，联锁（KM_3 线圈所在的电路断开），2—KM_1 主触头闭合，3—KM_1 常开辅助触头闭合 由 3 得，4—KM_2 线圈得电，5—时间继电器 KT 线圈得电 由 4 得，6—KM_2 主触头闭合，7—KM_2 常开辅助触头闭合，自锁 由 2 和 6 的共同作用，电动机 M 减压起动 由 5，经过整定时间，KT 延时闭合触头闭合，8—中间继电器 KA 线圈得电 由 8 得，9—KA 常闭触头先断开，10—KA 常开触头后闭合 由 9 得，11—KM_1 线圈失电 由 11 得，12—KM_1 主触头断开，13—KM_1 常闭辅助触头闭合 由 10 和 13 的共同作用，得，14—KM_3 线圈得电 由 14 得，15—KM_3 常闭辅助触头先断开，联锁（KM_2、KT、KA 所有触头全部复位，电动机暂时失电，减压起动结束），16—KM_3 主触头闭合，17—KM_3 常开辅助触头后闭合，自锁 由 16、17 得，电动机全压运行	
检测	断开 QS，根据各元件线圈电阻，然后根据原理图，同时或分别按下 SB_2、KM_1、KM_2、KM_3，测 L_1、L_2 之间的电阻，计算其阻值与测量值是否相符	
优缺点	优点：减压比不固定（80%、75%、60%、50%），用户能根据起动转矩的需要选择减压比（选择不同的抽头） 缺点：控制线路制作成本较高	

8.2.2　三相异步电动机串联电阻减压起动控制线路

电动机起动时，三相定子绕组串联分压电阻，实现减压起动，起动结束后，再将电阻短接，使电动机全压运行。由于电阻的限流作用，三相异步电动机起动时，利用串联电阻分压，降低绕组起动电压和干路起动电流，同时串联电阻减压起动控制线路有定子绕组不受电动机接线形式的限制、控制电路简单等优点。

1. 自制分压电阻器

由于电流的热效应，在选择电阻时，不仅要考虑其阻值，还必须考虑它的额定功率。现介绍利用 2000W 电炉丝自制分压电阻器，一根 2000W 电炉丝的热态电阻（温度在 700℃ 左右）大约为 24Ω，冷态电阻（温度在 20℃ 左右）大约为 16Ω。随着电动机的转速增加，电流不断减小，电阻的分压也不断减小，电阻的功率也不断减小，为了不使电阻丝温升太大，流过单根电炉丝的电流在起动瞬间不宜超过 10A，之后应迅速降为 4A 左右。可采用多根电炉丝并联绕制而成，制作过程中应考虑到电炉丝的散热和电阻器的温升。表 8-7 列出自制电阻的材料规格和减压起动过程中各电学量的参考值。

表 8-7　自制电阻的材料规格和减压起动过程中各电学量的参考值

电动机额定功率	电阻参考值	全压运行额定电流	减压起动时段	干路电流参考值/A	电阻分压参考值/V	电动机电压参考值/V	2000W 电炉丝根数
5.5kW	8Ω	11A	起动瞬间	20～30	160～240	280～200	2
			起动结束	6～8	50～70	340～320	
11kW	4Ω	22A	起动瞬间	40～60	160～240	280～200	4
			起动结束	12～17	50～70	340～320	
30kW	1.6Ω	60A	起动瞬间	110～160	170～250	270～190	10
			起动结束	30～45	48～70	340～320	

2. 控制线路工作原理

（1）原理图（见图 8-3）

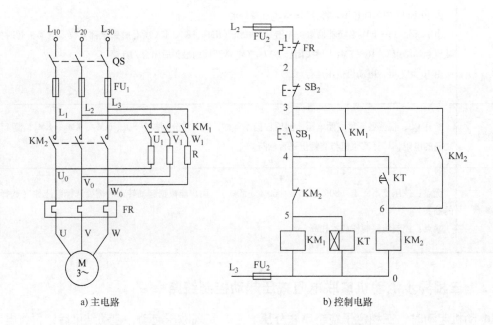

a) 主电路　　　　　　　　　　　b) 控制电路

图 8-3　三相异步电动机串联电阻减压起动控制线路原理图

（2）工作过程说明

先合上电源开关 QS。

按下 SB_1，KM_1 线圈得电，1—KM_1 常开辅助触头闭合，自锁，2—KM_1 主触头闭合，电动机串联电阻减压起动，3—时间继电器 KT 线圈得电。

由 3 得，4—经过整定时间，KT 延时闭合触头闭合。

由 4 得，5—KM_2 线圈得电。

由 5 得，6—KM_2 常闭辅助触头先断开，联锁。

7—KM_2 常开辅助触头后闭合，自锁。

由 6 得，8—KM_1 线圈失电，9—KT 线圈失电，KT 延时闭合触头断开（复位）。

由 8 得，11—KM$_1$ 主触头断开，断开电阻，减压起动结束。

由 5 得，8—KM$_2$ 主触头闭合，电动机全压运行。

停止过程：按下 SB$_2$，KM$_2$ 线圈失电，所有触头全部复位。

优点：起动瞬间，电阻分压大，限流明显，对整个电网影响小。起动结束时，电阻分压逐步变小，电动机转矩逐步增大。

缺点：电阻丝耗能。

8.2.3 三相异步电动机软起动器的应用

1. 电动机的软起动

电动机软起动器是一种减压起动器，是继星形－三角形起动器、自耦减压起动器后，目前较先进的起动器，其外形如图 8-4 所示。

软起动器串接于电源与被控电动机之间，控制软起动器内部晶闸管的导通角，使电动机输入电压从零以预设函数关系逐渐上升，直至起动结束，赋予电动机全电压。该过程叫软起动。在软起动过程中，电动机起动转矩逐渐增加，转速也逐渐增加。

软起动时具有起动电流小、起动速度平稳可靠、对电网和设备冲击小等优点，且起动曲线可根据现场实际工况进行调整。

笼型异步电动机在不需要调速的各种应用场合都可应用软起动器。

2. 软起动器的电气控制线路

（1）软起动器的主电路连接图（见图 8-5）

（2）软起动器电气控制总电路接线图

软起动器的电气控制总电路连接图如图 8-6 所示。软起动器完成对电动机的起动过程后，旁路电磁接触器的线圈得电、吸合，三相电源经旁路电磁接触器给三相电动机供电。

图 8-4 软起动器外形（示例）

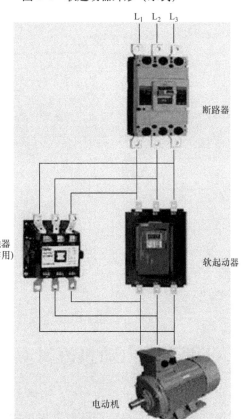

图 8-5 软起动器主电路连接图

213

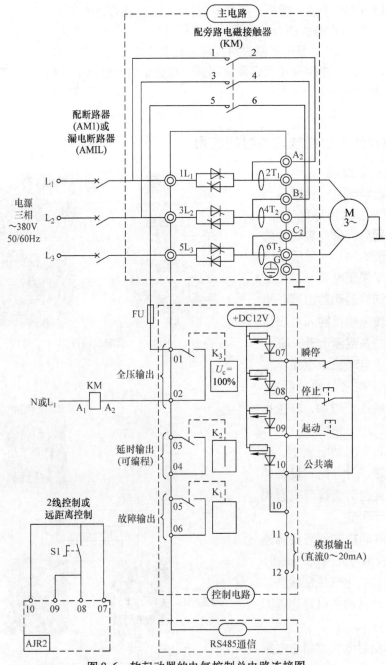

图 8-6 软起动器的电气控制总电路连接图

8.3 三相异步电动机的制动

三相异步电动机的电源切断后，由于惯性，总要经过一段时间才能完全停止，有些生产机械要求迅速停车，有些生产机械要求准确停车，有些生产机械（如电梯、升降机）要求停车后既不能继续前进，也不能由于重力的作用反向转动，就必须设置制动装置。三相异步电动机制动方法分机械制动（机械抱闸）和电气制动两大类。下面介绍反接制动和能耗制动这两种电气制动控制线路的原理和制作方法。

8.3.1　三相异步电动机反接制动控制线路

反接制动时会产生较大的冲击电流和反向冲击力，对定子绕组和设备都会造成一定的损伤，影响电动机和设备的使用年限，因此反接制动，必须串联限流阻抗。

为了防止反向起动，在制动过程中，用速度继电器可以实现当电动机转速接近零时迅速切断电源。

1. 三相异步电动机反接制动控制线路的原理图

速度继电器控制的三相异步电动机反接制动控制线路的原理图如图 8-7 所示。

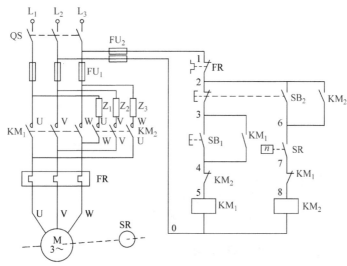

图 8-7　三相异步电动机反接制动控制线路的原理图（速度继电器控制）

说明：一般情况下，与电动机转子同轴的速度继电器 SR 的常开触头在电动机转速高于 100r/min 左右时，速度继电器 SR 的常开触头闭合。

2. 三相异步电动机反接制动控制线路的工作原理

先合上电源开关 QS。

按下 SB_1，KM_1 线圈得电，1—KM_1 常闭辅助触头断开，联锁（即 KM_2 此时不可能得电），2—KM_1 主触头闭合，电动机运行，3—KM_1 常开辅助触头闭合，自锁。

由 2 得，当电动机转速达到一定值（$n = 100r/min$ 左右），速度继电器 SR 常开辅助触头闭合，为制动电路接通（即 KM_2 线圈得电）作准备。

按下复合按钮 SB_2，1—SB_2 常闭触头先断开，KM_1 线圈失电，2—SB_2 常开触头后闭合。

由 1 得，3—KM_1 常开辅助触头断开，解锁，4—KM_1 主触头断开，电动机暂时失电，5—KM_1 常闭辅助触头闭合。

由 2、5 的共同作用，加之电动机处于高速运动状态，速度继电器常开触头已经闭合，KM_2 线圈得电，6—KM_2 常开辅助触头闭合，自锁，7—KM_2 主触头闭合，电动机 M 的定子绕组串联电阻后反接制动。当电动机转速下降到一定值（$n = 100r/min$ 左右）时，SR 常开触头断开，KM_2 线圈失电，8—KM_2 常闭辅助触头闭合，解锁（为下次起动做准备），9—KM_2 主触头断开，电动机 M 脱离电源。

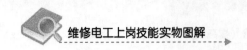

3. 三相异步电动机反接制动控制线路的布线图

三相异步电动机反接制动控制线路的布线图如图8-8所示。

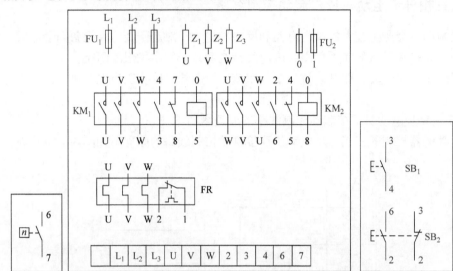

图8-8 三相异步电动机反接制动控制线路的布线图（速度继电器控制）

4. 三相异步电动机反接制动控制线路的特点

优点：制动迅速，制动转矩大，制动效果好。

缺点：为了防止反转，速度继电器不能省略。

8.3.2 三相异步电动机能耗制动控制线路

电动机脱离三相交流电源后，在定子绕组上迅速加一个直流电压，通入直流电流，产生静止磁场，由于转子切割磁场产生的感应电流，于是转子将受到阻碍它运动的安培力，这种利用安培力实现制动的电路称能耗制动。

1. 直流电源的获取和电流的引入方式

直流电源的获取和电流的引入方式详见表8-8。

表8-8 直流电源的获取和电流引入方式

名称	图示	说明
半波整流获得直流电源	L₁ ⊳ VD R + / N −	左边 L₁、N 为交流电源输入端，右边为直流电压输出端，输入电压一般取220V交流电压。VD 为二极管，R 为限流电阻 不考虑 R 的分压时，输出直流电压是输入交流电压的 0.45 倍
全波整流获得直流电源	L₁ TC VC + / L₂ −	TC 为降压变压器，VC 为桥式整流电路 变压器一次绕组（电流输入端 L₁、L₂ 之间）电压和变压器二次绕组电压与绕组匝数成正比。利用桥式整流电路获得的直流电压是变压器二次绕组电压的 0.9 倍

216

（续）

名称	图示	说明
直流电流引入	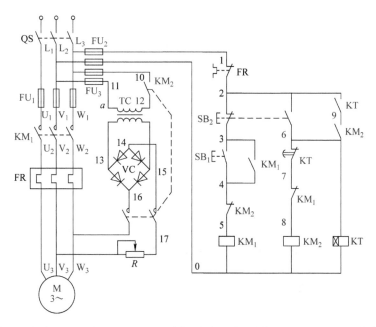	（a）一进一出一空引入直流电流 （b）一进二出或二进一出引入直流电流

2. 三相异步电动机能耗制动控制线路的原理图

用时间继电器来控制能耗制动的时间，从而到时达到制动的目的。其原理图如图8-9所示。

图 8-9　控制的三相异步电动机能耗制动控制线路的原理图（时间继电器控制）

3. 三相异步电动机能耗制动控制线路的工作原理

（1）起动原理

首先合上电源开关 QS。按下 SB_1，KM_1 线圈得电，1—KM_1 常闭辅助触头断开，对 KM_2 联锁，2—KM_1 主触头闭合，电动机 M 起动，3—KM_1 常开辅助触头闭合，自锁。

（2）能耗制动工作原理

按下复合按钮 SB_2，1—SB_2 常闭触头先断开，KM_1 线圈失电，2—SB_2 常开触头后闭合。

由1得，3—KM_1 常开辅助触头断开，解锁，4—KM_1 主触头断开，电动机暂时失电，5—KM_1 常闭辅助触头闭合。

由2、5的共同作用，得，6—KM_2 线圈得电，7—KT 线圈得电。

由6得，8—KM_2 常开辅助触头闭合，自锁，9—KM_2 主触头闭合，电动机能耗制动，

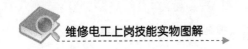

10—KM₂ 常闭辅助触头断开，联锁。

由 7 得，11—KT 瞬时闭合触头（常开）闭合，对 KT 自锁，12—经过整定时间（这时电动机转速降为 0），KT 延时断开触头延时断开，KM₂ 线圈失电。

由 12 得，13—KM₂ 常开辅助触头断开，KT 线圈失电，KT 所有触头复位，14—KM₂ 主触头断开，电动机切断直流电源，能耗制动结束，15—KM₂ 常闭辅助触头闭合，为下次起动做准备。

4. 三相异步电动机能耗制动控制线路的布线图

三相异步电动机能耗制动控制线路的布线图如图 8-10 所示。

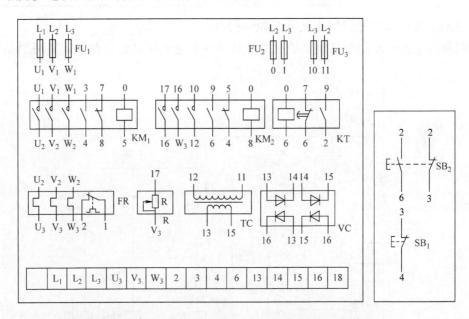

图 8-10　三相异步电动机能耗制动控制线路的布线图

5. 三相异步电动机能耗制动控制线路的特点

（1）优点

1）制动准确。由于安培力总是与通电导体的运动方向相反，当通电导体停止运动时，安培力为零，因此，制动结束时，制动力消失，不会造成电动机反转。

2）能耗小。节约电能，从能量角度看，能耗制动的实质是将机械能转化为电能（电动机把电能输送给电源，相当于一个发电机）。

3）制动力便于调节。通过可调电阻调节输入电流，从而调节制动强度。

4）成本低。不必使用速度继电器，对制动过程结束后切断直流电源的时间要求不高，滞后几秒钟切断直流电源也不会对机械造成大的影响。

（2）缺点

1）需附加直流电源装置。

2）由于制动力与转子的转速成正比，当电动机转速变得很低时，制动力变得很小，电动机停止转动时，制动力消失，有些场合（如升降机）不能限制由于重物重力的作用产生的向下移动。

8.4　低压配电设备

8.4.1　低压配电设备的常见类别

常用的低压配电设备主要有开关柜、配电屏、配电柜、配电箱和配电板等。它们都是用于配电，也就是为下一级配电点或各个用电点进行电能分配。不同之处是所包含低压电器设备的数量、规模不一样，负荷大小也有所不同。

1. 开关柜

开关柜是一种成套的开关设备和控制设备，它是一个或多个低压开关设备和与之相关的控制、测量、信号、保护、调节等设备，由制造厂家负责完成所有内部电气和机械的连接，用结构部件完整地组装在一起的一种组合体。它作为动力中心和主配电装置，主要用于对电力线路的电能分配转换、主要用电设备的控制、监视、测量与保护，常设置在变电站、配电室等处。

开关柜按结构可分为固定式和抽屉式，固定式开关柜中所有的单元均为固定的，抽屉式开关柜中含有若干个单元，这些单元可像抽屉一样抽出。其外形如图 8-11 所示。

a) 固定式　　　　　　　　　　　　　　b) 抽屉式

图 8-11　开关柜

2. 配电屏和配电柜

配电屏和配电柜一般采用落地式安装，采用薄钢板及一些用于支撑的角钢等材料制成。

配电屏是一种开启式双面维护的低压配电装置，正面安装设备，背面敞开，平面上方为仪表板，为开启式的小门，可装指示灯和仪表，屏面中段可安装开关的操作机构，屏面下方有门。屏上装有母线防护罩。组合安装的屏与屏之间设有钢板弯制而成的隔板，减少由于一个单元（一面屏）内因故障而扩大事故的可能。具有良好的保护接地系统，主接地点焊接在下方的骨架上。仪表门也有接地点与壳体相连。这样就构成了一个完整的接地保护电路。维护和维修方便。一般为户内安装，外形像一块屏，如图 8-12a 所示。配电柜四面封闭，外形像柜子，低压电器安装在配电柜内，如图 8-12b 所示。

配电屏主要用于发电站、变电站、工矿企业等较大型场合，而配电柜则适用于电气回路较少的场合（如电动机的控制）。

a) 配电屏

原理图(贴于柜门上)　　　电源总开关

转换开关和按
钮等指令器件

断路器的固
定支架

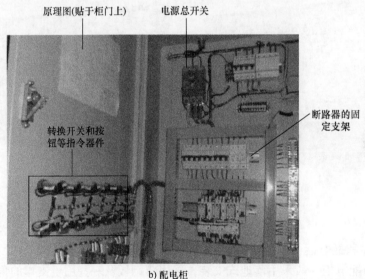

b) 配电柜

图 8-12　配电屏与配电柜

3. 配电箱

　　配电箱比配电柜体积小，所包含的低压电器也比配电柜少，其功能也较少。一般安装通过螺栓固定在墙上或嵌入墙体内。常用于供电线路末端对动力或照明设备配电。其实物外形（示例）如图 8-13 所示。

4. 配电板

　　一般为一平面板，上面安装若干低压电器，固定有墙上、支架上或设备上，用于供电末端动力和照明的配电。配电板的实物（示例）如图 8-14 所示。

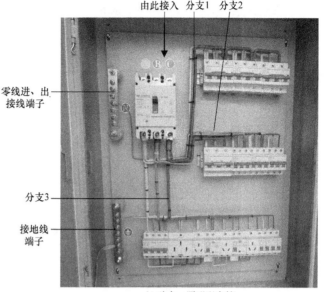

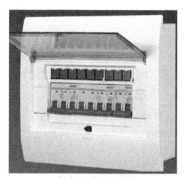

a) 一般家用照明配电箱

b) 动力、照明配电箱

图 8-13 配电箱（示例）

8.4.2 低压配电设备的装配

在装配过程，所有元件应按制造厂规定的安装条件和安装规范进行安装。

1. 基本流程及注意事项

（1）领取器材

1）领取资料。根据分配的生产任务单领取以下图样资料（见表 8-9）。

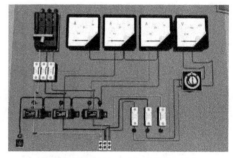

图 8-14 配电板（示例）

表 8-9 配电箱装配相关资料

序号	名称	用途
1	配电箱明细	用于仓库领料
2	配电箱电气原理图	产品的电气原理，显示产品的整体配置、每部分所用铜排、电缆等信息
3	配电箱电气接线图	指示每个元件端子接线图
4	一次、二次电路导线加工明细	用于一、二次导线加工
5	箱体布局图	标识元件的安装位置
6	铭牌信息表	产品型号、装置编号、额定参数

领取后要仔细阅读图样，熟悉图样的各项要求。

2）领取箱体。根据任务单号上"生产任务单号"至箱体车间领取对应数量、型号的箱体。箱体放置于指定位置，摆放整齐，箱体前后预留足够生产安装的空间。

3）领取元件。根据元件明细至元件仓库领取相应元件；对照元件清单逐项领取，并检查元件。检查的内容包括元件型号、规格、参数、数量等与图样是否相符，并检查元件是否损坏。如有不相符或损坏，需更换。

注意：所有电器元件均应有合格证，强制认证的产品应有认证标志。同型号同规格的元件应采用同一生产厂生产的同一安装尺寸的产品。电器元件的合格证、使用说明书、附件、备件等在开箱验收后应有专人妥善保管。

（2）装配过程及基本装配方法

1）元件的安装顺序。从板前视，一般按由左至右、由上至下的顺序安装元件，同一型号的产品应保证组装的一致性。

2）面板、门板上的元件的位置和布局，要符合图样的要求。面板、门板上的元件中心线的高度应符合规定，一般安装高度见表 8-10。

表 8-10　配电柜面板、门板上的元件的安装高度

名称	安装高度/m	名称	安装高度/m
指示仪表、指示灯	0.6～2.0	控制开关、按钮	0.6～2.0
电能计量仪表	0.6～1.8	紧急操作件	0.8～1.6

按钮布线要合理，即走向清晰，整齐，层次分明，线的长度合理（在够用的前提下要尽量短），如图 8-15 所示。

安装于面板、门板上的元件，其标号应粘贴于面板、门板上的元件下方，如下方无位置时可贴于左方，但粘贴位置尽可能一致。根据具体情况也可以在面板的背面粘贴于元件的下方。除元件本身附有供填写的标示牌外，标示牌不得固定在元件本体上，如图 8-16 所示。

图 8-15　门板上元件的安装示例

图 8-16　安装在门板上的元件的标号

3）关于零线端子板和地线端子板。配电屏、配电柜、配电箱等配电设备必须设置地线（PE 线）端子板，PE 导线一端接元件的金属外壳，另一端接 PE 线端子板，PE 线端子板可靠接地。如果含有照明部分，则还需要设置零线（N 线）端子板。零线端子板和地线端子板应分开设置，不能合在一个端子板上。

当采用金属板安装元件时，零线端子板必须与电器的安装板绝缘；PE 线端子板必须与

金属安装板达到良好的电气连接。当采用绝缘板安装元器件时，PE 线端子板应与铁质箱体做电气连接。

零线、PE 线端子板的接线端子数应与箱的进线和出线的总路数保持一致。零线、PE 线端子板应采用紫铜板制作，并设有明显的符号标记，如图 8-17 所示。

注意：门板也要接地，如图 8-18 所示。

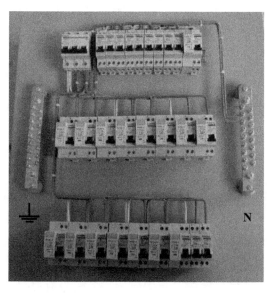

图 8-17　配电箱内的 PE 线端子板和零线端子板

图 8-18　门板的接地

4）接地线的连接。柜内任意两个金属部件通过螺钉进行电气连接时，如果部件的表面有绝缘层，则应采用相应规格的接地垫圈，如图 8-19a 所示。并注意将垫圈的齿面接触零部件表面，如图 8-19b 所示。或者打磨绝缘层，再在该处安装接地线。

a) 接地垫圈

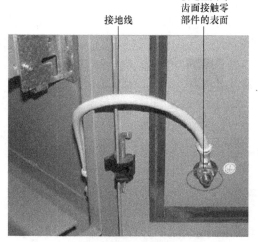

b) 安装接地线时采用了接地垫圈

图 8-19　接地线的安装

注：接地垫圈的全名是接地蝶形防松锁紧垫圈，是一款上面带齿下面带6个爪的碟形改良产品，广泛用于电器、电梯、机械配套上。由于接地垫圈自身的硬度高，在安装、用螺栓紧固后，六个爪会全部嵌入基体内，起到很好的接触作用，达到最佳接地效果。齿面的作用是增加摩擦力，达到很好的防松效果。

5）安装因振动易损坏的元件时，应在元件和安装板之间加装橡胶垫减振。

6）所有电器元件及附件，不得悬吊在电器及连线上。均应固定安装在支架或者底板上，不能歪斜，应按照制造厂的说明书（使用条件、电器间隙、飞弧距离等）要求进行安装。

7）电气元件的紧固应设有防松装置，一般应放置弹簧垫圈及平垫圈。弹簧垫圈应放置于螺母一侧，螺栓的紧固程度以平垫被压平、紧贴安装面为准。

8）用螺栓固定元件时，应按"对角线"逐渐紧固。对于具有四个安装孔的电气元件，如图8-20所示，首先安放对角上的螺栓，暂不拧紧，待另两个对角螺栓放入安装孔位后适当调整元件至其垂直于安装横梁后固定各螺栓。可以先将孔1的螺栓大致拧紧，再依次将孔4、孔2、孔3大致拧紧，然后按对角的顺序将螺栓完全拧紧。

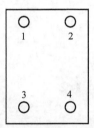

图8-20 具有四个安装孔的电气元件

9）熔断器的安装。有标识熔芯，其标识的方向应装在便于观察侧。安装应保证熔芯和熔断座接触良好，以免因熔芯温度升高发生误动作。

10）接线面每个元件的附近根据需要可设标号牌，标注应与图样相符。标号应完整、清晰、牢固。标号粘贴位置应明确、醒目。根据需要，导线的端部也可套上端子号。

11）柜体与柜门的连接导线须加绝缘软护套，并留一定的余量，以便开门和关门的操作，如图8-21所示。

12）延伸到柜体外部的导线的接线端子距柜体边缘部位的距离不得小于200mm，为连接电缆留必要的空间。

13）装配铜排时应戴手套，以保持铜排的洁净。

14）电缆与柜体金属有摩擦时，需加橡胶垫圈以保护电缆，如图8-22所示。

15）导线的连接要注意以下要点：

① 无论单股导线或多股导线，分线时出现的转弯部位要过渡平滑，不能形成死弯。分支导线须从接线端子处进行分支。

绝缘软护套(有一定的余量)

图8-21 连接柜门与柜体之间的电线外包绝缘护套

② 导线从分线点到元器件接线点的长度，以元器件的具体位置而定，导线到相同电器元件的接线点弯曲一致。

③ 采用单股导线时，端头应折成一个回头弯的形状（见图8-23）。回头弯水平压接；电器元件为螺钉压接时，单股导线应弯圈，弯圈应为螺钉直径的1.1倍，弯圈方向同螺钉紧固前进方向一致（见图8-24）。压接处距离线皮外露1mm，须压接牢固。

图8-22 柜体金属板上导线过孔设置的橡胶垫圈

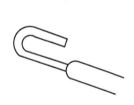

图8-23 回头弯

图8-24 单股导线弯成的圆圈

④ 一次回路采用多股导线时，端头要涮锡，涮锡后保持线皮的清洁。

⑤ 多股铜芯线与铜接头（接线耳）压接时，铜接头的孔径应和导线截面积相配合，铜接头的安装孔应和电器元件接点螺钉直径相一致，导线塑料部分应与铜接头端头靠紧，铜接头压接后不应有松动现象。

⑥ 一次导线与铜接头处应有套管，其颜色根据相序而定，例如三根相线的套管可以用黄、绿、红三色，零线套管用淡蓝色，套管的长度为15～20mm。

⑦ 导线束捆扎力求间隔均匀，线束排列层次分明，尽量减少弯曲与交叉，导线或导线束与电器元件接点连接除爪形垫圈外，螺钉上均有平垫圈和弹簧垫圈，旋紧程度以弹簧垫圈压平为准。

⑧ 导线应远离发热元件，最小距离应大于15mm，应避免将导线敷设于发热元件上方。

⑨ 根据走线方案需弯曲转换方向时，用手指进行弯曲，不得用尖嘴钳等锋利工具弯曲，以保证导线绝缘层不受损伤。导线弯曲半径不得小于导线外径的2倍。

⑩ 导线端头与电器元件接点连接的螺钉应旋紧，不得松动，接线后各导线应整形，以达到美观、线路挺直、接点牢固。

16）配线要求如下：

① 导线的排列应尽量减小弯曲和弧形，不允许弯成直角，导线的余量应平均分布在整个走线过程，不能留在一端卷成一团。

② 一般每个端子点最多接两根导线，导线的中间不能有接头（不允许有焊接或绞接的

现象）。

③ 线束弯曲时，弯曲的半径应大于线束外径的 2 倍以上。

④ 线束固定。水平线束固定间距 250mm，尽量使用扎扣捆绑固定，无法固定时可采用 30mm×30mm 的吸盘固定；垂直线束固定间距 300mm，直接固定在 U 形竖梁（U 形竖梁前立面的内面），线束转弯处增加固定点。经过电气梁端头时注意防护。

⑤ 插销式扎带捆扎要求：导线应理顺、平直，导线清晰分明；捆扎于内的导线不得交叉、损伤、扭结和有中间接点。

导线总线束、各分支线束（包括横向和纵向敷设），其扎带间距为 60mm 左右，如图 8-25 所示。对于导线束的弯曲处或分支导线的弯曲处，应在紧靠弯曲处的直线段分别用扎带扎住。捆扎后，剪去扎带多余的部分，使扎带头的方向一致，并尽量隐藏或朝向内侧，如图 8-26。

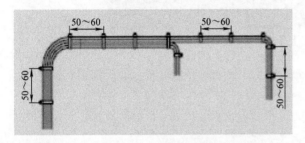

图 8-25　总线束、分支线束的捆扎扎带间距

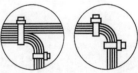
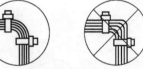

图 8-26　线束弯曲处的捆扎

17）一次回路和二次回路的布线要求如下：

在电力系统中，通常根据电气设备的作用将其分为一次设备和二次设备。

一次设备是指直接用于生产、输送、分配电能的电气设备，包括发电机、电力变压器、断路器、隔离开关、母线、电力电缆和输电线路等，是构成电力系统的主体。一次设备的电气回路称为一次回路，它又称为主回路、主电路。

二次设备是用于对电力系统及一次设备的工况进行监测、控制、测量、调节和保护的低压电气设备，包括测量仪表、一次设备的控制、运行情况监视信号以及自动化监控系统、继电保护和安全自动装置、通信设备等。二次设备之间按一定的功能要求连接在一起所构成的电气回路统称为二次接线或称为二次回路，它是确保电力系统安全生产、经济运行和可靠供电不可缺少的重要组成部分。相对于一次回路来讲，二次回路的电压低、电流小。但二次设备数量多，而且二次回路的接线比一次回路复杂。

如果一次系统为低压（如交流 380V），这时二次设备又称为辅助设备。二次电路图和接线图又称为辅助电路图和辅助接线图；如果主要用于电气控制，又可称为控制电路图和控制接线图。

对于二次回路的布线基本要求如下：

① 按图施工、连线正确。

② 二次线的连接（包括螺栓连接、插接、焊接等）均应牢固可靠，线束应横平竖直，配置竖牢，层次分明，整齐美观。相同元件走线方式应一致。

③ 二次线截面积要求是，单股导线不小于 $1.5mm^2$；多股导线不小于 $1.0mm^2$；弱电回路不小于 $0.5mm^2$；电流回路不小于 $2.5mm^2$；保护接地线不小于 $2.5mm^2$。

④ 所有连接导线中间不应有接头。电器元件的每个接线点最多允许接 2 根线。

⑤ 每个端子的接线点一般不宜接二根导线，特殊情况时如果必须接两根导线，则连接必须可靠。

⑥ 二次线不得从母线相间穿过。

⑦ 信号线最好只从一侧进入电柜，信号电缆的屏蔽层双端接地。如果非必要，避免使用长电缆。控制电缆最好使用屏蔽电缆。模拟信号的传输线应使用双屏蔽的双绞线。低压数字信号线最好使用双屏蔽的双绞线，也可以使用单屏蔽的双绞线。模拟信号和数字信号的传输电缆应该分别屏蔽和走线。不要将 DC24V 和 AC115/230V 信号共用同一条电缆槽。

对于一次回路布线，基本要求如下：

① 一次配线应尽量选用矩形铜母线，当用矩形母线难以加工时或电流小于等于 100A 时可选用绝缘导线。接地铜母排的截面积 = 电柜进线母排单相截面积 × 1/2。

② 汇流母线应按设计要求选取，主进线柜和联络柜母线按汇流选取，分支母线的选择应以断路器的脱扣器额定工作电流为准，如断路器不带脱扣器，则以其开关的额定电流值为准。对断路器以下有数个分支回路的，如分支回路也装有断路器，仍按上述原则选择分支母线截面积。如没有断路器，比如只有刀开关、熔断器、低压电流互感器等则以低压电流互感器的一侧额定电流值选取分支母线截面积。如果这些都没有，还可按接触器额定电流选取，如接触器也没有，最后才是按熔断器熔芯额定电流值选取。

③ 铜母线载流量选择需查询有关文档，聚氯乙烯绝缘导线在线槽中，或导线成束状走行时，或防护等级较高时，应适当考虑裕量。

④ 当交流主电路穿越形成闭合磁路的金属框架时，三相母线应在同一框孔中穿过。

2. 低压配电设备的装配示例

现以某小型配电箱的装配为例进行介绍，见表 8-11。

表 8-11 低压配电设备的装配示例

① 现场准备。箱体安装完毕。箱内断路器、导线（均采用铜芯）、配线扎带等已经准备完毕，并且符合设计图样、配电箱安装要求

② 用螺钉将导轨固定在箱内板上

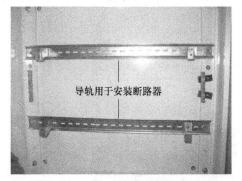

说明：导轨安装要水平，并与盖板断路器操作孔相吻合

③ 箱体内断路器安装

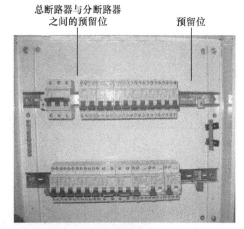

安装断路器时首先要注意箱盖上断路器安装孔位置，保证断路器安装后与箱盖上安装孔位置相吻合。安装时要从左向右排列，断路器预留位（用于以后增加断路器）应为整位

预留位一般放在配电箱右侧。第一排总断路器与分断路器之间须预留一个整位（用于第一排断路器配线）

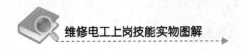

（续）

④ 零线的配线

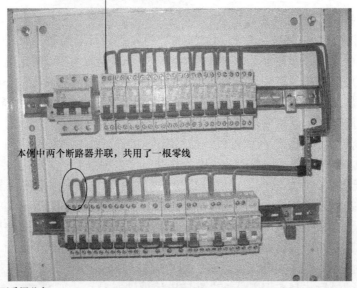

这是小型双进双出断路器(1P+N)

本例中两个断路器并联，共用了一根零线

a）零线颜色一般可采用蓝色

b）照明及插座回路一般采用 2.5mm² 导线，每根导线所并联的断路器数量不得大于 3 个。空调回路一般采用 4.0mm² 导线，一根导线配一个断路器

c）不同相之间零线不得共用，如由 A 相分出的第一根黄色导线连接了两个 16A 的照明断路器，那么 A 相所配断路器零线也只能配这两个断路器，配完后直接接到零线接线端子上

d）箱体内总断路器与各分断路器之间配线一般走左边，配电箱出线一般走右侧

e）箱内配线要顺直不得有绞接现象，导线要用塑料扎带绑扎，扎带大小要合适，间距要均匀

f）导线弯曲应一致，且不得有死弯，防止损坏导线绝缘皮及内部铜芯

⑤ 第一排断路器相线配线（A 相线为黄、B 相线为绿、C 相线为红）

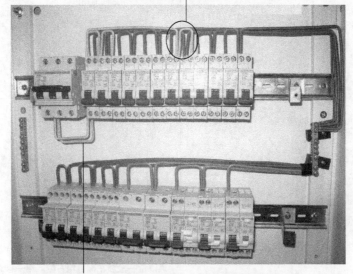

本例中两个断路器并联，共用一根相线

总断路器的A相分出了2根相线，每1根分支相线后接2个断路器(并联)

228

（续）

⑥ 用同样的方法将第一排断路器的 B 相、C 相配线

⑦ 第二排断路器配线。先配 A 相

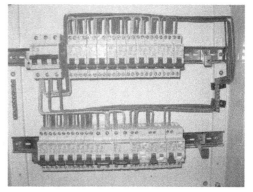

⑧ 导线绑扎

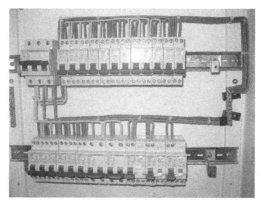

导线要用塑料扎带绑扎，扎带大小要合适，间距要均匀，一般为 60mm。扎带扎好后，不用的部分要用钢丝钳剪掉

第9章

三相异步电动机在机电设备中的应用

本章导读

第7章和第8章涉及的三相异步电动机基本控制线路在生产、生活中有非常广泛的应用。对于这些众多的应用电路，我们不必每个都亲自制作，但需要知道、理解一些典型的应用电路，以便拓宽视野，在生产实践中能够灵活应用。通过本章的学习可达到这一目的。

学习目标

1）理解重载设备的起动控制线路的工作原理。

2）能独立绘制重载设备起动控制线路的原理图。

3）理解制动装置的应用。

4）理解卷扬机的工作原理。

5）理解多条传送带传送物料控制装置的工作。

6）理解三相异步电动机过热保护、断相保护、过电流保护的基本原理。

7）理解三相异步电动机保安接地和保安接零的基本原理。

8）理解气压开关控制的空压机电路工作原理。

9）理解C620型车床控制线路的工作原理。

![学习方法建议]

首先明白电路的作用，自行阅读、分析电路图的各功能。若遇到不懂的，可阅读本章的讲解。

9.1 重载设备的起动控制线路

重载设备的起动过程电流较大，但起动结束（转速基本达到额定值）后，电流就会下降到额定值。用于过载保护的热继电器的整定电流值是根据额定电流得出的。为了在起动过程热继电器不发生保护动作，我们需要对前面所学的直接起动电路或减压起动电路进行改动。

9.1.1 利用电流互感器和中间继电器来控制重载设备的起动

利用电流互感器和中间继电器来控制重载设备的起动控制线路如图9-1所示。

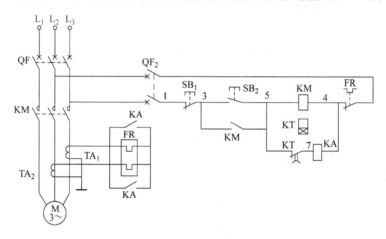

图 9-1 重载设备的起动控制线路原理图

原理图解释：按下起动按钮 SB_2（3－5），交流接触器 KM、时间继电器 KT、中间继电器 KA 的线圈同时得电，KM 的常开触头（3－5）闭合，将 SB_2 自锁（3～5），KT 开始延时。与热继电器 FR 的两只热元件并联的 KA 两对常开触头闭合，将热元件短路，以防止重载起动时产生的大电流使 FR 动作。与此同时，KM 的三相主触头闭合，电动机得电、起动。随着电动机转速的升高，当升到额定转速时（也就是 KT 的延时时间结束时），电动机的额定电流降至额定电流以下，KT 得电延时断开的常闭触头（5－7）断开，使 KA 的线圈失电，KA 常开触头断开，将热继电器投入到电路进行工作。重载设备起动完毕。

9.1.2 利用电流继电器来完成重载设备的起动

利用电流继电器来完成重载设备的起动控制线路如图9-2所示。

原理图解释：按下起动按钮 SB_2（3－7），交流接触器 KM_2 的线圈得电、吸合，KM_2 三相主触头闭合，使交流接触器 KM_1 的三个主触头和热继电器的热元件被短路，电动机的绕

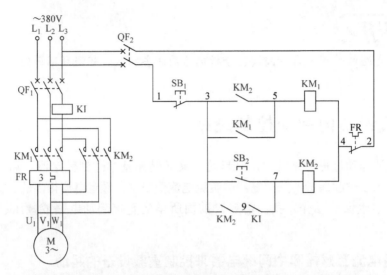

图 9-2　利用电流继电器来完成重载设备的起动控制线路原理图

组串入电流继电器 KI 开始重载起动过程，此时电动机的电流较大，KI 动作，使 KI 的常开触头（7-9）闭合，与 KM$_2$ 的常开触头（3-9，已闭合）串联，共同对 SB$_2$ 形成自锁回路，KM$_2$ 的线圈仍然得电、处于被吸合状态，KM$_2$ 的常开辅助触头（3-5）闭合，使交流接触器 KM$_1$ 的线圈得电，KM$_1$ 的常开辅助触头（3-5）闭合自锁，同时 KM1 的三相主触头闭合，为 KM$_2$ 解除短路做准备。随着电动机转速的升高，达到额定转速时，电动机的电流也降为额定电流，KI 发生动作、释放，KI 的常开触头（7-9）断开，使交流接触器 KM$_2$ 的线圈断电释放，KM$_2$ 的三相主触头断开，解除对热继电器 FR 三相热元件的短接，同时 KM$_2$ 的常开辅助触头（3-5）变为断开状态。电动机串入过载保护热继电器 FR 正常运转，完成了重载起动过程。

9.2　典型传送装置控制线路

在工地、工厂的生产线，有很多传送物料的装置，其控制线路的可靠性、安全性非常重要。通过完成本任务，可掌握设计、制作这类控制装置的基本方法和技能。

9.2.1　卷扬机控制线路

卷扬机控制线路如图 9-3 所示。

原理图解释：提升时按下正转的起动按钮 SB$_2$（3-5），交流接触器 KM$_1$ 线圈得电、吸合，且 KM$_1$ 常开辅助触头（3-5）闭合自锁，KM$_1$ 三相主触头闭合，电动机和电磁抱闸 YB 线圈同时通电，电磁衔铁被吸合到铁心上，衔铁通过传动机构使制动器闸瓦松开，电动机得电正转运转，电动机拖动装置上升。

提升过程需停止时，可按下停止按钮 SB$_1$（1-3），正转交流接触器 KM$_1$ 线圈失电、释放，KM$_1$ 三相主触头断开，电动机失电（靠惯性仍能运转），但电磁抱闸 YB 的线圈同时断电，制动器在弹簧的作用下，使衔铁离开铁心，制动器闸瓦抱住电动机的转轴进行制动，拖动装置停止。

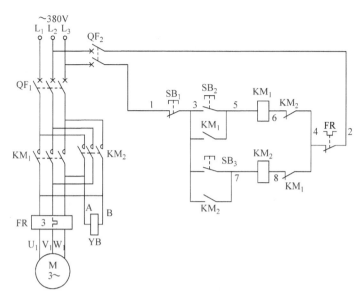

图 9-3　卷扬机控制线路原理图

下降时，按下反转按钮 SB_3 （3 - 7），反转交流接触器 KM_2 线圈得电吸合，且 KM_2 的常开辅助触头（3 - 7）闭合自锁，KM_2 的三相主触头闭合，电动机及电磁抱闸的线圈 YB 得电，使制动器的闸瓦松开，电动机得电，反转运行拖动装置下降。

下降过程需要停止时，按下停止按钮 SB_1 （1 - 3），接触器 KM_2 的线圈失电，KM_2 的三相主触头断开，电动机失电，靠惯性可继续运转一会儿，但此时电磁抱闸的 YB 的线圈断电，导致制动器的闸瓦抱住电动机的转轴进行制动。拖动装置停止下降。

9.2.2　多条传送带运送原料控制线路

在某些工地或工厂内需要将原料从远处运到加工处，有时一条传送带不能满足要求，需要两级或更多级传送带配合起来才能完成运送任务。为了防止原料在传送带上造成堵塞，在设计控制线路时需进行必要程序设计，对电动机的起动顺序进行限定。

多条传送带运送原料的控制线路原理图如图 9-4 所示。

多条传送带运送原料的控制线路原理图解释。

起动过程：按下起动按钮 SB_2，交流接触器 KM_1 线圈得电、吸合，KM_1 的辅助常开触头（1 - 2）闭合，对 SB_2 起自锁作用，电动机 M_1 得电、运转，第一条传送带开始工作，KM1 的另一对辅助常开触头（3 - 4）也闭合，为交流接触器 KM_2 的线圈接入电路做好了准备。这时，只要按下 SB_4，第二条传送带就能投入运行。可见，只有按下 SB_2、第一条传送带投入运行后，第二传送带才能投入运行。当按下 SB_4，KM_2 线圈得电，其辅助常开触头（5 - 3）闭合，对 SB_4 起自锁作用，电动机 M_2 得电、运行，第二条传送带投入运行。同时，KM_2 的辅助常开触头（6 - 1）闭合，使停止按钮 SB_1 被短路，所以按下 SB_1 不会使 M_1 停止。

停止过程：当按下停止按钮 SB_3，KM_2 的线圈失电，电动机 M_2 停止，KM_2 的辅助常开触头（6 - 1）断开，在该条件下，按下 SB_1，会使接触器 KM_1 的线圈失电，电动机 M_1 停止。可以看出，只有当第二条传送带停止后，第一条传送带才能停下来。

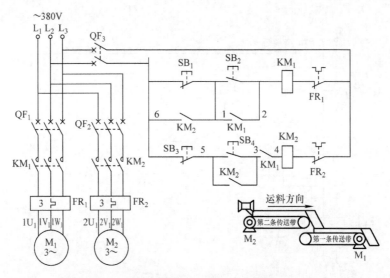

图9-4　多条传送带运送原料的控制线路原理图

9.3　三相异步电动机常用保护电路

三相异步电动机断相、过热、过电流等因素会损伤电动机的电气性能，甚至烧毁电动机的绕组。在很多场合，给电动机加上保护装置，可延长电动机的使用寿命、提高生产效率。

9.3.1　电动机过热保护控制线路

电动机温度过高，会使绕组的绝缘老化，甚至烧毁。有些电动机在机壳内或机壳表面设有过热保护装置，其控制线路原理如图9-5所示。

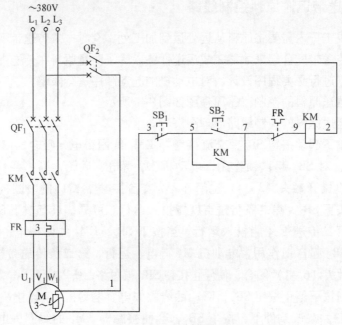

图9-5　电动机绕组过热保护电路

原理图解释：在电动机内设有与交流接触器线圈串联的过热保护器（或温度电阻），当电动机超温达到一定的时间，过热保护器的一对触头断开（或者温度电阻熔断），切断了给交流接触器线圈的供电，导致电动机失去三相供电而停机。

9.3.2　电动机断相保护电路

断相又叫缺相，是指三根相线中有一根断路。断相很容易导致三相异步电动机烧毁。断相保护是指发生断相后，保护电路动作，切断给电动机的供电。

典型电动机断相保护电路如图9-6 所示。

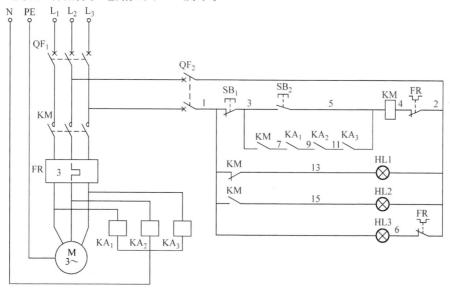

图 9-6　典型电动机断相保护电路

断相保护电路原理解释：闭合 QF$_1$，按下起动按钮 SB$_2$，交流接触器 KM 的线圈（5 - 4）得电，使常开主触头闭合，电动机得电、运转，交流接触器的常开辅助触头（3 - 7）闭合，同时电流继电器 KA$_1$、KA$_2$、KA$_3$ 线圈得电，使它们的常开触头 KA$_1$、KA$_2$、KA$_3$ 闭合，对 SB$_2$ 形成自锁，当三相中任一相断路时，KA$_1$、KA$_2$、KA$_3$ 中必有一个失去电压，其相应的常开触头会断开，使交流接触器 KM 线圈失去供电，从而切断给电动机的供电而停机。

9.3.3　电动机的过电流保护电路

三相异步电动机过电流保护电路（示例）如图 9-7 所示。该电路能有效地保护较大型电动机的过电流问题。

原理图解释：该控制线路使用了一个互感器来感应电动机的工作电流。当

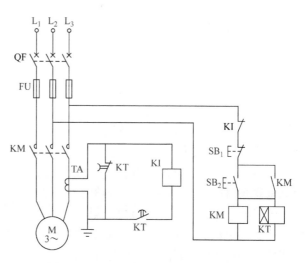

图 9-7　三相异步电动机过电流保护电路

三相异步电动机的工作电流超过额定电流后，过电流继电器 KI 达到吸合电流而吸合，其常闭触头断开，KM 线圈失电而释放，使电动机断电，起到了保护电动机的作用。

在电动机起动时，电流较大，为了防止过电流继电器动作，采用时间继电器的常闭触头将互感器短接，待电动机起动完毕，电流降为正常时，时间继电器 KT 经延时后动作，其常闭触头断开、常开触头闭合，使 KI 的线圈接入互感器电路中（串联），实现过电流保护。

9.3.4　电动机保安接地线路

为了在生产中保证工作人员的安全，须将电动机的金属外壳用导线可靠地接地。如图 9-8 所示。

原理图解释：当电动机外壳漏电时，由于外壳已可靠接地，产生的大电流会使熔丝熔断，保证了人身的安全。

注意：接地导线一般用 $6mm^2$ 以上的 BVR 导线，接地电阻应小于 4Ω。在同一电网电力系统中，不允许一部分电气设备的外壳采取保安接地，而另一部分设备的外壳采取保安接零。

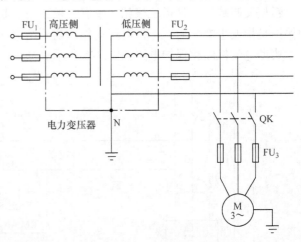

图 9-8　电动机的保安接地线路

9.4　电动机在典型机电设备上的应用控制线路

三相异步电动机在空压机、砂轮机、搅拌机、钻床、车床等机电设备中应用极广。下面将介绍一些三相异步电动机在典型机电设备中的应用。

9.4.1　气压开关控制的空压机电路

气压开关控制的空压机电路如图 9-9 所示。

原理图解释：在空气压缩机上配有安全阀、压力表、压力继电器（或叫压力开关）等。主要靠压力继电器将储气罐内的气压自动控压在一定的范围内。

当按下起动按钮 SB_1，电动机起动、运转，储气罐内气压上升，直到压力继电器接通电路 B 与 B_1 之间的触头时，中间继电器 KA_2 动作，其常闭触头 KA_2 分断，切断了控制回路，电动机自动停转。当系统压力下降到规定数值时，压力继电器接通电路 A 与 A_1 触头

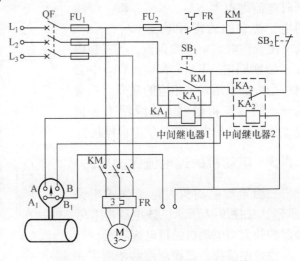

图 9-9　气压开关控制的空压机电路

接通，这时中间继电器 KA_1 动作，其常开触头 KA_1 闭合，接通控制回路，电动机又起动运转，使储气罐内的气压又上升……这样，可使罐内的气压维持在一定的范围内，实现了自动控制气压的目的。

9.4.2 C620 型车床电气控制线路

C620 型车床在企业中应用较广，有一定的代表性。其电气控制线路如图 9-10 所示。

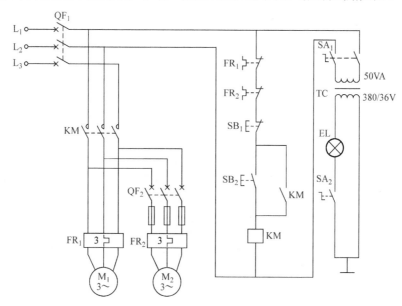

图 9-10 C620 型车床控制线路

原理图解释：C620 型车床控制线路由主电路、控制电路和照明电路组成。主电路包含 2 台电动机，其中 M_1 是主轴电动机，用于拖动主轴和刀架做进给运转。由于主轴是通过摩擦离合器实现正反转的，所以主轴电动机不需要有正反转功能。M_1 由按钮和接触器控制，M_2 是冷却泵电动机，直接用转换开关 QF_2 控制。

当合上转换开关 QF_1，按下起动按钮 SB_1，接触器 KM 线圈得电，其主触头和自锁触头闭合，电动机 M_1 起动运行。按下停止按钮 SB_2，接触器 KM 线圈断电，电动机 M_1 停止。

冷却泵电动机的运行：当主轴电动机 M_1 运行后，合上转换开关 QF_2，冷却泵电动机 M_2 即起动运转。只有 M_1 运转后，M_2 才会运转。M_2 和 M_1 是联动的。

照明电路由变压器提供 36V 的安全电压。合上 SA_1、SA_2，照明灯亮。

9.4.3 X62W 型万能铣床控制线路

X62W 型万能铣床是最常见的机床控制线路之一，其原理图如图 9-11 所示。该铣床由 3 台电动机来完成它的加工过程。其中，M_1 是主轴电动机，M_3 是工作台进给电动机，M_2 是冷却泵电动机。M_1 由转向开关 SA_5、接触器 KM_1、KM_2 来完成正反转、反接制动和瞬时制动，并通过机械机构进行变速。M_3 除了进行正反转控制、快慢速控制、限位控制，还通过机械机构使工作台上下、左右、前后方向运动。M_2 由接触器 KM_1 控制。控制电路的工作过程由读者自行分析。

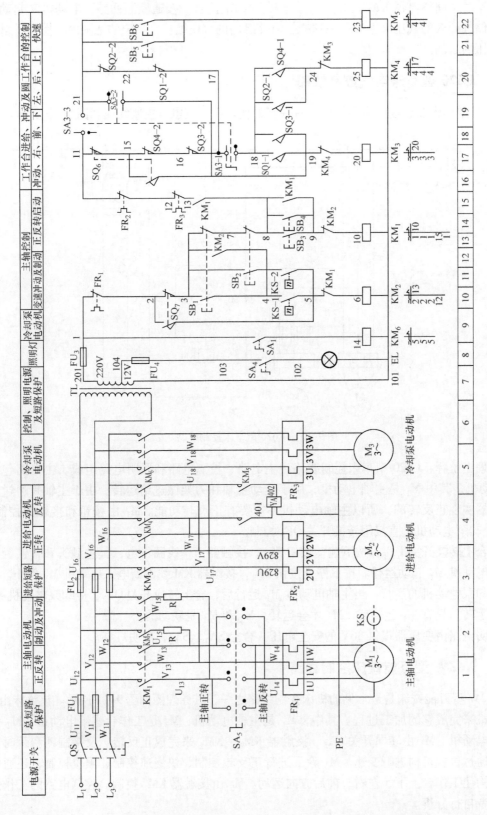

图 9-11　X62W 型万能铣床控制线路

238

思 考 题

1. 完成图 9-12 所示的元器件连接成砂轮机的控制电路。

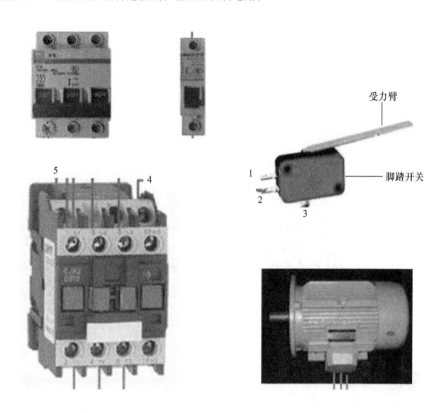

受力臂

脚踏开关

5

4

1

2

3

说明：脚踏开关的接线端子的特点是，在自然状态，1、2 之间的一对触头处于状态闭合状态，2、3 之间的一对触头处于断开状态。当脚踏上踏板后，受力臂压力向下移动，使 1、2 之间断开，2、3 之间闭合。4、5 为接触器的线圈接线端子。

图 9-12 砂轮机的控制线路所需元器件

2. 分析图 9-13 所示的液位控制电路的工作原理。

提示：JSB–714A 液位继电器属于晶体管继电器，分为底座和本体两部分，为液位控制的核心元件。它按要求接通或分断水泵的控制线路，实现了自动供水和排水的功能。适用于额定控制电源电压不大于 380V，额定频率 50Hz，额定发热电流不大于 3A 的控制线路。其引脚功能详见表 9-1。

表 9-1 JSB–714A 液位继电器引脚功能

引脚号	功能	说明
①、⑧	为继电器工作电源接线端子	电源有 AC380V 和 AC220V 两种
②、③、④	输出液位继电器的自动控制信号（AC220V）	③端子为输出信号公共端 ②和③之间输出供水泵液位控制信号 ③和④之间输出排水泵液位控制信号

（续）

引脚号	功能	说明
⑤、⑥、⑦	为水池中液位电极 A、B、C 对应的接线端子，液位电极端子间为 DC24V 的安全电压	⑤端子接高水位电极。⑥端子接低水位电极。⑦端子接水池中位置最低的公共电极 注意，实验中入水电极采用 1~1.5mm² 的铜芯硬质绝缘线，入水一端剥离 5mm 绝缘皮

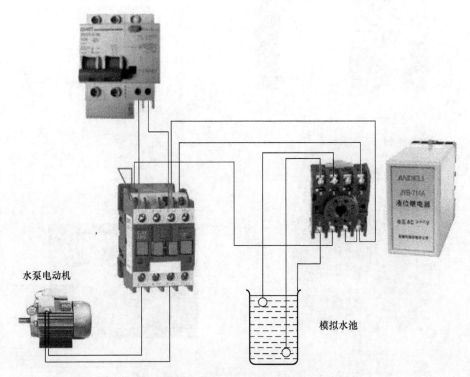

图 9-13　水池液位控制线路

3. 分析图 9-14 所示的电动机保安接零电路工作原理。

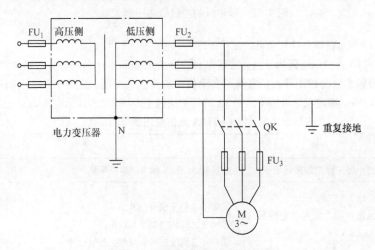

图 9-14　电动机保安接零电路

4. 分析图 9-15 所示的三相异步电动机断相保护电路的工作原理。

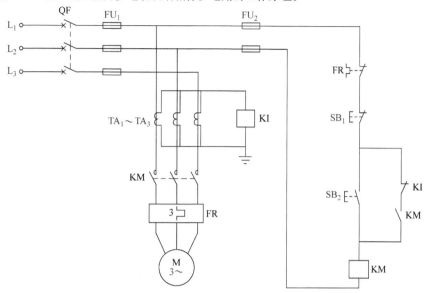

图 9-15　3 个电流互感器和 1 个电流继电器组成的三相异步电动机断相保护电路

提示：当不断相时，三相电流之和为 0，无电流流过 KI，当断相时，三相电流不平衡，有电流流过 KI。

5. 参考图 9-1，画线将图 9-16 中的各实物连接成重载设备起动电路。

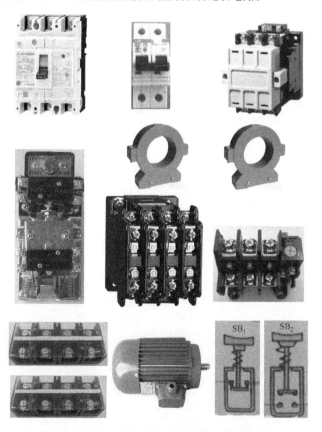

图 9-16　重载设备起动控制线路元件实物图

241

6. 参照图9-3，将图9-17中的实物图连接成卷扬机控制线路。

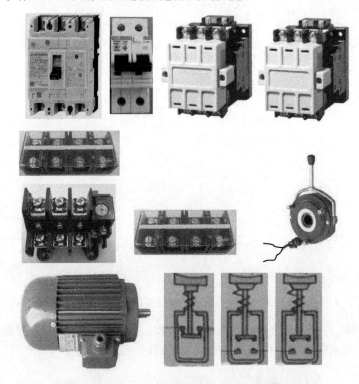

图 9-17　卷扬机控制线路元件实物图

附　　录

附录 A　导线截面积与载流量的关系估算

1. 与导线的载流量有关的因素

与导线截面积有关，也与导线的材料、型号、敷设方法以及环境温度等有关，计算也较复杂。各种导线的载流量通常可以从手册中查找。但利用口诀再配合一些简单的心算，便可直接算出导线的载流量，比较方便。

2. 导线截面积（mm^2）与载流量（A）的关系口诀

1）我国常用铝芯导线标称截面积（mm^2）与载流量（A）的粗略倍数关系见表 A-1。

表 A-1　常用导线标称截面积（mm^2）与载流量（A）的粗略倍数关系

截面积/mm^2	1、1.5、2.5、4、6、10	16、25	35、50	70、95	120、150、185 及以上
载流量（A）为截面积（mm^2）的倍数	5	4	3	2.5	2

2）导线截面积（mm^2）与载流量（A）的关系口诀及解释见表 A-2。

表 A-2　导线截面积（mm^2）与载流量（A）的关系口诀

	口诀	解释	误差说明
铝芯绝缘线载流量与截面积的倍数关系	10 下五，100 上二	截面积在 $10mm^2$ 以下，载流量都是截面积数值的 5 倍。截面积 $100mm^2$ 以上的载流量是截面积数值的 2 倍	从表 A-1 中可以看出，倍数随截面积的增大而减小，在倍数转变的交界处，误差稍大些。比如截面积 $25mm^2$ 与 $35mm^2$ 是 4 倍和 3 倍的分界处，$25mm^2$ 属 4 倍的范围，它按口诀算为 100A，但按手册为 97A；而 $35mm^2$ 则相反，按口诀算为 105A，但查表为 117A。不过，这对使用的影响并不大
	25、35，四、三界	截面积为 $25mm^2$ 与 $35mm^2$ 的，载流量在 4 倍和 3 倍的分界处	
	70、95，两倍半	截面积为 $70mm^2$、$95mm^2$ 的，载流量为截面积的 2.5 倍	

243

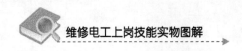

（续）

	口诀	解释	误差说明
铝芯绝缘线载流量与截面积的倍数关系	穿管、温度，八、九折	对于穿管敷设（包括槽板等），即导线加有保护套层，不明露的，计算后的载流量要打八折；若环境温度超过25℃，计算后要打九折，若既穿管敷设，温度又超过25℃，则打八折后再打九折，或简单按一次打七折计算 关于环境温度，按规定是指夏天最热月的平均最高温度。实际上，温度是变动的，一般情况下，它影响导线载流量并不很大。因此，只对某些高温车间或较热地区超过25℃较多时，才考虑打折扣	从表A-1中可以看出，倍数随截面积的增大而减小，在倍数转变的交界处，误差稍大些。比如截面积25mm²与35mm²是4倍与3倍的分界处，25mm²属4倍的范围，它按口诀算为100A，但按手册为97A；而35mm²则相反，按口诀算为105A，但查表为117A。不过，这对使用的影响并不大
	裸线加一半	对于裸铝线的载流量，计算后再加一半。这是指相同截面积裸铝线与铝芯绝缘线比较，载流量可加大一半 例如，对裸铝线载流量的计算： 当截面积为16mm²时，载流量为 $16 \times 4 \times 1.5 = 96A$，若在高温下，则载流量为 $16 \times 4 \times 1.5 \times 0.9 = 86.4A$	
铜芯绝缘线载流量与截面积的倍数关系	铜线升级算	将铜导线的截面积按截面积排列顺序提升一级，再按相应的铝线条件计算 例如，截面积为35mm²裸铜线，环境温度为25℃，载流量的计算为：升级为50mm²裸铝线即得 $50 \times 3 \times 1.5 = 225A$	

附录 B 常用电（线）缆类型

一、常用电（线）缆型号

1. 常用电（线）缆型号的意义（见图 B-1）

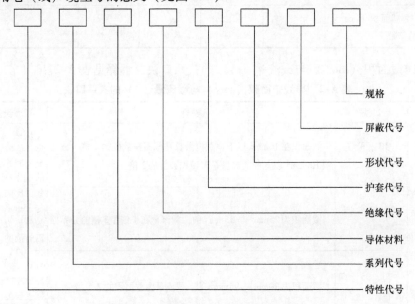

规格
屏蔽代号
形状代号
护套代号
绝缘代号
导体材料
系列代号
特性代号

图 B-1 常用电（线）缆型号的意义

2. 常用电（线）缆型号中字母的含义（见表 B-1）

表 B-1　常用电（线）缆型号中字母的含义

字母	含义	字母	含义
B	固定布线用电缆（电线）	P1	缠绕屏蔽
R	连接用软电缆	R	软结构
L	铝（注：若字母省略，则为铜）	T	电梯线
A	安装用电线	VY	耐油聚氯乙烯
V	聚氯乙烯绝缘	NH	耐火
V	聚氯乙烯护套	FS	防水
B	扁形（注：若该项字母省略，则为圆形）	WDZ	低烟无卤阻燃型
S	双绞型	WDN	无卤低烟耐火型
P	编织屏蔽	ZR	阻燃

3. 线缆型号定义示例（见表 B-2）

表 B-2　线缆型号定义示例

型号	含义	型号	含义
BV4	单铜芯聚氯乙烯绝缘电线，铜芯截面积为 $4mm^2$	NH – VV 3 × 70 + 2 × 35	表示 3 根截面积为 $70mm^2$ 铜芯 + 2 根 $35mm^2$ 铜芯的耐火聚氯乙烯绝缘聚氯乙烯护套电力线缆
ZR – RVS2 × 24/0.12	ZR—阻燃；R—软线；S—双绞线；2—2 芯多股线；24—每芯有 24 根铜丝；0.12—每根铜丝直径为 0.12mm	SYV 75 – 5 – 1（A、B、C）	S—射频；Y—聚乙烯绝缘；V—聚氯乙烯护套；A—64 编；B—96 编；C—128 编；75—75Ω；5—线径为 5mm；1—单芯
ZR – BVV 3 × 6.0	表示 3 根截面积为 $6mm^2$ 的铜芯聚氯乙烯绝缘聚氯乙烯圆形护套电缆		

二、常用线缆示例

常用线缆（部分）示例见表 B-3。

表 B-3　常用线缆（部分）示例

名称	图示	说明
BV	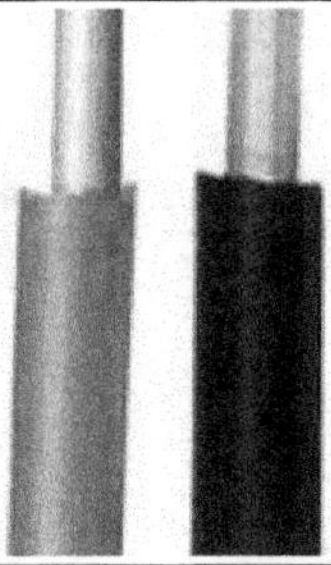	表示单铜芯聚氯乙烯普通绝缘电线，无护套线。适用于交流电压 450V/750V（注：额定电压为 450V，可以承受瞬间电压 750V）及以下动力装置、日用电器、仪表及电信设备用的电线电缆

（续）

名称	图示	说明
BVR	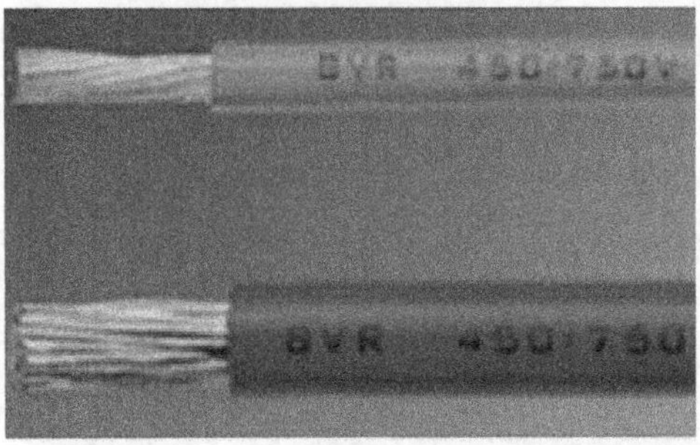 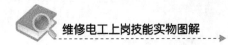	表示聚氯乙烯绝缘，铜芯（软）布电线，常简称软线。由于电线比较柔软，常用于电力拖动中和电机的连接，以及电线常有轻微移动的场合
BVV		表示铜芯聚氯乙烯绝缘聚氯乙烯圆形护套电缆，铜芯（硬）布电线。常简称护套线，单芯的是圆的，双芯的就是扁的，常用于明装电线
BVVB	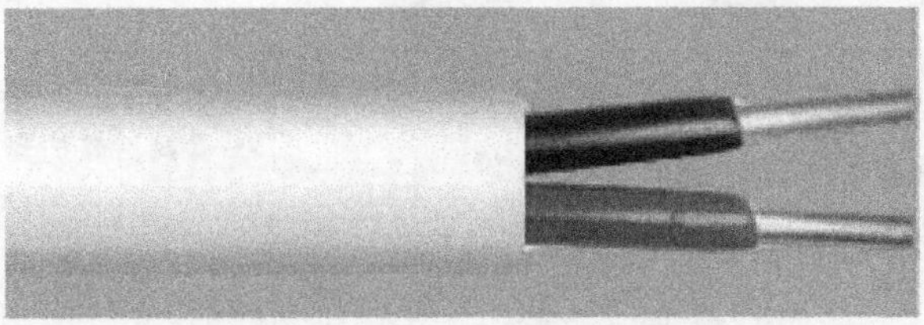	表示铜芯聚氯乙烯绝缘聚氯乙烯平型护套电缆。适用于要求机械防护较高、潮湿等场合，可明敷或暗敷
SYV	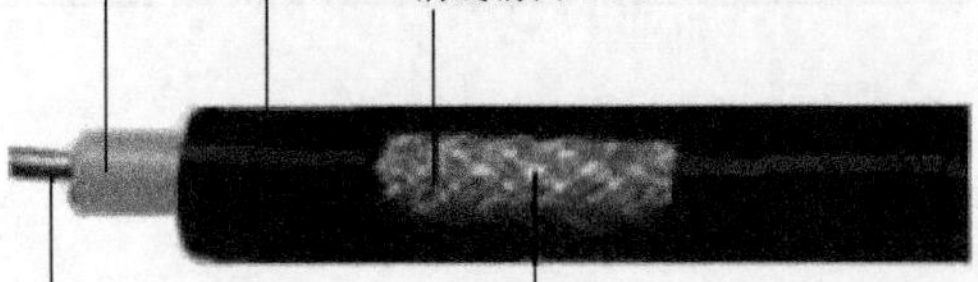 PE绝缘 PVC被覆 铜线编织 铜芯导体 铝箔麦拉	实心聚乙烯绝缘射频同轴电缆。适用于闭路监控及有线电视工程
RVV	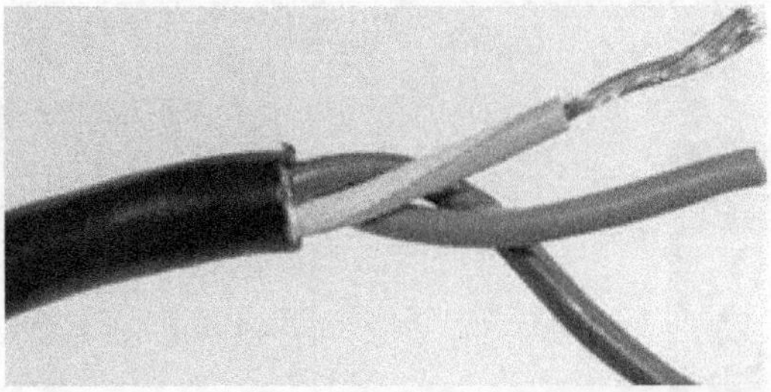	表示铜芯聚氯乙烯绝缘聚氯乙烯护套圆形连接软电缆。适用于楼宇对讲、防盗报警、消防、自动抄表等工程

（续）

名称	图示	说明
RVVP		表示软铜芯绞合圆形聚氯乙烯绝缘绝缘聚氯乙烯护套软电线。适用于楼宇对讲、防盗报警、消防、自动抄表等工程
RVS	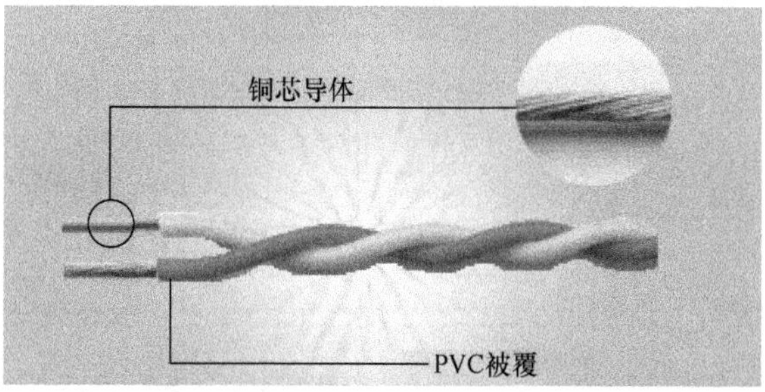	表示铜芯聚氯乙烯绞型连接电线。常用于家用电器、小型电动工具、仪器仪表、控制系统、广播音响、消防、照明及控制用线
VV（VLV）		表示铜（铝）芯聚氯乙烯绝缘聚氯乙烯护套电力线缆，适用于敷设在室内、隧道及沟管中，不能承受机械外力的作用，可直接埋地敷设

三、有关导线的一些常识

1. 导线截面积计算公式（导线距离/压降/电流关系）

对于铜线，计算经验公式为

$$S = IL/(54.4U)$$

对于铝线，经验公式为

$$S = IL/(34U)$$

式中，I 为导线中通过的最大电流（A）；L 为导线长度（m）；U 为允许的压降（V）；S 为导线的截面积（mm^2）。

2. 电线线缆基础知识

1）电线一扎长度：100m，正负误差 0.5m。

2）电线型号：BV 为单股，BVR 为多股，BVV 为双绞单股，BVVR 为双绞多股。

3）BV 与 BVR 的区别：BV 为单股，BVR 为多股，BVR 比 BV 贵 10% 左右。

4）BVR 比 BV 的好处：水电施工方便，在板弯时不易把线折断。

5）家庭电路设计：2000 年前，电路设计一般是，进户线 4 ~ 6mm^2，照明 1.5mm^2，插

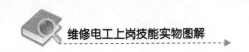

座2.5mm²，空调专线4mm²。2000年后，电路设计一般是，进户线6~10mm²，照明2.5mm²，插座4mm²，空调专线6mm²。

6）电线2.5mm²以下的多股线（1m²，1.5m²）包装标识为BV（B），单股则为BV。

附录C　电气设备检修的基本方法

一、电气设备检修的注意事项

电气设备检修的注意事项见表C-1。

表C-1　电气设备检修的注意事项

科目	内容	备注
先动口再动手	对于有故障的电气设备，不应急于动手，应先询问产生故障的前后经过及故障现象	对于生疏的设备，还应先熟悉电路原理和结构特点，遵守相应规则。拆卸前要充分熟悉每个电气部件的功能、位置、连接方式以及与四周其他部件的关系，在没有组装图的情况下，应一边拆卸，一边画草图，并记上标记
先外部后内部	拆解设备前，应排除周边的故障因素，确定为机内故障后才能拆卸，否则，盲目拆卸，可能将设备越修越坏	应先检查设备有无明显裂痕、缺损，了解其维修史、使用年限等
先机械后电气	应确认机械方面无故障，再进行电气方面的检查	接触不良、接头处断开、断线等明显的电气故障可直接修复
先静态后动态	在设备未通电时，判定电气设备按钮、接触器、热继电器以及熔丝的好坏，从而判定故障的所在，再通电试验，听其声、测参数、判定故障	先静态后动态，可防止故障扩大
先清洁后维修	对污染较重的电气设备，先对其按钮、接线点、接触点进行清洁，检查外部控制键是否失灵	许多故障都是由脏污及导电尘块引起的，一经清洁故障往往会排除
先电源后设备	电源部分的故障率较高，所以先检修电源往往可以事半功倍	只有确认电源的电压正常后，才能检修设备
先一般故障后软故障	电气设备的一般故障较为常见，较容易检测。软故障，需要经验结合仪表测量来进行综合分析	先一般故障后软故障，符合先易后难的原则
先外围后内部	先不要更换损坏的电气部件，在确认外围电路正常时，再考虑更换损坏的电气部件	可避免误换部件，带来经济损失
先故障后调试	对于调试和故障并存的电气设备，应先排除故障，再进行调试	调试必须在电气线路正常的前提下进行

二、检查方法和操作实践

1. 直观法

直观法是根据电器故障的外部表现，通过看、闻、听等手段，检查、判定故障的方法。运用直观法，不但可以确定简单的故障，还可以把较复杂的故障缩小到较小的范围。其检查步骤见表 C-2。

表 C-2　直观检查法的具体内容

检查方法	说明	对检查结果的处理
询问（向操作者和故障在场人员询问情况）	包括故障外部表现、大致部位、发生故障时环境情况。如有无异常气体、明火、热源接近电器，有无腐蚀性气体侵入，有无漏水，是否有人修理过，修理的内容等	根据调查的情况，先看有关电器外部有无损坏、连线有无断路、松动，绝缘有无烧焦，螺旋熔断器的熔断指示器是否跳出，电器有无进水、油垢，开关位置是否正确等，再进行处理
试车（经过检查，确认通电试车不会使故障扩大和造成人身伤害后，可进一步试车检查）	试车时手不得离开电源开关，并且熔断器应使用等于或略小于额定电流 试车中要注重有无严重跳火、异常气味、异常声音等现象，一经发现应立即停车，切断电源 注重检查电器的温升及电器的动作程序是否符合电气设备原理图的要求，从而发现故障部位	① 对火花观察结果的处理：触头在闭合、分断时或导线线头松动时会产生火花，因此可以根据火花的有无、大小等现象来检查电器故障。例如，正常紧固的导线与螺钉间发现有火花时，说明线头松动或接触不良。电器的触头在闭合、分断电路时跳火说明电路通，不跳火说明电路不通。控制电动机的接触器主触头两相有火花、一相无火花时，表明无火花的一相触头接触不良或这一相电路断路；三相中两相的火花比正常大，另一相比正常小，可初步判定为电动机相间短路或接地；三相火花都比正常大，可能是电动机过载或机械部分卡住 　　在辅助电路中，接触器线圈电路通电后，衔铁不吸合，要分清是电路断路还是接触器机械部分卡住造成的。可按一下起动钮，如按钮常开触头闭合位置断开时有稍微的火花，说明电路通路，故障在接触器的机械部分；如触头间无火花，说明控制电路断路 ② 对动作程序观察结果的处理：电器的动作程序应符合电气说明书和图样的要求。如某一电路上的电器动作过早、过晚或不动作，说明该电路或电器有故障。另外，还可以根据电器发出的声音、温度、压力、气味等分析判定故障

2. 测量电压法

测量电压法是根据电器的供电方式，测量各点的电压值与电流值并与正常值比较。一般包括分阶测量法、分段测量法和点测法。

3. 测电阻法

可分为分阶测量法和分段测量法。这两种方法适用于开关、电器分布距离较大的电气设备。

4. 对比法

对比法把检测数据与图样资料及平时记录的正常参数相比较来判定故障。对无资料又无平时记录的电器，可与同型号的完好电器相比较。电路中的电器元件属于同样控制性质或多

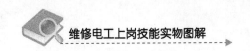

个元件共同控制同一设备时，可以利用其他相似的元件动作情况来判定故障。

5. 转换元件法

某些电路的故障原因不易确定或检查时间过长时，为了保证电气设备的利用率，可转换同一相性能良好的元器件实验，以证实故障是否由此电器引起。运用转换元件法检查时应注意，当把原电器拆下后，要认真检查是否已经损坏，只有肯定是由于该电器本身因素造成损坏时，才能换上新电器，以免新换元件再次损坏。

6. 逐步开路（或接入）法

多支路并联且控制较复杂的电路短路或接地时，一般有明显的外部表现，如冒烟、有火花等。这种情况可采用逐步开路（或接入）法检查。碰到难以检查的短路或接地故障，可重新更换熔体，把多支路交联电路，一路一路逐步或重点地从电路中断开，然后通电试验，若熔断器一再熔断，故障就在刚刚断开的这条电路上。然后再将这条支路分成几段，逐段地接入电路。当接入某段电路时熔断器又熔断，故障就在这段电路及某电器元件上。这种方法简单，但会把损坏不严重的电器元件彻底烧毁。逐步接入法：电路出现短路或接地故障时，换上新熔断器逐步或重点地将各支路一条一条的接入电源，重新试验。当接到某段时熔断器又熔断，故障就在刚刚接入的这条电路及其所包含的电器元件上。

7. 强迫闭合法

在排除电器故障时，经过直观检查后没有找到故障点而手下也没有适当的仪表进行测量，可用一绝缘棒将有关继电器、接触器、电磁铁等用外力强行按下，使其常开触头闭合，然后观察电器部分或机械部分出现的各种现象，如电动机从不转到转动，设备相应的部分从不动到正常运行等。

8. 短接法

设备电路或电器的故障大致归纳为短路、过载、断路、接地、接线错误、电器的电磁及机械部分故障等六类。其中断路故障较普遍，它包括导线断路、虚连、松动、触头接触不良、虚焊、假焊、熔断器熔断等。对这类故障除用电阻法、电压法检查外，还有一种更为简单可行的方法，就是短接法。方法是用一根良好绝缘的导线，将所怀疑的断路部位短路接起来，如短接到某处，电路工作恢复正常，说明该处断路。

附录 D 异步电动机变频调速简介

一、电动机变频调速的方法

1. 占空比的概念

如图 D-1 所示，V_m 为脉冲幅度，T 为脉冲周期，t_1 为脉冲宽度。t_1 与 T 的比值称为占空比。脉冲电压的平均值与占空比成正比。

2. 正弦脉宽调制方式

变频器加在电动机上的电压是很多个矩形脉冲，通过改变脉冲的频率，就能改变电动机的转速；在变频的同时，不改变脉冲幅度，而改变脉冲的占空比，可以改变电压的平均值。这种既变频同时也变压（通过改变占空比）来调节压缩机转速的方法称为脉宽调制（PWM）方式。

由于 PWM 加在电动机的电压波不是正弦波，具有许多高次谐波成分，这样就使得输入到电动机的能量不能得以充分利用，增加了损耗。为了加在电动机上的电压接近于正弦波，现在普遍采用正弦波脉宽调制（SPWM），就是在进行脉宽调制时，使脉冲的占空比按照正弦波的规律进行

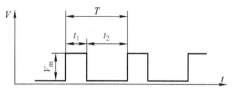

图 D-1　矩形脉冲

变化，即当正弦波幅值为最大值时，脉冲的宽度也最大，当正弦波幅值最小值时，脉冲的宽度也最小，如图 D-2 所示。这样，加到电动机的脉冲序列就可以等效为正弦交流电（模拟交流电），最高转速可达 7000r/min（而异步电动机的转速为 2880 r/min），提高了电动机的效率。交流变频空调器都是采用这种方式（SPWM 方式）。

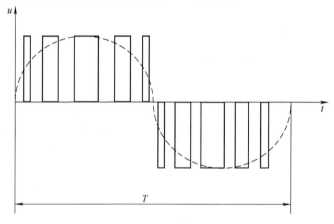

图 D-2　SPWM 的波形

3. 脉冲幅度调制（PAM）方式

就是通过改变加在电动机上脉冲电压的幅度，来改变电动机转速的方式，该方式使压缩机转速提高到 SPWM 方式的 1.5 倍左右，可以较大程度地提高制冷制热能力。直流变频空调器已逐步采用 PAM 方式或者 PWM + PAM 方式。

二、变频调速示例

典型的变频调速（以交流变频空调器为例）如图 D-3 所示。

在室外机，220V 交流市电经过桥式整流、滤波，产生 310V 左右的直流电，分为两路，一路加在变频模块（即功率模块、IPM 模块）上，另一路加在开关电源部分。

室外微机部分根据从室内机传来的控制信号和室外各传感器传来的信号，输出控制信号（控制压缩机的运转频率）给变频控制电路，变频控制电路再输出 6 路控制信号作用于变频模块中 6 个大功率晶体管，控制这 6 个晶体管工作在开关管状态（按设定的规律周期性地导通和截止），于是变频模块的 3 个输出端子输出如图 D-2 所示的 SPWM 矩形脉冲（可等效为三相交流电，用万用表交流电压挡测一般为 50 ~ 220V，频率受 CPU 的控制），加到变频压缩机的三相感应电动机上，压缩机运转。总之，室温与设定温度的差值越大，变频模块输出的模拟三相交流电频率就越高，压缩机的转速也就越快，反之亦然。

可见，变频模块是给变频压缩机供电的关键元件，工作电压高、电流大、内部元件工作

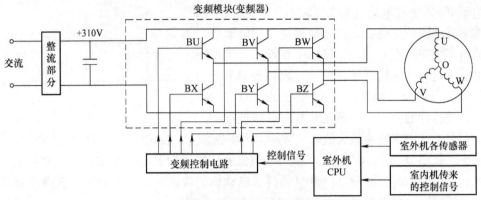

图 D-3 变频调速示例

在开关状态、发热量大，应安装在散热片上。

三、变频调速在工业上的应用示例

1. 设备简介

空气压缩机是利用电能将空气压缩使之作为一种动力源的设备，在工矿企业中应用十分普遍，配套电动机的容量较大，且大多是常年连续运行的，故节能的潜力很大。

各种空气压缩机单位时间内产气量是一定的，目前压缩机都采用上下限控制或起停式控制，也就是说，当气缸内的压力达到设定值的上限时，空气压缩机通过本身的压力开关或油压开关关闭进气阀，这种工作方式频繁出现加载卸载，浪费能源，而且对电网、螺杆空气压缩机本身都有一定的损伤。

2. 应用变频器进行节能改造的可行性分析

变频改造的原理分析。将储气箱主管出口压力作为调节参数，通过压力变送器将主管出口压力信号转换为 4～20mA 直流信号（或 0～10V 直流电压信号），送入变频器 PID 调节器，与压力设定值比较，其差值由调节器进行 PID 运算，输出信号送给控制系统，随时调整变频器的输出频率，控制电动机转速，改变泵的排气量，维持主管出口压力稳定在设定的压力值上；若主管压力增加时，将自动进行调节。

工艺框图如图 D-4 所示。

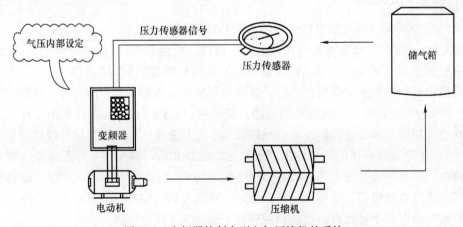

图 D-4 变频器控制大型空气压缩机的系统

变频器接线图如图 D-5 所示。

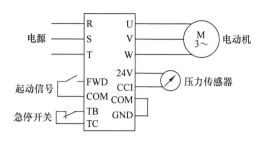

图 D-5　变频器控制大型空气压缩机的接线图

附录 E　互感器的基本知识

1. 电流互感器的基本原理

电流互感器（用 TA 表示）的结构较为简单，由相互绝缘的一次绕组、二次绕组、铁心以及构架、壳体、接线端子等组成。其工作原理与变压器基本相同，一次绕组的匝数（N_1）较少，直接串联于电源线路中，一次负荷电流（$\dot{I}_1$）通过一次绕组时，产生的交变磁通感应产生出按比例减小的二次电流（$\dot{I}_2$）；二次绕组的匝数（N_2）较多，与仪表、继电器、变送器等（负荷 Z）串联形成闭合回路，如图 E-1 所示。

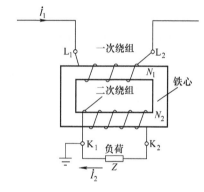

图 E-1　普通电流互感器结构原理图

（注：一次绕组的两个端子通常用 L_1 或 P_1、L_2 或 P_2 表示，二次绕组的两个端子通常用 S_1 或 K_1、S_2 或 K_2 表示）

电流与匝数的关系：

$$I_1 N_1 = I_2 N_2$$

电流互感器额定电流比：

$$\frac{I_1}{I_2} = \frac{N_2}{N_1}$$

电流互感器实际运行中负荷阻抗很小，二次绕组接近于短路状态，不允许开路。

2. 穿心式电流互感器的结构原理

穿心式电流互感器本身结构不设一次绕组，载流（负荷电流）导线由 L_1 至 L_2 穿过由硅钢片擀卷制成的圆形（或其他形状）铁心，起一次绕组作用。二次绕组直接均匀地缠绕在圆形铁心上，与仪表、继电器、变送器等电流线圈串联形成闭合回路，如图 E-2 所示。

当穿心式电流互感器的一次绕组只有一匝（即只有一根导线穿过互感器）时，二次电流 $I_2 = I_1/N_2$。当穿过互感器的导线有几匝时，可用"$I_1 N_1 = I_2 N_2$"计算出 I_2 的值。注意：电流互感器的额定二次电流为 5A，这有利于二次侧仪表、继电器等设备的标准化。电流互

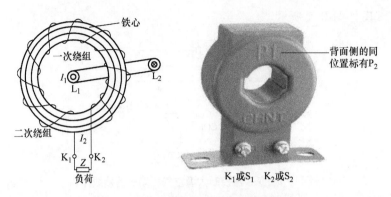

图 E-2　穿心式电流互感器结构原理图

感器常见的电流比有 10/5、20/5、30/5、40/5、50/5、75/5、100/5 等。

3. 电流互感器的极性

在交流回路中电流的方向随时间周期性地改变。电流互感器的极性是指，在某一时刻一次侧两个端子的感应电动势极性是一个为正，一个为负，由电磁感应现象使二次侧两端子形成的感应电动势极性也是一个为正，一个为负。一次侧和二次侧同时为正或同时为负的两个端子，称为同极性端或同名端，用符号"＊"或"－"或"."标记（也可理解为一次电流与二次电流的方向关系）。按照规定，电流互感器一次绕组首端标为 L_1，尾端标为 L_2；二次绕组的首端标为 K_1，尾端标为 K_2。在接线中 L_1 和 K_1 为同极性端，L_2 和 K_2 也为同极性端。其三种标注方法如图 E-3 所示。

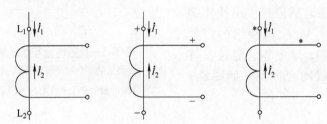

图 E-3　电流互感器极性的三种标注方式